Der Quecksilberdampf-Gleichrichter

Von

Kurt Emil Müller
Ingenieur

Erster Band
Theoretische Grundlagen

Mit 49 Textabbildungen
und 4 Zahlentafeln

Berlin
Verlag von Julius Springer
1925

ISBN-13:978-3-642-90133-1 e-ISBN-13:978-3-642-91990-9
DOI: 10.1007/978-3-642-91990-9

Meinem Lehrer

Herrn Prof. Dr. Hans Georg Möller

in Hamburg

gewidmet

Vorwort.

Das vorliegende Buch bildet den ersten Band eines zweibändig angelegten Werkes über Quecksilberdampfgleichrichter. Es soll die theoretischen Grundlagen des Gleichrichters auseinandersetzen, während der zweite Band sich die Aufgabe stellen wird, die Konstruktion und den Betrieb von Gleichrichtern zu behandeln.

Der Inhalt dieses Buches setzt sich aus einer Reihe von eigenen bisher unveröffentlichten Untersuchungen zusammen, die unter Einbeziehung der bisher schon erschienenen Literatur zu einem geschlossenen Ganzen vereinigt worden sind. Der Versuch eines solchen Unternehmens erschien um so mehr gerechtfertigt, als gegenwärtig an zusammenhängenden Darstellungen der Theorie des Gleichrichters noch nichts vorliegt.

Was die Form der Darstellung angeht, so habe ich von allen mathematischen Hilfsmitteln Gebrauch gemacht, welche zur Erreichung einer gewissen Strenge unentbehrlich sind; dennoch wurde durch Streichen der meisten bloß formalen Zwischenrechnungen, welche den Umfang des Buches leicht um die Hälfte vermehrt hätten, versucht, die Übersichtlichkeit zu wahren und durch stärkeres Hervorheben der gemachten Voraussetzungen und Herausschälen der Ansätze auch denjenigen eine Anwendung der Ergebnisse zu ermöglichen, welche die rein mathematischen Überlegungen nicht mitmachen wollen.

Die allgemeine Tendenz der Darstellung ist die, der analytischen Methode den Vorzug zu geben und geometrisch anschauliche Methoden grundsätzlich zu vermeiden. Dies soll nicht heißen, über alle anschaulichen Mittel überhaupt den Stab zu brechen, denn das wäre bei der großen Fruchtbarkeit, die diese schon bewiesen haben, töricht. Der Grund dieser Tendenz liegt lediglich darin, daß die geometrischen Methoden, welche von der gewöhnlichen Theorie der Wechselströme herstammen, bei den quasistationären Vorgängen im Gleichrichter nichts mehr zu suchen haben. Versuche, hier versöhnend zu wirken, haben zum Teil zu solchen Begriffsverwirrungen geführt, daß es höchste Zeit wird, hier ein Veto einzulegen. Der eigentliche Grund für das oft versuchte Vermeiden der formelmäßigen Darstellung der Vorgänge im Gleichrichter liegt in der scheinbaren Schwerfälligkeit und mangelhaften Durchsichtigkeit des mathematischen Apparates. Daß diese Schwerfälligkeit aber gar nicht vorhanden zu sein braucht, erkennt man sofort, wenn man sich vergegenwärtigt, daß sehr oft mathematische Rechnungen nicht klar genug angesetzt und nicht konsequent genug zu Ende durchgeführt sind, sondern daß in der Mitte der Entwicklung irgendein Komplex von Größen gleich einer Abkürzung gesetzt wird, bis nach einer Reihe solcher Manipulationen jeder Zusammenhang und jede Anschaulichkeit der Gleichungen abhanden gekommen ist. Vereinfachungen eines Problems haben nie durch willkürliche Setzungen zu erfolgen, sondern müssen der Natur der Gleichungen entwachsen, so daß die in expliziten Endgleichungen dargestellten Ergebnisse ein bestimmtes charakteristisches Bild liefern und den Zusammenhang der beteiligten Größen anschaulich machen.

Ich hoffe, durch diese Ait der Darstellung erreicht zu haben, daß der mathematische Leser nicht zu kurz kommt und dennoch der mehr technisch eingestellte Leser es sich nicht verdrießen zu lassen braucht, sondern, ohne in dem Begreifen der Zusammenhänge etwas einzubüßen, vieles vorfindet, was er sucht. Und nur ein anderer Ausdruck für das eben Gesagte soll es sein, wenn ich weiter hoffe, daß man nicht glauben werde, ich hätte der Theorie zu wenig Theorie, dagegen der Praxis zu viel Theorie geboten.

Herrn Dipl.-Ing. Hans Grabow verdanke ich eine Reihe von Ratschlägen. Ein treuer Berater war mir ferner Herr Dr. Hans Georg Joseph, der außerdem die Freundlichkeit besaß, mich bei der Korrektur zu unterstützen. Die AEG hat sich in dankenswerter Weise erboten, die in das TWL-Verzeichnis aufgenommenen Abbildungen für Vortragszwecke vorzubereiten und auf Verlangen zur Verfügung zu stellen. Dem Verlage endlich danke ich für das bewiesene Entgegenkommen und für die rasche Drucklegung des Buches.

Berlin, im Dezember 1924.

Kurt Emil Müller.

Inhaltsverzeichnis.

Zweiter Abschnitt. Das Reduktionsproblem.

Dritter Abschnitt. Der Normalgleichrichter.

Seite

Vierter Abschnitt. Einige Anwendungen auf spezielle Gleichrichterformen.

Berichtigungen.

Seite 31, Zeile 5 von unten $(2\, i_{a1}\, i_{a2}$ statt $2\, i_{a1}\, i_{a2}$

„ 34, „ 18 von unten ist Hg-Gl zu streichen

„ 53, „ 3 von unten: nicht vorliegen statt vorliegen

„ 56, Gleichung (59) $+\lambda_q'^2$ statt $\lambda_q'^2$

„ 91, Zeile 10 von unten $-i_{n2}$ statt $-i_{n2}, \ldots,$

„ 115, „ 3 von oben $=(-1)^{\nu+1}\cdot$ statt $=-$

„ 128, „ 5 von unten $=i$ statt $i=$

„ 173, Gleichung (210) $+\frac{0{,}070}{\omega M}$ statt $-\frac{0{,}070}{\omega M}$.

Einleitung.

Zweck und Arten der Gleichrichter. Ein Gleichrichter erfüllt die Aufgabe, einem gegebenen Wechselstromnetze Wechselstromenergie zu entnehmen und diese einem Gleichstromnetze in Form von Gleichstromenergie zuzuführen, ohne dabei die elektrische Energie erst in andere Energieformen umzuwandeln. Er wirkt im wesentlichen als ein Schaltorgan, das den ständigen Wechsel der Stromrichtung eines Wechselstromes durch synchrone Umschaltungen wieder rückgängig macht.

Ein Gleichrichter unterscheidet sich somit wesentlich von den Umformern, in denen die Wechselstromenergie erst in mechanische Energie und diese erst in Gleichstromenergie umgewandelt wird. Dies ist der Umstand, welcher die höhere Wirtschaftlichkeit des Gleichrichters gegenüber den Umformern bedingt. Ein weiterer Vorzug des Gleichrichters ist außerdem die außerordentlich geringe Bedienung, welche dieser im Betriebe erfordert.

Die Verwendung des Gleichrichters erstreckt sich auf alle diejenigen Fälle, in denen Gleichstrom unumgänglich gebraucht wird, aber nur Wechselstrom zur Verfügung steht.

Gleichrichter für große Leistungen, welche den Namen Großgleichrichter führen, werden zunächst dort gebraucht, wo es sich darum handelt, ein Ortsnetz mit bisher eigener Gleichstrom-Zentrale etwa aus Gründen der Wirtschaftlichkeit an das Drehstromnetz einer Überlandzentrale anzuschließen. Weiterhin kommen derartige Gleichrichter oft dort zur Anwendung, wo man die Vorteile des Gleichstromes gerne ausnutzen will, aber dennoch auf die Vorteile des Wechselstromes, sich leicht übertragen und transformieren zu lassen, nicht verzichten möchte. Eine große Rolle in dieser Hinsicht spielen Gleichrichter für elektrische Bahnanlagen. Eine Bahnanlage wird beispielsweise mit Drehstrom beliefert; es wird dann der Drehstrom in einer Gleichrichteranlage in Gleichstrom umgeformt und dieser dem Leitungsnetze der Bahnanlage zugeführt.

Gleichrichter für mittlere und kleinere Leistungen, welche letzteren man auch Kleingleichrichter nennt, finden eine sehr mannigfache Anwendung. Das wichtigste Anwendungsgebiet bildet die Ladung von Akkumulatoren. Man verwendet Gleichrichter für Ladestationen, für Unterstationen für elektrische Automobile, Feuerlöschzüge und Fahrzeuge sonstiger Art sowie für die Ladung von Telephonzentralbatterien. Ferner gebraucht man Gleichrichter zum Betriebe von

Kinematographen sowie Bogenlampen für Scheinwerfer und sonstigen Bogenlampen. Endlich sei noch die Verwendung von Gleichrichtern in elektrochemischen Fabriken, beispielsweise für Elektrolyse, genannt.

Die Wirkungsweise des Gleichrichters beruht darauf, daß man durch ständiges synchrones Umschalten der Verbindungen zwischen dem gegebenen Wechselstromnetze und dem Gleichstromnetze erreicht, daß für das Gleichstromnetz die treibende Spannung stets das gleiche Vorzeichen behält. Bei einem einphasigen Wechselstrom liegen die Verhältnisse einfach. Die beiden Leiter des Wechselstromnetzes sollen mit 1 und 2 numeriert werden, die beiden Leiter des Gleichstromnetzes heißen hingegen *a* und *b*. Verbindet man während einer Halbperiode der Spannung des Wechselstromnetzes 1 mit *a* und 2 mit *b* und trennt die Verbindungen während der anderen Halbperiode, so fließt in dem Gleichstromnetze im Falle einer Belastung ein Strom von stets gleicher Richtung, also ein Gleichstrom. Allerdings fließt dieser Gleichstrom nicht kontinuierlich, sondern nur stückweise. Sein Wert ist in jeder Vollperiode während einer Halbperiode gleich Null. Doch bekommt man einen „besseren" Gleichstrom, wenn man während einer Halbperiode die Leiter 1 und *a* sowie 2 und *b*, dagegen während der nächsten Halbperiode die Leiter 1 und *b*, sowie 2 und *a* miteinander verbindet. Es sind jetzt beide Halbwellen des Wechselstromes ausgenutzt, während vorher nur eine Halbwelle ausgenutzt war. Aber auch dieses Verfahren bedarf noch einer Verbesserung. Ihm haftet nämlich die Unannehmlichkeit an, daß man stets doppelpolig zu schalten hat. Um dem abzuhelfen, legt man das Wechselstromnetz, in diesem Falle also die Leiter 1 und 2, zunächst an einen Spannungsteiler. Ein solcher Spannungsteiler ist eine Transformatorwicklung, deren Mittelpunkt, welchen wir mit Nullpunkt bezeichnen wollen, herausgeführt ist, so daß man zwischen dem Nullpunkt und den Wicklungsenden die gleiche Windungszahl hat. Man legt nunmehr die Leiter 1 und 2 an die Enden der genannten Wicklung (Abb. 1) und außerdem an einen einpoligen Umschalter. Die Leiter *a* und *b* des Gleichstromnetzes sind an den Umschalter und an den besagten Nullpunkt angeschlossen. Legt man nun am Anfang jeder Halbperiode den Umschalter um, so erhält man in dem Gleichstromnetze im Falle einer Belastung Gleichstrom. Die in der Transformatorwicklung auftretenden Verluste sind lediglich Leerlaufsverluste, wenn man von den Ohmschen Verlusten absieht. In ganz entsprechender Weise geht man vor, wenn es gilt, mehrphasige Wechselströme gleichzurichten. Das Wechselstromnetz sei zunächst ein Drehstrom-

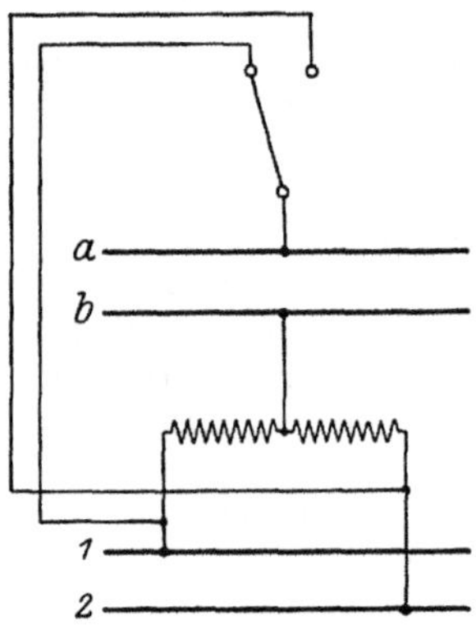

Abb. 1.

netz, und zwar ohne Nulleiter. Die drei Leiter des Drehstromnetzes numerieren wir entsprechend mit 1, 2 und 3. Zur Spannungsteilung sind nunmehr drei Wicklungen erforderlich, deren Anfänge mit den Leitern des Wechselstromnetzes sowie mit den jetzt drei Kontakten eines einpoligen Umschalters verbunden sind und deren Enden den Nullpunkt bilden und an einen Leiter des Gleichstromnetzes angeschlossen sind (Abb. 2). Die 3 Wicklungen können auf getrennte Einzelkerne oder auch auf einen gemeinschaftlichen Dreiphasenkern gewickelt sein. Bei einem Drehstromnetz hat man nun drei Drittelperioden zu unterscheiden, die dadurch charakterisiert sind, daß während einer Drittelperiode die Spannung einer Phase beständig größer ist als die der beiden anderen Phasen. Legt man also am Anfang jeder Drittelperiode den Umschalter um,

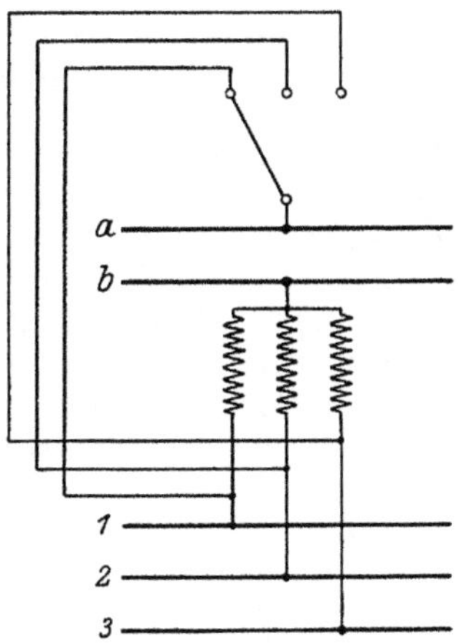

Abb. 2.

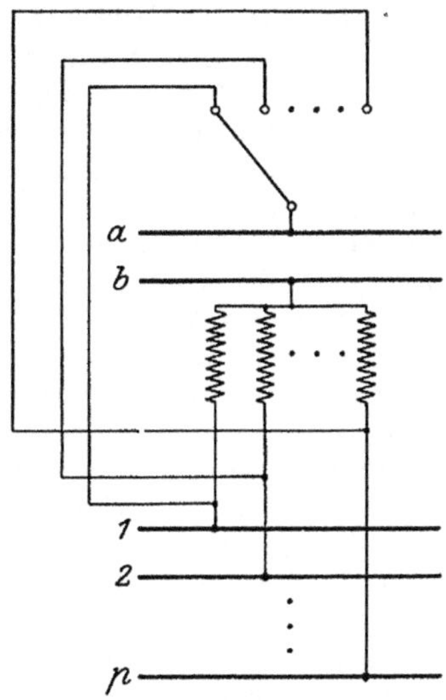

Abb. 3.

und zwar so, daß das Gleichstromnetz stets an die Phase der im positiven Sinne höchsten Spannung angeschlossen wird, so muß in dem Gleichstromnetze im Falle einer Belastung ein Gleichstrom fließen. Ganz analog liegen die Verhältnisse bei einem höherphasigen Netz. Hat das Wechselstromnetz, das keinen Nulleiter besitzen soll, p Leiter, nämlich $1, 2, \ldots, p$, so sind zur Spannungsteilung p Wicklungen nötig, welche entweder auf p einzelne Kerne oder auf einen gemeinschaftlichen p-phasigen Kern gewickelt sind. Der einpolige Umschalter besitzt p Kontakte (Abb. 3). Man hat in jeder Vollperiode am Umschalter p mal umzuschalten, und zwar derart, daß in jeder Einzelperiode das Gleichstromnetz an die Phase der im positiven Sinne höchsten Spannung angeschlossen wird. Offenbar fließt dann wieder in dem Gleichstromnetze im Falle einer Belastung Gleichstrom.

Nach dem bisher Ausgesagten ist die Spannung in dem Gleichstromnetze durch die in dem Wechselstromnetze herrschende Spannung mitbestimmt. Wünscht man daher in dem Gleichstromnetze eine andere Spannung, so hat man an das Wechselstromnetz zunächst einen Transformator anzulegen, der die gegebene Spannung auf den gewünschten Wert transformiert. Der vorhin genannte Spannungsteiler wird in diesem Falle durch die stets in Stern oder Zickzack geschaltete sekundäre Wicklung des Transformators, deren Nullpunkt mit herausgeführt wird, gebildet. Ein gesonderter Spannungsteiler ist dadurch überflüssig.

Ein gesonderter Spannungsteiler ist ferner überflüssig, wenn ein Transformieren der Spannung des Wechselstromnetzes nicht nötig ist und wenn das Wechselstromnetz bereits einen belastbaren Nulleiter besitzt. In diesem Falle wird man den einen Pol des Gleichstromnetzes direkt an den Nulleiter des Netzes anlegen.

Je nach der Art, wie die Umschaltung durch den in Abb. 1 bis Abb. 3 nur schematisch wiedergegebenen Umschalter vor sich geht, unterscheidet man zwei Hauptgruppen von Gleichrichtern, nämlich die mechanischen Gleichrichter und die Gleichrichter mit elektrischer Ventilwirkung. Die mechanischen Gleichrichter besitzen im wesentlichen einen mit Kontaktfedern ausgerüsteten Anker, der durch den Wechselstrom des Wechselstromnetzes gesteuert wird und zwischen zwei festen Kontakten hin- und herschwingt. Diese Gleichrichter lassen sich jederzeit sofort einschalten, bedürfen nahezu keiner Wartung und besitzen einen verhältnismäßig guten Wirkungsgrad. Ihre Leistungsfähigkeit ist jedoch durch die Belastungsgrenze der Kontakte begrenzt. Unter den Gleichrichtern mit elektrischer Ventilwirkung unterscheidet man vier Arten, nämlich die elektrolytischen Gleichrichter, die Glimmlichtgleichrichter, die Glühkathoden- und Alkalidampfgleichrichter und endlich die Quecksilberdampfgleichrichter. Unter den elektrolytischen Gleichrichtern ist der Aluminiumgleichrichter zu nennen. Seine Wirkungsweise beruht darauf, daß Aluminium als Anode in wässerigen Lösungen geeigneter Salze auf seiner Oberfläche eine wirksame Oxydschicht und in dieser eine Gasschicht bildet, welche derjenigen Stromrichtung, für die Aluminium Anode ist, einen außerordentlich hohen Widerstand entgegensetzt, während der Widerstand in der entgegengesetzten Stromrichtung nur gering ist. Der Vorzug des Aluminiumgleichrichters besteht in seiner großen Einfachheit. Er ist jedoch für Dauerbetrieb nicht geeignet, da mit der Zeit der Belastung die poröse Oxydschicht allmählich dicker wird, damit der Widerstand in der durchlässigen Richtung steigt und die daraus sich ergebenden zusätzlichen Erwärmungen zu Anfressungen und Zerstörungen des Aluminiums führen. Er ist daher nur für intermittierenden Betrieb und auch da nur für geringe Spannungen und Ströme brauchbar. Die Glimmlichtgleichrichter, welche erst in jüngerer Zeit aufgekommen sind, bestehen aus einer mit Edelgas gefüllten Entladungsröhre mit zwei Elektroden verschiedener Oberfläche. Durch passende Wahl der

Verhältnisse läßt sich erreichen, daß für diejenige Stromrichtung, für die die kleinere Elektrode Kathode ist, der dort auftretende Kathodenfall das Vielfache desjenigen Kathodenfalles wird, den man für die andere Stromrichtung an der größeren Kathode erhält. Durch die verschiedene Größe der Elektroden bewirkt man, daß man für die eine Stromrichtung einen normalen, jedoch für die andere Stromrichtung einen anomalen Kathodenfall erhält. Ist die Betriebsspannung kleiner als der anomale Kathodenfall, so ist die Entladungsröhre für die eine Stromrichtung undurchlässig. Die Glimmlichtgleichrichter zeichnen sich aus durch ihre große Einfachheit, sie lassen sich installieren wie Glühlampen und benötigen keinerlei Bedienung. Sie sind jedoch nur für sehr geringe Stromstärken zu benutzen und haben trotz besonderer Konstruktion in der durchlässigen Richtung einen Spannungsabfall von 80 Volt und mehr. Es handelt sich jetzt nur noch um die Glühkathoden- und Alkalidampfgleichrichter sowie um die Quecksilberdampfgleichrichter. Die Wirkungsweise der Glühkathodengleichrichter beruht darauf, daß Metalle bei hoher Temperatur Elektronen emittieren. Als Material für die Glühkathode eines solchen Gleichrichters verwendet man oft die Oxyde von Erdalkalien, welche die Eigenschaft haben, schon bei verhältnismäßig geringen Temperaturen von weniger als 1000^0 C eine starke Elektronenemission hervorzurufen. Einer dieser Gleichrichter besitzt als Kathode eine stromdurchflossene Heizspirale, welche mit Kalziumoxyd überzogen ist. Die Kathode ist mit den erforderlichen Anoden in eine Vakuumröhre eingeschlossen. Zur wesentlichen Herabsetzung des Spannungsabfalles in der Röhre ist diese mit Argon gefüllt. Um während des Betriebes die Kathode dauernd aktiv zu erhalten, befindet sich über der Spirale eine Kalziumoxydstange, auf deren Oberfläche jeweils etwas Oxyd verdampft und auf der Spirale sublimiert. Die Kathode regeneriert sich also selbst und zwar so lange, bis der ganze Oxydvorrat verbraucht ist. Der ganze Spannungsabfall in der Röhre beträgt etwa 17 V. Bei einem anderen Gleichrichter besteht die Glühkathode aus Wolfram und ist mit einer Anode zusammen in eine mit Argon gefüllte Entladungsröhre eingeschlossen. Um ein zu rasches Zerstäuben des Wolframs während des Betriebes zu verhüten, steht das Argon in der Entladungsröhre unter dem verhältnismäßig hohen Druck von einigen cm Hg. Die Alkalidampf- und die Quecksilberdampfgleichrichter sind sogenannte Lichtbogengleichrichter. Ein elektrischer Lichtbogen ist bekanntlich charakterisiert durch den ihm eigentümlichen Kathodenfleck, einem weißglühenden Fleck auf der Oberfläche der Kathode, in welchem Teile des Kathodenmaterials zur Verdampfung kommen und gleichzeitig negative Elektronen emittiert werden. Die Dampfmoleküle werden durch diese Elektronen ionisiert; die positiven Dampfionen stürzen im wesentlichen zum Kathodenfleck und erzeugen durch ihren Aufprall dessen hohe Temperatur, während sich die negativen Elektronen zur Anode bewegen. Ein solcher Lichtbogen läßt sich zu einer Ventilwirkung heranziehen, wenn man dafür Sorge trägt, daß der Kathodenfleck nur an ein und derselben Elektrode ansetzen kann. Man erreicht dies durch passende Wahl der Elektrodenmaterialien und durch geeignete Anordnung der Elektroden. Für den stationären Betrieb eines Lichtbogengleichrichters ist es wichtig, daß das verdampfende Kathodenmaterial der Kathode ständig wieder zugeführt wird. Aus diesem Grunde ist bei dem Alkalidampfgleichrichter, welcher eine Alkalikathode besitzt, die Kathode in ein einseitig offenes Rohr mit einem nach innen umgekrempten Rand eingeschlossen, so daß das verdampfte Kathodenmaterial stets wieder der Kathode zukommt und am Herausdampfen in die die Elektroden einschließende Entladungsröhre verhindert ist. Bei dem Quecksilberdampfgleichrichter sind die Elektroden in ein Vakuumgefäß eingeschlossen, welches einen besonders ausgebildeten Kondensationsraum besitzt. Das verdampfende Quecksilber schlägt an den Wänden dieses Kondensationsraumes nieder, kondensiert dort und fließt als metallisches Quecksilber wieder zur Kathode zurück, so daß ein ständiger Kreislauf des Kathodenmaterials stattfindet. Da vor der Inbetriebnahme eines Lichtbogengleichrichters der Kathodenfleck auf der Kathodenoberfläche noch nicht vorhanden ist, so muß dieser erst gebildet werden. Das erste Bilden des Kathodenfleckes nennt man die Zündung des Lichtbogens. Diese Zündung geschieht entweder durch Ziehen eines kleinen Hilfslichtbogens oder durch vorübergehendes Anlegen einer hohen Spannung. Die selbständige Existenz eines Lichtbogens setzt voraus, daß der Strom im Lichtbogen einen gewissen Mindestwert, welcher Minimalstrom genannt werden soll, nicht unterschreitet. Der Spannungsabfall im Lichtbogen ist von der Größenordnung 15 bis 20 V. Der Alkalidampfgleichrichter kommt nur für kleinere Leistungen in Betracht, der Minimalstrom beträgt bei ihm ca. 0,5 A. Die Quecksilberdampfgleichrichter werden dagegen für alle Leistungsstufen von den kleinsten bis zu den allergrößten Leistungen gebaut. Der Minimalstrom bei einem Quecksilberdampfgleichrichter mit seiner Quecksilberkathode und normalem Gefäßvakuum beträgt 3 A. und mehr. Bei Stromentnahme unter diesem Betrage erhält man den Kathodenfleck durch eine gesonderte Hilfserregung durch Erregerlichtbogen. Eine Abart des Quecksilberdampfgleichrichters ist ein unter dem Namen Argonalgleichrichter bekannter Gleichrichter. Dieser besitzt als Kathodenmaterial an Stelle von reinem Quecksilber eine Legierung aus Quecksilber und Kalium/Natrium. Dadurch erreichte man einen Minimalstrom, der nur noch ein Zehntel des bei normalen Gleichrichtern mit seiner Quecksilberanode erhaltenen beträgt. Der Argonalgleichrichter benötigt daher keine energieverzehrende Hilfserregung mehr. Das Vakuumgefäß des Argonalgleichrichters besitzt ferner eine Argonfüllung, welche es ermöglicht, durch vorübergehendes Anlegen der verhältnismäßig geringen Spannung von 300 bis 600 V. zwischen einer Hilfsanode und der Kathode eine Zündung des Lichtbogens herbeizuführen. Außer den hier angeführten Gleichrichtern gibt es nun noch eine Reihe weiterer, welche jedoch für die Umformung von Energien im gewöhnlichen Sinne nicht in Frage kommen. Dazu gehören die in der drahtlosen Telephonie benutzten Elektronenröhren und Detektoren.

Nach dieser kurzen Aufzählung der verschiedenen Arten von Gleichrichtern ist jetzt noch zu ergänzen, in welcher Weise durch diese die Funktionen des vorhin beschriebenen Umschalters bewerkstelligt werden. Bei den mechanischen Gleichrichtern liegen die Verhältnisse klar. Der zwischen zwei Kontakten hin und her schwingende Anker ist wie der Schalthebel in Abb. 1 an einen Pol des Gleichstromnetzes geschaltet, während die beiden Kontakte an dem Wechselstromnetze anliegen. Bei mehrphasigen mechanischen Gleichrichtern, bei denen die Kontakte nach Art eines Kollektors angeordnet sind, liegen die Verhältnisse ganz entsprechend. Bei den Ventilgleichrichtern liegen die Dinge etwas anders. Ein Ventil ist nur zum Einschalten oder Anschalten tauglich. Ein einpoliger Umschalter mit zwei Kontakten ist daher nur durch zwei Ventile darstellbar, welche einpolig miteinander verbunden sind, so daß entweder beide Kathoden oder beide Anoden einen gemeinsamen Pol bilden. Ein einpoliger Umschalter mit p Kontakten entsprechend p Wahlkreisen wie in Abb. 3 ist demnach durch p einpolig verbundene Ventile ersetzbar. Bei den elektrolytischen und Glimmlichtgleichrichtern schaltet man in dieser Weise in der Tat mehrere Einzelventile nebeneinander. Bei den Glühkathoden, Alkalidampf- und Quecksilberdampfgleichrichtern wählt man dagegen eine einfachere konstruktive Lösung. Man gibt einem Vakuumgefäße eine Kathode und so viele Anoden, wie der Umschalter, welchen das Vakuumgefäß ersetzen soll, Kontakte erfordert. Während des Betriebes des Gleichrichters lösen dann die Anoden ständig einander ab. Es ist immer jeweils die Anode stromführend, an der die höchste Spannung, in positiver Richtung gemessen, anliegt. Bei den Lichtbogengleichrichtern springt demnach der Lichtbogen von Anode zu Anode, er schwenkt, die Kathode als Fußpunkt behaltend, von Anode zu Anode weiter und erreicht wieder seine Ausgangsanode jeweils nach der Dauer einer Vollperiode der Netzspannungen.

Hieraus ergibt sich, daß die einzelnen Anodenzuleitungen nur während eines Teiles der ganzen Periodendauer belastet sind. Dasselbe gilt für die sekundären und primären Phasen des Transformators sowie für die Netzzuleitungen. Sind diese auch nicht gerade zeitweise unbelastet, so sind sie doch zum mindesten zeitweise unterbelastet. Sowohl die Transformatorphasen als auch die Netzleitungen erfahren größere effektive Strombelastungen, als der übertragenen Leistung entspricht; sie können daher nicht voll ausgenutzt werden. Der Transformator muß für eine größere Leistung dimensioniert werden, als der Nennleistung des Gleichrichters entspricht. Diese Umstände charakterisieren den Leistungsfaktor des Gleichrichters.

Es gibt aber nicht nur einen wechselstromseitigen, sondern auch einen gleichstromseitigen Leistungsfaktor. Denn der im Gleichrichter erzeugte Gleichstrom ist kein reiner oder konstanter Gleichstrom, sondern ein pulsierender. Bei einem pulsierenden Gleichstrom ist aber der quadratische Mittelwert des Stromes größer als der arithmetische. Infolgedessen erfährt ein reiner Gleichstromverbraucher wie etwa eine zu ladende Batterie eine größere effektive Strombelastung, als der hineingeschichteten Gleichstromleistung entspricht, denn für die Gleichstromleistung ist der arithmetische Mittelwert des Stromes maßgebend.

Über den Wirkungsgrad gilt das eine zu sagen, daß er im allgemeinen ziemlich unabhängig von der Belastung ist und um so besser ausfällt, je größer die gleichzurichtende Spannung ist. Denn sieht man zunächst von den rein Ohmschen Verlusten und den Verlusten im Transformator, falls dieser vorhanden sein sollte, ab, so hat man nur die in der Gleichrichtung bedingten Verluste anzusetzen. Bei den Ventilgleichrichtern ist aber der Spannungsverlust zwischen den Elektroden in roher Annäherung konstant, so daß die Gleichrichtungsverluste ungefähr dem Strome proportional sind. Daraus folgt aber die Behauptung. Setzt man noch konstante Verluste, wie Leerlaufverluste in einem etwaigen Transformator oder Verluste in einer etwaigen ständigen Hilfserregung des Lichtbogens oder bei den mechanischen Gleichrichtern die auf Kosten der ständigen Kontaktbetätigung entfallenden Verluste in Rechnung, so erkennt man, daß der Gleichrichter bei kleiner Belastung mit schlechterem Wirkungsgrad arbeiten muß als bei höherer Belastung. Ähnlich schließt man, daß große Gleichrichter günstiger arbeiten als kleine.

Bei den Lichtbogengleichrichtern pflegt man die Pulsationen des Gleichstromes durch eine in den Gleichstromkreis eingeschaltete Drosselspule herabzudrücken. Bei den mechanischen Gleichrichtern ist das Einschalten einer solchen Drosselspule wegen der damit an den Kontakten auftretenden starken Öffnungsfunken nicht möglich,

Eine allgemeine Übersicht über die verschiedenen Arten von Gleichrichtern gibt die Tafel IV (S. 206)[1].

Vorbereitendes über den Quecksilberdampfgleichrichter. Wie schon vorhin dargelegt wurde, ist der wesentliche Teil des Quecksilberdampfgleichrichters ein Vakuumgefäß, welches als Hauptelektroden eine Kathode und je nachdem eine Reihe von Anoden besitzt. Bei reinen Quecksilberdampfgleichrichtern besteht die Kathode aus reinem Quecksilber, dessen elektrischeVerbindung durch eine in das Quecksilber hineinragende Eisenelektrode vermittelt wird. Die Anoden bestehen gewöhnlich aus Graphit. Außer diesen Hauptelektroden besitzt das Vakuumgefäß noch eine oder mehrere Zündanoden und mitunter noch einige Erregeranoden, die unter Umständen jedoch durch die Zündanoden vertreten sein können.

[1]) Vgl. die orientierenden Aufsätze im Helios 1920, S. 125, sowie 1924, ferner das Buch von Günther-Schulze: Elektrische Gleichrichter und Ventile. 1924. Verlag Joseph Kösel u. Pustet, Kempten bei München.

Man unterscheidet Glasgleichrichter und Eisengleichrichter. Bei den Glasgleichrichtern ist das Vakuumgefäß ein Glaskolben, welchen man gewöhnlich unter den Namen Gleichrichterkolben kennt. Dieser Glaskolben ist birnenförmig geblasen und hat auf seinem schmalen Ende Rohransätze für die Anoden sowie für die Kathode. Der große Raum über der Kathode dient als Kondensationsraum für das verdampfende Quecksilber. Die Länge der Anodenarme richtet sich nach der Spannung, für die der betreffende Kolben gebraucht werden soll. Die Arme selbst sind meist nicht gerade ausgebildet, sondern geknickt („so daß die Anoden von der Kathode aus nicht gesehen werden"). Die Herstellung von Gleichrichterkolben für höhere Stromstärken bereitete anfänglich große Schwierigkeiten, da es nicht gelang, luftdichte Elektrodeneinschmelzungen für Ströme über 10 A herzustellen. Erst in späterer Zeit fand man Einschmelzverfahren, welche sich den höheren Ansprüchen gegenüber als brauchbar erwiesen. Ein Verfahren beruht darauf, daß Molybdän sich sehr gut in ein Borosilikatglas, eine Art altes Jenaer Geräteglas, luftdicht einschmelzen läßt. Ein anderes, sehr geschicktes und noch für sehr hohe Stromstärken geeignetes Einschmelzverfahren besteht darin, auf dem Rand eines Rohransatzes des Vakuumgefäßes einen Platinhut einzuschmelzen, auf dessen ebenen Boden die Teile eines gewissermaßen durchgeschnittenen Elektrodendurchführungsbolzens beiderseits stumpf aufgeschweißt werden. Es sind heute Elektrodendurchführungen in Glaskolben für 500 A Strombelastung nichts Ungewöhnliches mehr. Die Typengröße eines Gleichrichterkolbens ist daher jetzt mehr durch die thermischen Verhältnisse des Kolbens bestimmt. Doch auch hier hat man wesentliche Fortschritte erzielt. Durch Anbringen einer Luftkühlung konnte man die Strombelastbarkeit auf das Dreifache des früheren Wertes steigern. Außerdem ist man seit längerem daran, den Glaskolben des Gleichrichters ganz unter Öl zu setzen. Während vor wenigen Jahren Glasgleichrichtereinheiten nicht über 100 bis 250 A gebaut wurden, entwickelt man heute schon Einheiten für 500 A Gleichstrom. Dies alles machte den anfänglich auf kleinere und mittlere Leistungen beschränkten Glasgleichrichter zu einem ernsten Konkurrenten gegenüber der anderen Klasse von Gleichrichtern, den Eisengleichrichtern. Die Eisengleichrichter, welche man auch mit dem Namen Großgleichrichter bezeichnet, besitzen eiserne Vakuumgefäße. Wie der Name schon sagt, kommen diese Gleichrichter für große und größte Leistungen in Frage. Bei der Konstruktion der eisernen Vakuumgefäße bereitete die Dichtungsfrage außerordentliche Schwierigkeiten. Es gelang weder, dauernd vollkommen dichthaltende Elektrodendurchführungen und Gefäßpassungen herzustellen, noch konnte man verhindern, daß das Eisengefäß und seine inneren Armaturen trotz erfolgter Entgasung zuweilen bei höheren Erwärmungen noch Gasteile an das Innere des Gefäßes abgeben. Daher entschloß man sich, dem Eisengleichrichter eine Hochvakuumpumpe beizugeben, welche für die ständige Aufrechterhaltung des Vakuums Sorge trägt. Auf die Konstruktion der Eisengleichrichter soll hier ebensowenig wie auf die der Glasgleichrichter eingegangen werden. Zu Anfang baute man Eisengleichrichter für 250 bis 500 A Gleichstrom, also für Ströme, welche heute schon durch Glasgleichrichter erreicht werden. Dagegen hat man jetzt schon Eisengleichrichtereinheiten für 1500 A Gleichstrom bei einer Gleichspannung bis etwa 1000 V.

Hat man noch größere Leistungen als die angegebenen zu bewältigen, so schaltet man mehrere Gleichrichtereinheiten parallel. Damit sich die gesamte Belastung gleichmäßig auf die einzelnen Gleichrichter verteilt, ist nötig, daß die Gleichspannung des Gleichrichters mit wachsender Strombelastung sinkt oder, wie man sagt, daß die Spannungscharakteristik eine fallende ist. Die Gesamtheit der parallelgeschalteten Gleichrichter nennt man ein Gleichrichteraggregat.

Es seien zum Schluß noch einige Worte über die Zündung der Gleichrichter gesagt. Bei den Glasgleichrichtern erreicht man die Zündung des Lichtbogens, wie schon gesagt wurde, entweder durch

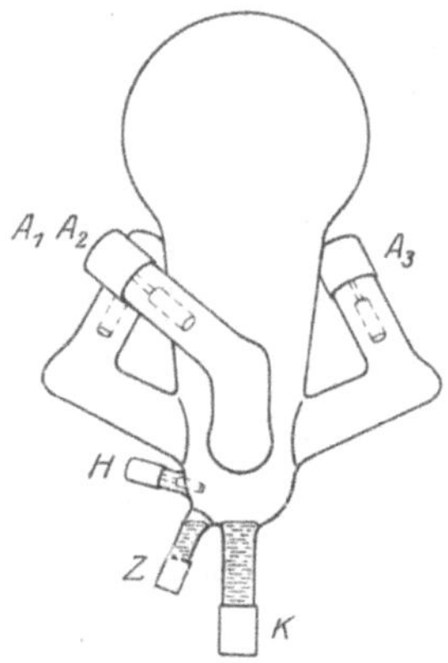

Abb. 4a.

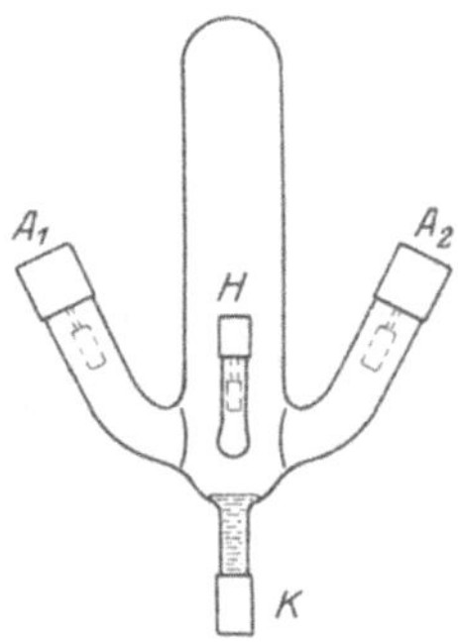

Abb. 4b.

Ziehen eines kleinen Hilfslichtbogens oder durch Anlegen einer hohen Spannung zwischen der Kathode und einer Hilfsanode. Das Ziehen eines Hilfslichtbogens wird ermöglicht entweder durch eine der Kathode benachbarte herabgebogene und mit Quecksilber gefüllte Hilfsanode, welche bei einem Kippen des Glaskolbens Quecksilber zur Kathode übertreten läßt, oder zweckmäßiger durch eine feste, dicht über dem Spiegel des Kathodenquecksilbers angebrachte Hilfsanode, welche bei einem Kippen des Glaskolbens in das Kathodenquecksilber eintaucht. Sind Kathode und Zündanode an einen Hilfsstromkreis angeschlossen, so wird bei dem Kippen des Glaskolbens der Stromkreis geschlossen, dagegen bei dem Aufrichten des Kolbens wieder geöffnet, so daß ein Abreißlichtbogen entsteht, welcher die Zündung des Hauptlichtbogens einleitet. Bei kleinen Glasgleichrichtern erfolgt das Kippen des Kolbens von Hand, bei den größeren Einheiten dagegen vermittels eines Elektromagneten, welcher dann übrigens durch Relaisbetätigung selbsttätig ein- und ausgeschaltet zu werden pflegt. Abb. 4a zeigt einen Gleichrichterkolben mit drei Hauptanoden für Drehstromgleichrichtung, welche mit 1, 2 und 3 bezeichnet sind. Der Kolben besitzt eine wie oben beschriebene mit Quecksilber gefüllte Zündanode Z, welche dicht neben der Kathode K angeordnet ist und außerdem zwei Hilfserregeranoden H, von denen jedoch in der Figur nur eine sichtbar ist. Abb. 4b zeigt einen einfachen Glaskolben mit zwei Hauptanoden für einen Argonalgleichrichter. Da hier die Zündung durch Anlegen einer hohen Spannung erfolgt, so ist die Zündanode Z in einem entsprechenden Abstande von der Kathode K angeordnet. Bei den Eisengleichrichtern erfolgt die Zündung mittels einer elektromagnetisch betätigten Tauchelektrode.

Über die Hilfserregeranoden ist nur das eine zu sagen, daß sie prinzipiell ganz entsprechend geschaltet sind wie die Hauptanoden des Gleichrichters. Die Hilfserregeranoden im Verein mit der gemeinsamen Kathode bilden gewisssermaßen die Elektroden eines kleinen Gleichrichters innerhalb des größeren. Die Hilfsanoden sind dazu an eine Sonderwicklung des Haupttransformators oder bei mittleren und größeren Gleichrichtern an einen besonderen Hilfstransformator angeschlossen. Die Hilfserregung bleibt gewöhnlich dauernd eingeschaltet, sie dient nur dazu, einen ständigen Hilfslichtbogen zu unterhalten und damit den Gleichrichter jederzeit ohne besondere Zündung einschaltfertig zu halten. Da die Belastung der Hilfserregung eine induktive ist, so ist der Wattverbrauch derselben nur gering.

Außer dem Vakuumgefäß besitzt eine Gleichrichteranlage in der Regel noch einen Transformator, der, wie wir vorhin sagten, gleichzeitig zur Übersetzung und Spannungsteilung herangezogen wird. Zur Spannungsregulierung wird dieser Transformator mit Wicklungsanzapfungen ausgeführt oder es wird ihm ein besonderer Reguliertransformator beigegeben. Die Wahl der Anzapfungen der Wicklungen geschieht durch Stufenschalter, welche bei mittleren Gleichrichtern von Hand, bei größeren Anlagen jedoch durch einen besonderen Hilfsmotor betätigt werden. Außerdem wird die Spannungsregelung auch automatisch wirkend ausgeführt. Die Anlage reguliert dann ohne äußeres Zutun innerhalb gewisser Grenzen auf konstante Gleichspannung. Ein Gleichrichter ist dann ferner noch mit verschiedenen Drosselspulen, welche in der Gleichstromleitung, in den Anodenzuleitungen oder primärseitig eingeschaltet sind, ausgerüstet. Außerdem besitzt jede Gleichrichteranlage noch eine Reihe weiterer Hilfsapparate, auf die jedoch hier nicht eingegangen werden soll.

Plan für die Theorie des Gleichrichters. Die ganze Untersuchung zerfällt in vier Abschnitte, und zwar in einen einleitenden Abschnitt über allgemeine Sätze und Definitionen, in den zweiten Abschnitt, der zeigen soll, daß sich die Untersuchung der verschiedenen Arten der Gleichrichterschaltungen auf die einer einzigen Art reduziert, den dritten Abschnitt über die Theorie des reduzierten Gleichrichters und endlich den vierten Abschnitt, der in Form einer kurzen Übersicht einige Ergebnisse auf die verschiedenen Einzelfälle der Gleichrichterschaltungen übertragen soll. Wir greifen nur einiges aus dem Inhalt heraus[1]):

1. Die Form des erzeugten Gleichstromes und der Verlauf der Charakteristiken des Gleichrichters wird in hohem Maße beeinflußt durch Drosselspulen, welche in die verschiedenen Stromkreise eingefügt werden und ebenso durch Induktivitäten, welche gleichwertige Wirkungen hervorrufen wie diese; dazu gehören eine etwaige induktive Gleichstrombelastung und mitunter der Transformator des Gleichrichters.

Um den Einfluß dieser Induktivitäten studieren zu können, muß man die Spannungen kennen, welche in diesen induziert werden. Dazu ist es aber unumgänglich nötig, auf das eigenartige Verhalten des Eisens der Spulenkerne, wie es in der Magnetisierungskurve $\mathfrak{B}$ ($\mathfrak{H}$) zum Ausdruck kommt, einzugehen, wenn man nicht, besonders bei pulsierenden Gleichströmen, auf gänzlich abweichende Ergebnisse stoßen will. Die induzierten Spannungen sind im allgemeinen nicht mehr einfach der Änderungsgeschwindigkeit der Ströme proportional, sondern stellen sich durch einen Ausdruck $l\ (i) \cdot di/dt$ dar, worin l als Funktion von dem Strome i die momentane Induktivität heißen soll. Für diese momentane Induktivität ist dabei nicht die Permeabilität $\mu = \mathfrak{B}/\mathfrak{H}$ des Eisens maßgebend, sondern vielmehr die Ableitung $\chi = d\mathfrak{B}/d\mathfrak{H}$, welche wir die Ergiebigkeit des Eisens nennen wollen.

Da bei allen vorkommenden Magnetsystemen nur geschlossene magnetische Kreise vorkommen, so lassen wir in üblicher Weise an die Stelle der Feldstärke $\mathfrak{H}$ die ihr proportionale Amperewindungszahl pro 1 cm Länge des magnetischen Kreises, nämlich $u = 4\pi/10 \cdot \mathfrak{H}$ treten und schreiben dementsprechend die Magnetisierungskurve $\mathfrak{B}(u)$ und die Ergiebigkeit in der Form $\chi\ (u) = 10/4\pi \cdot d\mathfrak{B}/du$. Es ist $d\mathfrak{B}/du$ die jeweilige Neigung der Magnetisierungskurve $\mathfrak{B}(u)$ an der Stelle u. Die Funktion $\mathfrak{B}(u)$ setzen wir stets als eindeutig voraus.

Unter den untersuchten Fällen sind diejenigen von besonderer Wichtigkeit, in denen ein Magnetsystem von einem mehr oder weniger pulsierenden Gleichstrom durchflossen wird. Ist das Magnetsystem eine Wicklung mit einem einfachen geschlossenen Eisenkern, so ergibt sich für die bei mäßig pulsierendem Gleichstrom angenähert konstante Induktivität folgendes: Der Wert der Induktivität nimmt mit wachsender Windungszahl der Wicklung nicht beständig zu; vielmehr gibt es zuweilen einen Bereich, in welchem die Induktivität mit wachsender Windungszahl vorübergehend sinkt. Dieser Bereich liegt bei Induktionen, welche etwa dem Knie der Magnetisierungskurve zukommen. Sehr häufig ist für die Wirkung des Magnetsystemes in einem Stromkreise nicht der Wert der Induktivität selbst, sondern vielmehr dessen Produkt mit der jeweils herrschenden

---

[1]) Der Leser möge diese Einleitung zunächst überschlagen, um später bei Bedarf darauf zurückzugreifen.

mittleren Stromstärke bestimmend. Wir nennen dieses Produkt die induktive Wirksamkeit des Magnetsystemes. Diese induktive Wirksamkeit, welche bis auf einen Faktor durch den Wert von $\chi \mathfrak{H} = d\mathfrak{B}/du \cdot u$ gegeben ist, hat im Bereiche des Knies die Magnetisierungskurve ein ausgeprägtes Maximum und ist für einen ausgedehnten Bereich hinter diesem Knie zuweilen ziemlich konstant. Der dem Maximum zukommende Wert u ist eine innere Konstante der Magnetisierungskurve und eignet sich als Handhabe zur Berechnung optimaler Drosselspulen. Die erwähnte Konstanz von $d\mathfrak{B}/du \cdot u$ rechtfertigt in dem betreffenden Bereich einen logarithmischen Ansatz der Magnetisierungskurve $\mathfrak{B}(u)$, von dem gelegentlich Gebrauch gemacht werden wird. Eine häufige praktische Anwendung macht man von der Tatsache, daß die Induktivität unter Umständen durch Einfügen eines Luftspaltes in den Eisenkern gesteigert werden kann. Auch hierauf werden wir besonders eingehen.

Ist der durch ein Magnetsystem fließende Gleichstrom stärker pulsierend, ist er zwischen dem Werte Null und einem Höchstwerte schwankend oder ist der Strom gar ein Wechselstrom, so bietet sich für Rechnungen von technischer Genauigkeit die Möglichkeit, einen Mittelwert der periodisch veränderlichen Induktivität zu suchen und mit diesem wie mit einer zeitlich konstanten Größe zu operieren. Definiert man diesen Mittelwert so, daß der arithmetische Mittelwert der induzierten Spannung bei Ersatz der veränderlichen Induktivität durch die mittlere invariant bleibt, so gelangt man zu dem arithmetischen Mittelwert der veränderlichen Induktivität; dieser hängt nur von dem höchsten und niedrigsten Wert resp. Anfangs- und Endwert des Stromes ab und ist bei reinem Wechselstrom — in Übereinstimmung mit der bekannten einfachen Formel für die Induktivität — durch die Permeabilität μ des Eisens bestimmt. Außer dem arithmetischen Mittelwert definieren wir noch den quadratischen Mittelwert der veränderlichen Induktivität, der jedoch allgemein nicht die dem arithmetischen Mittelwert entsprechende Eigenschaft besitzt, in gleicher Weise etwa den quadratischen Mittelwert der induzierten Spannung invariant zu lassen. Er ist jedoch in Fällen, in denen mehr der quadratische als der arithmetische Mittelwert der Spannung die Wirkung des Magnetsystemes kennzeichnet, geeigneter als der arithmetische Mittelwert der Induktivität; insbesondere aber läßt er sich in Verbindung mit der empirischen Magnetisierungsformel sehr einfach formelmäßig darstellen.

Zur Beurteilung der Ausnutzung der Erzeugermaschinen, der Leitungen und Belastungsteile pflegt man eine Zahlengröße zu definieren, welche den Namen Leistungsfaktor führt und mit λ bezeichnet werden soll. Wir unterscheiden vier Arten von Leistungsfaktoren, nämlich den einfachen Leistungsfaktor für ein einphasiges Netz mit einer Einzelquelle resp. einer Einzellast, den resultierenden Leistungsfaktor für ein einphasiges Netz mit einer oder mehreren Einzelquellen und mehreren Einzellasten, den mittleren Leistungsfaktor für mehrphasige Netze mit ungleichmäßiger Belastung und endlich den scheinbaren Leistungsfaktor, der bei mehrphasigen Netzen aus meßtechnischen Gründen vorgetäuscht werden kann, aber mitunter auf den tatsächlichen Leistungsfaktor schließen läßt.

Die verschiedenen eingeführten Meßgrößen des Gleichrichters sind auf ihre bequeme praktische Meßbarkeit hin zu untersuchen. Von einem besonderen Interesse ist dabei zunächst die Messung des Spannungsabfalles im Lichtbogen, da dieser für die Verluste im Gleichrichter einen Hauptanteil liefert. Es gibt verschiedene Methoden, um die Abhängigkeit der Lichtbogenspannung von dem mittleren Lichtbogenstrom, welche man als statische Lichtbogencharakteristik bezeichnet, festzustellen. Da jedoch die gewöhnlichen Methoden eine gesonderte Versuchsanordnung voraussetzen und außerdem kein getreues Abbild der Lichtbogenverhältnisse im betriebsmäßig tätigen Gleichrichter ergeben, so wird ein einfaches Meßverfahren angegeben, welches den Gleichrichter in seinem normalen Betriebszustande ungeändert beläßt und dementsprechend zuverlässigere Meßwerte für die herrschende Lichtbogenspannung liefert.

Zur Beurteilung der Gleichförmigkeit des Gleichstromes oder, wie man sagt, seiner Güte, wird zu Anfang des ersten Abschnittes eine geometrische Größe definiert, welche den Namen Pulsation führt. Wir unterscheiden dabei die absolute Pulsation und ferner eine Verhältniszahl, die relative Pulsation. Die relative Pulsation ist die auf den Strom von dem arithmetischen Mittelwert 1 bezogene halbe Differenz des größten und kleinsten Wertes des pulsierenden Gleichstromes. Zu dieser Größe tritt am Ende des Abschnittes als Ersatz für die schwer meßbare relative Pulsation eine praktische Meßgröße, der wir den Namen Welligkeit geben. Die Welligkeit ist das $\sqrt{2}$ fache des auf den Strom von dem arithmetischen Mittelwerte 1 bezogenen quadratischen Mittelwertes der Oberwelle des pulsierenden Gleichstromes. Sie ist eine einfache Funktion des Formfaktors des Gleichstromes und wird für einen sinusförmig pulsierenden Gleichstrom mit dessen relativer Pulsation identisch.

Schließlich werden noch einige Leistungsfaktor- ähnliche Größen eingeführt, welche gestatten, zu einer verlangten Gleichstromleistung die Dimensionen des zu dem Gleichrichter erforderlichen Transformators zu errechnen. Unter sehr einfachen Annahmen sind diese Verhältniszahlen feste Zahlengrößen, welche man in Tabellen zusammenstellen kann.

Nun ist nur noch einiges über das Verhalten eines unhomogen belasteten Transformators zu sagen.

Man unterscheidet zunächst verkettete und unverkettete Transformatoren. Bei den verketteten hat man als Eisenkern eine Reihe von Schenkeln, welche durch zwei gemeinsame Joche verbunden werden: einen solchen Transformator wollen wir einen mehrschenklichen nennen. Für die Rechnung setzen wir diesen Transformator als schenkelsymmetrisch voraus, so daß keiner der Schenkel vor dem anderen eine bevorzugte Stellung einnimmt. Bei den unverketteten dagegen hat man eine Reihe von Einphasentransformatoren, die keinen magnetischen Zusammenhang mehr unter sich haben.

Bei den verketteten Transformatoren spielt unter Umständen die Streuung eine wichtige Rolle und zwar insofern, als sie mitunter eine kathodendrosselartige oder anodendrosselartige Wirkung hervorruft. Den Streukoeffizienten, der ein Maß für die Größe der Streuung darstellt, werden wir so formulieren, daß er für den streuungslosen Fall gleich Null wird und ferner den Wert 1 annimmt, wenn im extremen Falle die Streuung so groß wird, daß die magnetische Verkettung der Transformatorschenkel aufhört.

2. Gegeben sei nun ein Wechselstrom mit p Außenleitern und einem Nulleiter sowie ein Vakuumgefäß mit p Anoden und einer Kathode. Die Anoden seien unter Zwischenschaltung von Drosselspulen, welche wir Anodendrosseln nennen, an die Außenleiter des Wechselstromnetzes angeschlossen; ferner sei die Kathode mit dem Nulleiter des Netzes verbunden, unter Zwischenschaltung einer Kette aus einer Drosselspule, welche den Namen Kathodendrossel erhält, einem rein Ohmschen Widerstande sowie einer konstanten Gegenspannung. Eine solche Anordnung wollen wir einen p-phasigen Normalgleichrichter nennen.

Zunächst setzen wir die Induktivitäten der Drosselspulen als zeitlich konstant voraus; die Werte dieser Induktivitäten sind dabei noch keine konstanten Werte schlechthin, sondern Mittelwerte, welche von gewissen oberen und unteren Stromwerten abhängen in der Weise, wie dies in dem ersten Abschnitt auseinandergesetzt wird. Erst am Ende des dritten Abschnittes gehen wir auf ein Beispiel für das Wirken einer zeitlich veränderlichen Induktivität ein.

Bei Abwesenheit von Anodendrosseln bewirkt die Kathodendrossel in dem Normalgleichrichter lediglich eine Verminderung der Pulsation des Gleichstromes, ohne dabei den arithmetischen Mittelwert desselben zu ändern. Daher wird die Kathodendrossel zur „Verbesserung“ des Gleichstromes herangezogen. Die Anodendrosseln dagegen bewirken in dem Normalgleichrichter einen gleichstromseitigen induktiven Spannungsabfall, der mit wachsender Belastung wächst. Da der Gleichrichter ursprünglich bei der gewöhnlich fallenden Lichtbogencharakteristik eine steigende Spannungscharakteristik (Gleichspannung in Abhängigkeit von der Gleichstrombelastung) besitzt, so schaltet man solche Anodendrosseln oder Induktivitäten äquivalenter Wirkung ein, um aus der steigenden Spannungscharakteristik eine fallende zu machen, also eine solche, wie man sie bei Parallelschaltung mehrerer Einzelgleichrichter zu Aggregaten oder bei der Ladung von Akkumulatoren verlangt. Die Wirkung der Anodendrosseln hat noch eine Begleiterscheinung zur Folge, welche darin besteht, daß die Ablösung von aufeinanderfolgenden Lichtbogen nicht mehr wie sonst momentan erfolgt, sondern daß der abzulösende Lichtbogen erst nach einiger Zeit erlischt, während der ablösende Lichtbogen schon brennt. In diesem Sinne spricht man von einer Überlappung der Lichtbogen und entsprechend von einer

Überlappung der Anodenströme. In der Regel hat man Überlappungen von nur zwei Anodenströmen; mehrfache Überlappungen treten im allgemeinen nicht auf.

Hat der Normalgleichrichter sowohl eine Kathodendrossel als auch noch Anodendrosseln, so kombinieren sich die einzelnen Wirkungen. Zur bequemen Unterscheidung nennen wir dann künftig die einzelnen Wirkungen je nachdem einfach kathodendrosselartig oder anodendrosselartig.

Für die Kennzeichnung der verschiedenen Wirkungen, nämlich der der konstanten Gegenspannung sowie der kathodendrosselartigen und der anodendrosselartigen Wirkung wählen wir eine gewisse Parameterdarstellung, welche sich im dritten Abschnitt über die Theorie des Normalgleichrichters als besonders fruchtbar erweist.

Zunächst bedeute V den Scheitelwert der sinusförmigen Phasenspannungen des Wechselstromnetzes des Normalgleichrichters und R den ohmschen Widerstand in dessen Gleichstromkreis. Schreibt man dann die auftretenden Spannungen in diesem Gleichrichter in der Form $V \cdot \varphi(t)$, worin $\varphi(t)$ eine dimensionslose Funktion der Zeit t bedeutet, und schreibt man ferner die auftretenden Ströme in der Form $V/R \cdot \chi(t)$, worin $\chi(t)$ wieder eine dimensionslose Funktion der Zeit bedeutet, so enthalten die Funktionen φ und χ, wenn man darin an Stelle von t die Variable $\theta = \omega t = 2\pi\nu t$ ($\nu =$ Frequenz der Wechselspannungen) einführt, nur zwei Arten dimensionsloser Parameter. Die erste Art ist das Verhältnis konstanter Spannungen, nämlich das Verhältnis der Gegenspannung zur Scheitelspannung und ferner eine Verhältniszahl, in der die Minimalstromstärke des Lichtbogens enthalten ist, welche jedoch meist vernachlässigt werden soll. Die zweite und wichtigste Art umfaßt Dämpfungszahlen, welche die Wirkung der Induktivitäten charakterisieren. Diese Dämpfungszahlen erscheinen in der Form $R/\omega L$, worin L den Wert einer Induktivität darstellt; der Bequemlichkeit wegen setzen wir künftig immer $\omega L/R$ gleich dem Tangens eines Winkels[1]). Da es nun jederzeit zum Belieben steht, die obigen Faktoren V und V/R in generellen Untersuchungen gleich 1 zu setzen, so verbleibt für die Theorie des Gleichrichters nur die Diskussion der Vorgänge an Hand der angeführten Parameter. Der Fall $R = 0$ macht allerdings eine gesonderte Behandlungsweise oder einen Grenzübergang notwendig.

---

[1]) Als einfachstes Beispiel diene der bekannte Ausdruck für einen Wechselstrom in der Form $E/(R^2 + \omega^2 L^2) \cdot (R \sin \omega t - \omega L \cos \omega t)$, dessen Vereinfachung damit beginnt, daß man $\omega t = x$ und $\omega L/R = \operatorname{tg} \alpha$ setzt. Dann bekommt man nämlich $E/\sqrt{R^2 + \omega^2 L^2} \cdot \sin(x - \alpha)$. Das mathematisch Natürliche ist jetzt, den Winkel α, der doch schon definiert ist, auch auszunutzen und daher für den vorigen Ausdruck $E/R \cdot \cos \alpha \sin(x - \alpha)$ zu schreiben.

Wenn man sonst gewohnt ist, den komplexen Widerstand $R_w = \sqrt{R^2 + \omega^2 L^2}$ einzuführen, so geschieht das nur, weil man bei stationären Vorgängen oft mit komplexen Widerständen symbolisch wie mit rein Ohmschen Widerständen operiert. Da aber diese Methodik hier hinfällig wird, so wird auch die Schreibweise hinfällig.

Bei dem Normalgleichrichter ohne Anodendrosseln, aber mit einer Kathodendrossel hat man nur einen Parameter der zweiten Art. Bei dem Normalgleichrichter mit Anodendrosseln und mit einer Kathodendrossel hat man dagegen immer vier Parameter der zweiten Art, welche in einer bestimmten Relation zueinander stehen oder welche, wie wir sagen, eine Klasse bilden.

Diese Eigenschaft der Parameter ist wichtig für das Problem, welches wir das Reduktionsproblem nennen und das sich mit der Frage befaßt, unter welcher Bedingung die verschiedenen existierenden und denkbaren Gleichrichterschaltungen auf die gleiche Form des Normalgleichrichters reduzierbar sind. Die Bedingung ist die, daß die aus der Reduktion hervorgehenden tranformierten Parameter wiederum eine Klasse bilden müssen.

Die sich ergebende Möglichkeit, die zahlreichen Schaltungen der Gleichrichter auf eine zurückzuführen, enthebt einen nicht nur der Mühe, jeden Gleichrichter für sich zu untersuchen, sondern liefert in den Transformationsgleichungen der Parameter eine Handhabe, diese verschiedenen Schaltungen zu unterscheiden und festzustellen, welche Faktoren etwa kathodendrosselartige oder anodendrosselartige Wirkungen zur Folge haben.

Die eingangs genannte im Gleichstromkreise zwischen der Kathode und dem Nullpunkt des Wechselstromnetzes des Normalgleichrichters liegende Kette aus einer Drosselspule, einem Ohmschen Widerstande und einer konstanten Gegenspannung soll die Normalbelastung des Gleichrichters heißen. Macht man die näherungsweise Annahme eines rein sinusförmig pulsierenden Gleichstromes, so kann man zeigen, daß jedes beliebige aus den vorigen Elementen zusammengesetzte Belastungssystem auf die Normalform zurückführbar ist.

3. Nachdem der zweite Abschnitt das Reduktionsproblem erörtert hat, kann man sich nunmehr im dritten Abschnitt darauf beschränken, lediglich das Verhalten des Normalgleichrichters selbst eingehender zu untersuchen. Im wesentlichen handelt es sich dabei darum, die Form des Gleichstromes festzustellen und die Überlappung der Anodenströme zu studieren. Man erhält für die Rechnung eine Reihe von Vereinfachungen, wenn man gewisse Sonderfälle, etwa den Fall sehr großer Kathodendrosseln, den Fall fehlender Gegenspannung, kleiner Anodendrosseln oder aber den Fall eines verschwindenden Ohmschen Widerstandes eintreten läßt. Die Zweckmäßigkeit der Wahl der zulässigen Vereinfachungen ist immer erst von Fall zu Fall zu entscheiden.

Zum Schluß untersuchen wir den Gleichstrom noch unter Berücksichtigung einer zeitlichen Veränderlichkeit der Induktivität. Wir beschränken uns dabei auf den Fall des Normalgleichrichters ohne Anodendrosseln. Für die Darstellung der veränderlichen Induktivität der Kathodendrossel nehmen wir die obengenannte Magnetisierungsformel zu Hilfe.

4. Der vierte Abschnitt endlich bringt zur Erläuterung des Vorigen eine Zusammenstellung einiger Resultate für eine Reihe

von Gleichrichterschaltungen. Eine Anzahl von Daten sind hier numerisch ausgewertet, so daß deren praktische Benutzung ohne weiteres möglich ist.

Literatur zur Theorie des Quecksilberdampfgleichrichters. Die bisherige Literatur über den Quecksilberdampfgleichrichter befaßt sich vorwiegend mit konstruktiven und betriebstechnischen Fragen. Von den theoretischen Arbeiten über den Gleichrichter sollen im folgenden die wichtigeren kurz aufgeführt werden. Die in den Fußnoten jeweils angeführten Seitenzahlen beziehen sich auf das Literaturverzeichnis am Ende des Buches.

Die erste Arbeit ist eine Untersuchung von Steinmetz über den Zweiphasen- oder zweianodigen Gleichrichter[1]). In dieser Arbeit wird das Verhalten von Anodendrosseln beschrieben und es werden Näherungsgleichungen für die Größe der Überlappung der Anodenströme angegeben. Die Arbeit ist jedoch nicht ganz einwandfrei, da für die Zeit des Beginns der Überlappungsperiode und für den Wert des Gleichstromes zu dieser Zeit vereinfachende Annahmen gemacht werden, ohne dabei eine Begründung dieser Annahme anzugeben, eine Tatsache, auf die einerseits Höpp[2]) und andererseits Pflieger-Haertel[3]) hinwiesen. Eine Fortsetzung stellen zwei Arbeiten von H. Nielsen[4]) dar, in denen der Zweiphasen- und der Drehstromgleichrichter für den Fall der Stern-Stern-Schaltung des Transformators behandelt werden und in der auch auf die kathodendrosselartige Wirkung der Transformatorstreuung hingewiesen wird. Eine von diesen mehr unberührte Untersuchung ist eine Arbeit von W. Jäger[5]), der den Zweiphasengleichrichter und dabei auch die Wirkung von parallel geschalteten Kondensatoren bespricht. Die erste mehr zusammenfassende Untersuchung ist die wertvolle Arbeit von F. Kleeberg[6]), der verschiedene Schaltungen von Gleichrichtern behandelt, darin auch die Kopplung von Anodendrosseln bespricht und die Anlaufvorgänge auf graphischem Wege an Hand von Figuren erläutert. Eine graphische Lösung des Überlappungsproblemes gibt Pflieger-Haertel[7]), für den mehrphasigen Gleichrichter an. Die Leistungsfaktoren der Gleichrichter zahlreicher Schaltungen werden unter der vereinfachenden Annahme von aus Sinusbogen zusammengesetzten Strömen und Spannungen in drei Arbeiten von L. P. Krijger[8]) und in einer weiteren Arbeit von H. Kaden[9]) berechnet.

In den bisherigen Arbeiten wurden im wesentlichen nur die rein elektrischen Vorgänge, welche sich außerhalb des Vakuumgefäßes abspielen, behandelt. Die physikalischen Vorgänge im Vakuumgefäß hat vorwiegend A. Günther-Schulze[10]) untersucht. Eine kurze Darstellung dieser physikalischen Vorgänge bildet die Einleitung zum ersten Abschnitte dieses Buches.

---

[1]) Siehe S. 214. [2]) Siehe S. 212. [3]) Siehe S. 215. [4]) Siehe S. 212, 213. [5]) Siehe S. 214. [6]) Siehe S. 213. [7]) Siehe S. 215. [8]) Siehe S. 213, 214. [9]) Siehe Seite 215. [10]) Siehe S. 214, 215.

Erster Abschnitt.

Allgemeines.

1. Einleitendes über Bezeichnungen und über die Lichtbogenvorgänge im Gleichrichter.

a) Das Wechselstromnetz.

Die Netzspannung in einem einphasigen Wechselstromnetz hat die Eigenschaft, eine bestimmte Periode und den arithmetischen Mittelwert Null zu besitzen; sie ist daher allgemein entwickelbar in eine Fouriersche Reihe, deren konstantes Glied fehlt. Um aber die späteren Rechnungen nicht zu erschweren und unnötig unübersichtlich zu machen, soll künftig durchweg angenommen werden, daß die Netzspannung rein sinusförmig verläuft. Ist der Scheitelwert dieser Spannung E, die Frequenz ν, so ist der zeitliche Momentanwert e die Projektion eines mit der Winkelgeschwindigkeit $\omega = 2\pi\nu$ rotierenden Vektors E auf eine feste Zeitachse. Den momentanen Winkel ωt, den dieser Vektor zur Zeit t mit der Zeitachse positiv gerechnet einschließt, nennen wir künftig den Zeitwinkel

$$\theta = \omega t \qquad (1)$$

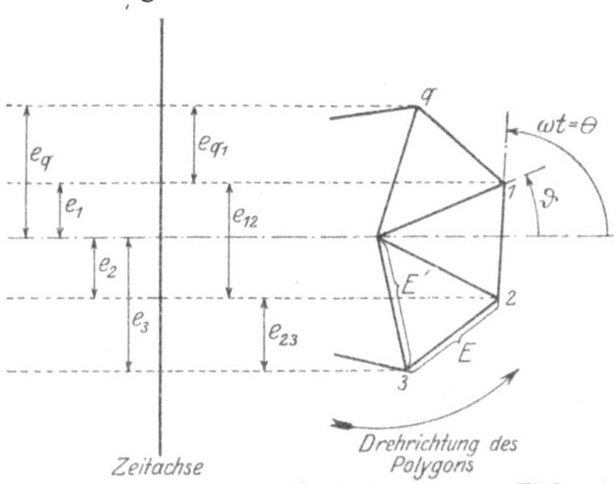

Abb. 5. TWL 8974

oder schlechtweg „Zeit“, sodaß die Periode der Netzspannung $e = E \sin\theta$ einfach 2π wird. In einem mehrphasigen Wechselstromnetze, welches stets symmetrisch vorausgesetzt werden soll, bilden die Endpunkte der Vektoren, deren Projektionen auf die gemeinsame Zeitachse die jeweiligen Momentanspannungen zwischen je zwei Außenleitern des Netzes darstellen, in bekannter Weise ein regelmäßiges Polygon (Abb. 5). Wir beziffern die einzelnen Außenleiter der Reihe nach mit 1, 2, ..., q, bezeichnen die Einzelspannungen entsprechend mit e_{12}, e_{23}, ..., e_{q1} und erhalten

$$\left.\begin{aligned} e_{12} &= E\sin\theta, \\ &\dots\dots\dots\dots\dots \\ e_{h,\,h+1} &= E\sin\left(\theta - \frac{h-1}{q}\,2\pi\right), \\ &\dots\dots\dots\dots\dots \\ e_{q1} &= E\sin\left(\theta + \frac{2\pi}{q}\right). \end{aligned}\right\} \tag{2}$$

Es ist q die Zahl der Außenleiter des Netzes. Es ist für ein einphasiges Netz $q = 2$, für ein Drehstromnetz $q = 3$, für ein zweiphasiges Netz $q = 4$ und für ein sechsphasiges Netz endlich $q = 6$. Es ist üblich, die Spannungen (2) die verketteten Spannungen zu nennen.

Wir bilden jetzt die Differenz zwischen je zwei aufeinanderfolgenden verketteten Spannungen und dividieren diese Differenz durch $4\sin^2\pi/q$. Die neuen so erhaltenen Spannungen nennen wir $e_1 = -(e_{q1} - e_{12})/4\sin^2\pi/q$, $e_2 = -(e_{12} - e_{23})/4\sin^2\pi/q, \dots, e_q = -(e_{q-1,\,q} - e_{q1})/4\sin^2\pi/q$ und bekommen in obiger Schreibweise

$$\left.\begin{aligned} e_1 &= E'\sin\vartheta, \\ &\dots\dots\dots\dots\dots \\ e_h &= E'\sin\left(\vartheta - \frac{h-1}{q}\,2\pi\right), \\ &\dots\dots\dots\dots\dots \\ e_q &= E'\sin\left(\vartheta + \frac{2\pi}{q}\right). \end{aligned}\right\} \tag{3}$$

Darin ist

$$E' = \frac{1}{2\sin\frac{\pi}{q}}\,E, \tag{4a}$$

$$\vartheta = \theta - \left(\frac{1}{2} - \frac{1}{q}\right)\pi. \tag{4b}$$

Diese Spannungen sind, wie man in dem Vektordiagramm Abb. 5 erkennt, nichts anderes als die, welche man in üblicher Weise die Sternspannungen des Netzes nennt. Es sind die Spannungen zwischen den Außenleitern und dem entweder bloß angenommenen oder bei vorhandenem Nulleiter wirklich existierenden Nullpunkt des Netzes. Diese Bezeichnungen sind bekanntlich von dem Drehstromnetz her übernommen.

Die Phasenbezeichnung eines Wechselstromnetzes ist übrigens nicht einwandfrei. Zuerst ging man nämlich davon aus, daß zu jeder „Phase“ des Netzes ein Leiterpaar gehört und nannte folgerichtig das einfache Zweileiternetz einphasig und das Vierleiternetz zweiphasig; dort ist also die Phasenzahl gleich der halben Leiterzahl. Eine Unstimmigkeit entsteht jedoch schon bei dem Drehstromnetz, welches man als dreiphasiges Netz bezeichnet. Die Leiterzahl beträgt vor der Verkettung allerdings sechs, sie reduziert sich jedoch infolge der Verkettung auf drei, wenn man von einem evtl. Nulleiter absieht; es wird also die Leiterzahl gleich der Phasenzahl. Entsprechend liegen die Verhältnisse bei den höherphasigen Netzen, in denen durchweg die Leiterzahl mit der Phasenzahl übereinstimmt.

Hat das Wechselstromnetz einen Nulleiter, so bezeichnen wir, da eine Verwechslung ausgeschlossen ist, als Phasenzahl immer die Zahl der Außenleiter.

Die Unterscheidung der Gleichrichter voneinander treffen wir in der folgenden Weise:

Die Zahl der Anoden des Vakuumgefäßes eines Gleichrichters sei allgemein gleich p ($p = 2, 3, \ldots$). Zu dem Vakuumgefäß gehört nun stets ein Wechselstromnetz mit einem Nulleiter, dessen Phasenzahl ebenfalls gleich p ist, welches also p Außenleiter hat. Dieses Wechselstromnetz ist, wie schon in der Einleitung beschrieben wurde, durch einen Spannungsteiler resp. durch die in Stern geschaltete Sekundärseite eines Transformators hergestellt und kann im einfachsten Falle das zur Gleichrichtung vorliegende und schon mit einem Nulleiter versehene Wechselstromnetz selbst sein.

Nach der Phasenzahl dieses mit den Anoden verbundenen Wechselstromnetzes bezeichnen wir künftig die Phasenzahl des Gleichrichters. Da diese Phasenzahl mit der Anodenzahl übereinstimmt, so kann man beide Größen füreinander setzen.

Ein Gleichrichter mit zwei Anoden und zweiphasigem Spannungsteiler für ein einphasiges Wechselstromnetz heißt also zweiphasig Ein Gleichrichter mit drei Anoden und dreiphasigem Spannungsteiler für ein Drehstromnetz heißt dementsprechend dreiphasig. Oft aber erhält ein solcher Gleichrichter für ein Drehstromnetz einen Transformator mit dreiphasiger Primärseite und sechsphasiger Sekundärseite, also sechsphasiger Spannungsteilung und entsprechend ein sechsanodiges Vakuumgefäß. Ein solcher Gleichrichter, bei dem offenbar der Gleichstrom erheblich ausgeglichener ist als bei dem vorigen, heißt sechsphasig. Einem Gleichrichter für ein zweiphasiges Wechselstromnetz gibt man einen Transformator mit dreiphasiger Sekundärseite (Scottsche Schaltung) und entsprechend ein dreianodiges Vakuumgefäß. Der besseren Deutlichkeit wegen würde man eine solche Anordnung einen dreianodigen Gleichrichter für ein zweiphasiges Wechselstromnetz nennen. Damit ist die Reihe der vorkommenden Gleichrichterarten erschöpft.

Faßt man die festgestellten Werte für die Anodenzahl p und für die Zahl q der Außenleiter des gegebenen Wechselstromnetzes zusammen, so hat man für den

Zweiphasengleichrichter $p = 2,\ q = 2$,
Dreiphasengleichrichter $p = 3,\ q = 3,\ [p = 3,\ q = 4]$,
Sechsphasengleichrichter $p = 6,\ q = 3$.

Wie wir schon sagten, ist der Gleichrichtertransformator sekundärseitig stets in Stern oder Zickzack geschaltet bei herausgeführtem Nullpunkt. Bei unbelastetem Netz seien die Sternspannungen zwischen den sekundären Außenleitern und dem Sternnullpunkt $e_{s1}, e_{s2}, \ldots, e_{sp}$. Der gleiche Scheitelwert dieser Spannungen sei E_s.

b) Über die Lichtbogenvorgänge im Vakuumgefäße.

In der Einleitung ist von dem Vakuumgefäße des Quecksilberdampfgleichrichters nur als von einem Schaltorgan die Rede gewesen. Dieses Schaltorgan, welches mit einer Kathode und mit einer Reihe von Anoden als Hauptelektroden ausgerüstet ist, sollte von solcher Beschaffenheit sein, daß jederzeit eine Verbindung der Kathode nur mit derjenigen Anode hergestellt wird, für die die zugehörige Phasenspannung positiv gerechnet größer ist als die anderen Phasenspannungen, Man erkennt leicht, daß dies darauf hinauskommt, daß der Lichtbogen im Vakuumgefäß nur zwischen der Kathode und derjenigen Anode brennen darf, deren Potential nicht kleiner ist als das der Kathode[1]).

Tatsächlich brennt auch der Lichtbogen nur dann, wenn das Potential der zugehörigen Anode größer ist als das der Kathode; er brennt nur bei Strömen, welche die Richtung von der Anode zur Kathode besitzen, er erlischt aber, wenn die Ströme ihr Vorzeichen wechseln. Es sind demnach alle Voraussetzungen gegeben, deren Erfüllung man von dem Vakuumgefäß als Umschaltorgan zu fordern hat.

Um nun für die Entwicklung der Theorie des Gleichrichters das Verhalten des Vakuumgefäßes quantitativ formulieren zu können, ist es vorerst nötig, auf das physikalische Verhalten eines Quecksilberlichtbogens im Vakuum näher einzugehen. Untersuchungen über den Quecksilberlichtbogen sind besonders von A. Günther-Schulze und zwar sehr eingehend angestellt worden. Nach seinen Arbeiten läßt sich etwa folgendes aussagen:

I. Der gesamte Spannungsabfall zwischen der Kathode und der Anode eines brennenden Quecksilberlichtbogens setzt sich aus dem Kathodenfall, dem Spannungsabfall in der Gasstrecke des Lichtbogens, dem Anodenfall und aus dem Spannungsabfall in den Elektroden zusammen.

1. Der Kathodenfall hat nach Stark den konstanten Wert von $5{,}27 \pm 0{,}09$ V. Die dadurch freiwerdende Energie von $5{,}27 \pm 0{,}09$ Wattsec pro Ampsec deckt die Wärmeableitung aus dem Kathodenfleck in das Kathodenquecksilber, die Strahlung des Kathodenfleckes und die Verdampfungswärme des verdampfenden Quecksilbers.

---

[1]) Dies ist die zunächst einfachste Bedingung. Der Leser wird diese bei den Kapiteln über die einfache und mehrfache Überlappung von Lichtbogen noch erweitert finden.

a) Die Wärmeableitung aus dem Kathodenfleck in das Kathodenquecksilber beträgt 2,68 Wattsec pro Ampsec, also 51 % der Kathodenfallenergie.

b) Für die Strahlungsenergie des Kathodenfleckes erhält man bei Schätzung seiner Temperatur zu 3000° abs. den Wert von 0,111 Wattsec pro Ampsec.

c) Der weißglühende Kathodenfleck sendet vermöge seiner hohen Temperatur Elektronen aus; gleichzeitig werden an der Kathode eine große Anzahl von Quecksilbermolekülen verdampft. Die dort verdampfte Qecksilbermenge ist der Stromstärke und der Zeit proportional und beträgt etwa $9{,}28 \cdot 10^{-3}$ g pro Ampsec. Hinter der Zone des Kathodenfalles wird ein Teil der Quecksilberdampfmoleküle von den viel schnelleren Elektronen getroffen; es findet dadurch eine Ionisation statt. Die Moleküle werden dadurch in positive Ionen und in negative Elektronen gespalten. Die positiven Ionen, welche eine Quecksilbermenge von etwa $2{,}08 \cdot 10^{-3}$ g pro Ampsec darstellen, werden zur Kathode hin beschleunigt und treffen dort mit der Endgeschwindigkeit von etwa 2700 m/sec auf. Unter dem Aufprall entsteht ein kleiner Trichter im Quecksilberspiegel, in dessen Sohle unter der freiwerdenden Stoßenergie der Ionen sich ein weißglühender Fleck ausbildet. Dies ist die Erklärung des Kathodenfleckes. Jedes auftreffende Ion ist imstande, 6 Quecksilbermoleküle zu verdampfen. Für die Berechnung der Verdampfungswärme des Quecksilbers hat man von der ganzen Quecksilberdampfmenge von $9{,}28 \cdot 10^{-3}$ g pro Ampsec den Betrag der zufliegenden Ionen, also $2{,}08 \cdot 10^{-3}$ g pro Ampsec in Abzug zu bringen, also nur $7{,}20 \cdot 10^{-3}$ g pro Ampsec anzusetzen. Man findet dann für die Verdampfungswärme den Betrag 2,20 Wattsec pro Ampsec.

Die Summe der drei Energiebeträge, der Wärmeableitung, der Strahlung und der Verdampfung ergibt 4,99 Wattsec. Da die Kathodenfallenergie 5,27 Wattsec betrug, so folgt, daß fast die gesamte Kathodenfallenergie sich im Kathodenfleck widerfindet. Hieraus schließt man weiter, daß fast der ganze Strom an der Kathode durch positive Ionen transportiert wird.

Die Größe des Kathodenfleckes ist der Stromstärke proportional und ist gleich $2{,}53 \cdot 10^{-4}$ cm²/A; die konstante Stromdichte ist also rund 4000 A/cm². Diese Tatsache bestätigt die Annahme, daß fast die ganze verdampfte Quecksilbermenge im Gebiet des Kathodenfleckes erzeugt wird, dagegen nur verschwindend wenig in dessen Umgebung. Der mit der Dichte von 0,26 at und mit der Anfangsgeschwindigkeit von 215 m/sec herausschießende Quecksilberdampfstrahl schleudert jetzt den ankommenden Strahl der positiven Ionen beiseite, so daß dieser gezwungen wird, auf andere Stellen der Kathode aufzutreffen. Der Kathodenfleck gerät also in Bewegung. Die Bewegung ist sehr lebhaft, die Bahngeschwindigkeit des Fleckes beträgt schätzungsweise 10 m/sec; zum Weiterrücken um eine Kathodenfleckbreite benötigt der Kathodenfleck nur die ungefähre Zeit von 10^{-5} sec[1]). Hieraus erklärt es sich, daß die Tiefe des Kathodenfleckes nur wenige Millimeter beträgt, trotzdem der Strahl der positiven Ionen einen Flächendruck von etwa 1,8 at und der Quecksilberdampfstrahl einen Flächendruck von etwa 0,78 at auf die Sohle des Trichters ausübt, also insgesamt 2,58 at wirken[2]).

2. Die Ionisation der Quecksilberdampfmoleküle in der Gasstrecke des Lichtbogens ist auf dreierlei Weise möglich, erstens durch hohe Temperatur, zweitens durch reinen Elektronenstoß und drittens durch die sogenannte Resonanzstrahlung.

a) Die thermische Dissoziation kommt bei den hier herrschenden Temperaturen nur wenig in Betracht.

b) Die Ionisierung der Dampfmoleküle durch reinen Elektronenstoß (Stoßionisation) setzt eine hinreichende Geschwindigkeit der stoßenden Elektronen voraus, damit diese imstande sind, aus dem Atomverband ein Elektron abzusprengen. Da die Ladung eines Elektrons konstant ist, hängt die Geschwindigkeit desselben nur von dem von ihm durchlaufenen Potentialabfall des elektrischen Feldes ab. Die für die Stoßionisation erforderliche Potentialdifferenz heißt die Ionisierungsspannung, sie beträgt für Quecksilber etwa 10,4 V. Da der Spannungsabfall in der Gasstrecke aber bei Gleichrichtern bis mittlerer Größe meist geringer ist, mitunter sogar nur 3 V beträgt, so ist die erforderliche Ionisation nur durch die Resonanzstrahlung möglich:

c) Die 10,4 V sind nämlich zur Ionisierung nur dann erforderlich, wenn das zu ionisierende Quecksilberatom sich in dem normalen „unangeregten" Zustande befindet. Die Ionisierung erfolgt schon früher, wenn das Atom „angeregt" ist und zwar um so früher, je stärker es angeregt ist. Die niedrigste Anregespannung ist 4,68 V, die höchste hat den Wert von 10,38 V, also den Wert der Ionisierungsspannung. Außerdem gibt es eine Anzahl von Zwischenstufen, die voneinander etwa 0,3 V Abstand haben. Das Elektron, das nach Durchlaufen einer der Anregespannungen auf das Atom stößt, gibt seine kinetische Energie an dieses ab. Das nunmehr angeregte Atom verharrt aber nicht ohne weiteres in seinem angeregten Zustand, sondern fällt wieder in den normalen unangeregten Zustand zurück, indem es die empfangene Energie in Form von Strahlung bestimmter Wellenlänge wieder abgibt. Diese Strahlung ist für die Nachbaratome eine Resonanzstrahlung, sie ist ebenso wie ein Elektronenstoß zur Anregung von Atomen gleichen Stoffes imstande. Die Resonanzstrahlung im Verein mit der Bindung von angeregten Atomen mit unangeregten zu Molekülen erhält jetzt den Anregezustand so lange aufrecht, daß weitere Elektronenstöße unter nur geringen Spannungen nunmehr hinreichen, unter fortgesetzter

---

[1]) Es ist hier stets eine reine Quecksilberkathode vorausgesetzt. Bei zäherem Kathodenmaterial, bei Quecksilberlegierungen (wie z. B. bei dem Argonalgleichrichter) ist der Fleck ruhiger.

[2]) Vgl. Günther-Schulze, Z. f. Phys. 1922, S. 74f.

Steigerung der Anregung der Atome endlich eine Ionisation herbeiführen. Dies ist nach den heutigen Anschauungen des Bohrschen Atommodelles in roher Andeutung die Erklärung dafür, daß in der positiven Lichtsäule, wie man das Gebiet der Gasstrecke des Lichtbogens hinter dem Kathodenfallgebiet bis zur Anode nennt, trotz zu geringer Spannungsgefälle eine Ionisation möglich ist. Denn es ist zu beachten, daß die Elektronen nach Durchlaufen des Kathodenfalles in der genannten Ionisationszone hinter dem Kathodenfall ihre Energie verlieren, so daß sie von dort ab neu „anlaufen" müssen.

Der Spannungsabfall in der Gasstrecke des Lichtbogens ist anfangs bis zu einem normalen Dampfdruck, also von einem gewissen Mindeststrome bis zu dem Normalstrome konstant und etwa 0,3 V pro cm Lichtbogenlänge. Mit weiter wachsendem Dampfdruck, also mit weiter wachsendem Strome steigt der Spannungsabfall, da die freie Weglänge der Elektronen dann so klein wird, daß sie nicht mehr bei jedem Zusammenstoß mit Atomen deren Anregung steigern können.

Der Dissoziationsgrad des Quecksilberdampfes in der positiven Lichtsäule ist bei mittlerer Strombelastung von der Größenordnung 10^{-4}; unter 10^4 Molekülen findet sich also ein positives Ion. Die nicht ionisierten Moleküle schlagen sich an den Wänden des Vakuumgefäßes nieder, kondensieren dort und kehren als metallisches Quecksilber unter ihrer Schwere wieder zur Kathode zurück, sie machen also einen Kreislauf durch. Die Vakuumgefäße der Gleichrichter erhalten daher einen großen Kondensationsraum, den man auch die Kühlkammer nennt und der bei den Glaskolben der Glasgleichrichter einen erheblichen Teil des Gesamtvolumens ausmacht (vgl. Abb. 4). Die Eintrittsgeschwindigkeit des Quecksilberdampfstrahles in den Kühlraum eines normal belasteten Glaskolbens ist von der Größenordnung 10 m/sec.

In den Anodenarmen eines normal belasteten Glaskolbens beträgt der Dampfdruck etwa 0,3 mm Hg.

Die Temperatur in der Achse der positiven Lichtsäule ist außerordentlich hoch und beträgt bei einem 10 A-Gleichrichter etwa 1000° C, bei einem 500 A-Gleichrichter etwa 10000° C.

Die Belastung des Vakuumgefäßes eines Gleichrichters ist keine rein stationäre, denn wie wir schon in der Einleitung sagten, springt der Lichtbogen in ständiger Folge von Anode zu Anode. Ist ν die Periodenzahl der Spannungen des Wechselstromnetzes, so durchläuft der Lichtbogen die Anoden der Reihe nach derart, daß er nach der Zeit $1/\nu$ stets wieder die Ausgangsanode erreicht hat. Bei den üblichen Frequenzen (in der Regel ist $\nu = 50$ Per./sec) folgen die Temperaturschwankungen in den Anodenarmen den Stromschwankungen fast ohne Verzögerung; die Dichteschwankungen dagegen haben merkliche Phasenverschiebungen und bewirken heftige, in den Anodenarmen hin und her strömende Dampfstrahlen[1]).

[1]) Günther-Schulze: Z. f. Phys. 1922. S. 260f.

3. Es käme jetzt noch der Anodenfall. In der positiven Lichtsäule müssen im gleichen Volumen ebensoviel positive Ionen wie Elektronen sein. Da aber die Geschwindigkeit der Elektronen viel größer ist als die der Ionen, so strömen durch denselben Querschnitt nach Schottky etwa 400mal so viel Elektronen wie Ionen. Während der Strom im Kathodenfallgebiet fast ein reiner Ionenstrom war, ist der Strom in der positiven Lichtsäule bis zur Anode wegen des geringen Dissoziationsgrades von 10^{-4} fast ein reiner Elektronenstrom. Da nun die Ionendichte oder die Zahl der Ionen pro Volumeneinheit nach der Anode zu abnimmt und an der Anode selbst den Wert Null erreicht, so erzeugt dieser Elektronenstrom infolge des Elektronenüberschusses eine Raumladungszone. Der durch die Raumladung hervorgerufene Spannungsabfall heißt Anodenfall.

Mit wachsendem Dampfdruck, also mit wachsender Stromintensität nimmt der Anodenfall ab und nähert sich einem festen Endwerte. An Graphitanoden hat man im Anfang etwa 18 V und als konstanten Endwert 4,8 V Spannungsabfall. Im Anfang hat man nämlich reine Stoßionisation, die mindestens 10,4 V erfordert; nachher setzt die Resonanzstrahlung ein, der untere Spannungswert ist dann durch die minimale Anregespannung begrenzt.

Die Form der Anode ist wesentlich; die konvexe Elektrodenform führt zu hohen Spannungsabfällen, die konkave dagegen zu geringen, da die Konzentration der Resonanzstrahlung günstiger wird. In praxi benutzt man daher zylindrisch ausgebohrte Elektroden, in deren Außenwandung zuweilen noch tiefe Rippen eingeschnitten werden.

Bei konstant gehaltenem Dampfdruck ist der Anodenfall von der Stromstärke und der Temperatur der Anode unabhängig[1]).

II. Aus dem in I, 2. Gesagten geht hervor, daß bei schon vorhandenem Kathodenfleck der Lichtbogen erst dann „ansetzen" kann, wenn zur Einleitung der Resonanzstrahlung die erste Anregung der Atome durch mindestens 4,68 V Anregespannung schon geschehen ist. Dazu ist zwischen der betreffenden Anode und der Kathode eine hinreichend hohe Anfangsspannung nötig, welche wir die Zündspannung E_z nennen wollen. Die Zündspannung ist vom Dampfdruck stark abhängig, sie hat bei 0,1 mm Hg ein Minimum. Die Zündspannung ist ferner von dem Elektrodenabstand abhängig, sie nimmt mit wachsendem Abstand stark zu. Bei Glaskolben wächst sie also mit wachsender Anodenarmlänge. Bei ganz kurzen Anodenarmen und richtig bemessenem Dampfdruck erhält man als den günstigsten Wert E_z = Kathodenfall + minimale Anregespannung = 5,27 + 4,68 = 9,95 V; dagegen steigt die Zündspannung bei längeren Anodenarmen und höherem Dampfdruck auf Werte weit über 100 V an[2]).

Bei kalter Anode liegt die Zündspannung bei geringem Druck tiefer, bei höherem Druck höher als bei heißer Anode[3]).

[1]) Günther-Schulze: Z. f. Phys. 1923, S. 378 f.
[2]) —, Z. f. Phys. 1922, S. 277.
[3]) —, Arch. f. El. 1923, XII, S. 121.

III. Die Anoden des Vakuumgefäßes werden zu Kathoden einer Glimmentladung, wenn die Spannung zwischen der Quecksilberkathode und den betreffenden Anoden höher als der normale Kathodenfall der Glimmentladung wird, also auf mehrere Hundert Volt steigt. Dies kann bei den am Lichtbogen „unbeteiligten" Anoden im Gleichrichter der Fall sein, wenn die an den Anoden anliegenden Wechselspannungen entsprechend hohe Werte annehmen. Diesen in der „Sperrichtung" des Vakuumgefäßes fließenden Glimmstrom nennt man den Rückstrom.

Die durch den Glimmstrom verlorengehende Energie ist gegen die umzuformende Energie meist zu vernachlässigen. Der Rückstrom wird aber gefährlich, wenn von den Quecksilberdämpfen an den Anoden niedergeschlagene Quecksilbertropfen haften. Die Glimmentladung kann dann einen Lichtbogen mit den Quecksilbertropfen als Kathode zur Zündung bringen und dadurch einen Kurzschluß einleiten. Man schützt sich dagegen, indem man, bei Glaskolben durch Knicken der Anodenarme, die Anode von der Kathode aus betrachtet den Quecksilberdämpfen „unzugänglicher" macht. Ferner fügt man in jede Anodenzuleitung eine Schmelzsicherung geringer Wärmeträgheit ein[1]).

IV. Bisher wurde vorausgesetzt, daß sich in dem Vakuumgefäß keinerlei fremden Gase befinden. Das Vakuum im kalten unbelasteten Gefäß ist dann etwa von der Größenordnung 10^{-3} mm Hg. Etwaige Zusätze von Fremdgasen haben folgenden Einfluß:

a) Der Spannungsabfall im Lichtbogen steigt um so mehr, je mehr das Wärmeleitvermögen des Fremdgases das des Quecksilberdampfes übersteigt und um so mehr, je größer der Energieverlust der Elektronen beim Zusammenstoß mit den Molekülen des Fremdgases ist. Die Reihenfolge der Gase in bezug auf den Spannungsabfall ist folgende: Hg, Ar, CO_2, NH_3, N, H, O, SO_2.

Bei Zusatz von Stickstoff und bei Kohleanoden, sowie bei Zusatz von Sauerstoff und bei Eisenanoden entsteht auf der Gefäßwand eine Quecksilberschmiere, die dem Kathodenfleck ermöglicht, die Kathode zu verlassen und auf der Gefäßwand umherzuirren[2]).

Bei den Glasgleichrichtern wirkt die Anwesenheit eines Fremdgases der höheren Wärmeleitfähigkeit des Gases entsprechend günstig auf die Temperaturverteilung im Glaskolben. So ist bei den Argonalgleichrichtern infolge der 10fachen Wärmeleitfähigkeit des Argons gegenüber der des Quecksilberdampfes die Wärmebeanspruchung des Glaskolbens wesentlich geringer als bei den normalen Quecksilberdampfgleichrichtern[3]).

Um zu verhüten, daß Metallteile im Innern des Vakuumgefäßes bei starken Erhitzungen absorbierte Gase freigeben, geschieht das Evakuieren der Glaskolben der Glasgleichrichter unter dauernder

---

[1]) Günther-Schulze: Z. f. Phys. 1923, S. 8.
[2]) —, Z f. Phys. 1923, S. 272.
[3]) Hellmuth: ETZ 1924, S. 579.

Belastung, so daß man sicher sein kann, daß die glühenden Elektroden hinreichend „entgast“ sind. Bei den Eisengleichrichtern ist das „Formieren“, wie man diesen Entgasungsprozeß nennt, besonders schwierig, da das Eisengefäß keiner hohen Erhitzung fähig ist. Es kann dort vorkommen, daß bei späterer plötzlicher Erwärmung des Gefäßes infolge kurzzeitiger hoher Überlastung die Gefäßwände größere Gasmengen in das Gefäßinnere abgeben, welche erst durch die stationäre Vakuumpumpe beseitigt werden müssen.

b) Der normale Kathodenfall der Glimmentladung sinkt mit wachsendem Zusatz von Fremdgasen erst dann wesentlich, wenn der Partialdruck des Fremdgases gleich dem des Quecksilberdampfes wird[1])

V. In dem eisernen Vakuumgefäße eines Eisengleichrichters ist die Kathode normalerweise von dem Eisengefäße isoliert. Verbindet man jedoch die Kathode mit dem Gefäße durch eine leitende Verbindung, so treten bei tätigem Gleichrichter in den Verbindungsleitungen Ströme auf, welche nach Versuchen von Schenkel und Schottky bei einem 500-A-Gleichrichter bis 100 A betrugen[2]). Diese Ströme können erstens darauf beruhen, daß an der Gefäßwand nach Art eines lichtelektrischen Effektes unter der Strahlung angeregter Quecksilberatome Elektronen abgelöst werden; zweitens können sie auf der Strömung positiver Ionen von der positiven Lichtsäule zur Gefäßwand beruhen. Den Hauptanteil scheint die Strömung der positiven Ionen zu liefern[3]).

VI. In dem vorigen wurde dargelegt, daß das Brennen des Lichtbogens an die Existenz des die Elektronen emittierenden Kathodenfleckes gebunden ist. Setzt die Elektronenemission eine auch noch so kurze Zeit aus, so erlischt der Lichtbogen. Die zum Erlöschen hinreichende Zeit scheint kleiner zu sein als 10^{-5} sec. Da aber der Kathodenfleck erhalten wird durch die zu ihm stürzenden positiven Ionen, so folgt, daß das Erlöschen des Lichtbogens um so leichter geschieht, je kleiner die Stromstärke im Lichtbogen ist, ferner je größer die Bahngeschwindigkeit des auf der Quecksilberoberfläche herumirrenden Kathodenfleckes ist und endlich je größer der Dampfdruck im Vakuumgefäße ist; denn bei einem größeren Dampfdruck werden die zu dem Kathodenfleck strebenden positiven Ionen häufiger von ihrer Bahn abgelenkt als bei einem kleineren Dampfdruck. Der Lichtbogen wird also beispielsweise bei einem höheren Dampfdruck bei einem kleineren Strom eher erlöschen als bei geringem Dampfdruck. Da in einem von Fremdgasen freien Vakuumgefäße der Dampfdruck mit der Temperatur sehr schnell abnimmt, so erlischt demnach der Lichtbogen bei niedriger Temperatur schon bei höherem Strome als bei hohen Temperaturen.

Durch das plötzliche in so außerordentlich kurzer Zeit erfolgende

---

[1]) Günther-Schulze: Z. f. Phys. 1923, S. 254.
[2]) Wiss. Veröffentl. a. d. Siemens-Konzern. 1922, S. 252.
[3]) Vgl. E. u. M. 1924, S. 172.

Auslöschen des Lichtbogens bei unter irgendwelchen äußeren Umständen erfolgendem Ausbleiben des Stromes oder Sinken desselben unter ein gewisses Maß erklären sich die sehr hohen Überspannungen, die mitunter in Gleichrichteranlagen auftreten.

Man schützt sich dagegen, indem man die Überschlagsspannung im Vakuumgefäß kleiner macht als die an irgendeiner anderen Stelle der Anlage. Geringere Überschlagspannungen als sonst erhält man aber in einem Vakuumgefäß, das sich entweder im „warmen" Betriebszustande befindet und wo der Dampfdruck schon mäßige Werte hat oder das gewisse Mengen von Fremdgasen enthält, also nicht ganz „hart" ist. Der unter diesen Umständen im Vakuumgefäß bei Auslöschen des Lichtbogens erfolgende Überschlag bringt den Lichtbogen wieder zur Zündung, ein Vorgang, der der Schnelligkeit wegen dem Auge entgeht, aber dem Ohr durch scharfes Krachen deutlich vernehmbar ist[1]).

Doch auch während des normalen Betriebes des Gleichrichters treten ständig Überspannungen zwischen der Kathode und den Anoden auf, die dadurch bedingt sind, daß bei der ständigen Ablösung der Anoden der Lichtbogen ständig abreißt, um an anderer Stelle wieder anzusetzen[2]). Aus diesem Grunde ordnet man bei den normalen Gleichrichtern zwischen jeder Anode und der Kathode Dämpfungswiderstände aus Silit an. Bei den Argonalgleichrichtern verhält sich das Vakuumgefäß der Argonfüllung wegen so „weich", daß die Dämpfungswiderstände entbehrlich werden.

Dies mag zur Erläuterung der Lichtbogenvorgänge im Gleichrichter genügen. Das hiernach für die mathematische Theorie des Gleichrichters Wesentliche läßt sich nach dem Gesagten in folgenden Sätzen ausdrücken:

A. Zwischen der Kathode und der beteiligten Anode eines Quecksilberlichtbogens herrscht eine Spannung E_l, welche der Einfachheit wegen die „Lichtbogenspannung" schlechthin heißen soll und die von dem geführten Strom i abhängig ist. Ist i ein reiner Gleichstrom, so nennt man die Abhängigkeit

$$E_l = S(i) \qquad (5)$$

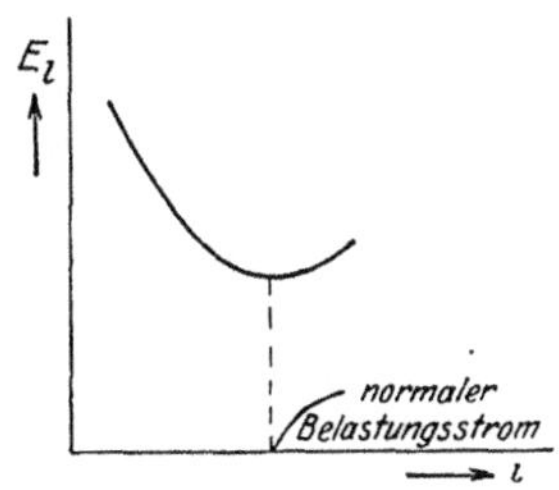

Abb. 6.

die statische Lichtbogencharakteristik. Wie Abb. 6 andeutet, hat die Lichtbogenspannung E_l ein Minimum bei einem Strome, der aus Belastungsrücksichten zum normalen Vollaststrom des Gleichrichtergefäßes gewählt wird. Durch künstliche Kühlung des Vakuumgefäßes läßt sich die Lichtbogencharakteristik „strecken". Bei dem Glaskolben der Glasgleichrichter läßt sich in dieser Weise durch Luftkühlung (vgl. Einleitung), wie Abb. 7 veranschaulicht, die Strombelastbarkeit bis auf das Dreifache steigern. Ist der Strom i perio-

[1]) Günther-Schulze: Z. techn. Phys. 1924, S. 132.

[2]) Vgl. H. Lassen: Arch. f. El. 1923. XIII, S. 311.

disch pulsierend, so ist bei den üblichen Niederfrequenzen die Lichtbogenspannung nur von dem quadratischen Mittelwerte des Stromes abhängig, sie ist demnach zeitlich konstant. Eine Abweichung der sog. dynamischen Lichtbogencharakteristik von der statischen ergibt sich erst bei höherfrequenten Strömen.

Über die Messung der statischen Lichtbogencharakteristik wird in Kap. 7 einiges gesagt.

B. Soll zwischen einer Anode und der Kathode bei schon vorhandenem Kathodenfleck ein neuer Lichtbogen gezündet werden, so ist dazu zwischen der Anode und der Kathode die Zündspannung $E_z = E_l + \delta E$ aufzubringen. δE nennen wir die Zündspannungsspitze.

C. Ein Lichtbogen ohne besondere Hilfserregung des Kathodenfleckes erlischt, wenn der Momentanwert des Lichtbogenstromes den Minimalwert J_{min} unterschreitet. J_{min} heißt der Minimalstrom.

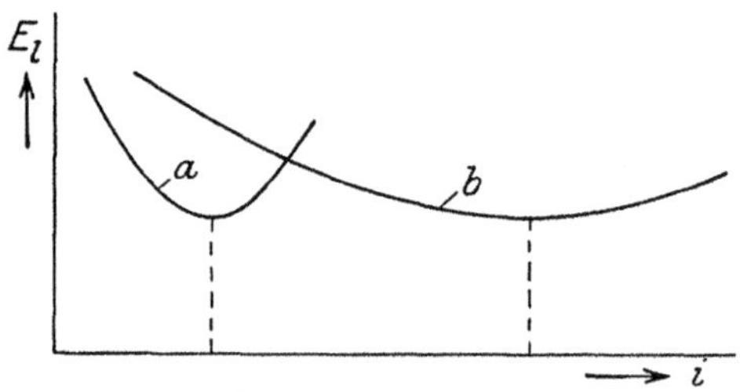

Abb. 7.
a) Ohne Kühlung. b) Mit Luftkühlung.

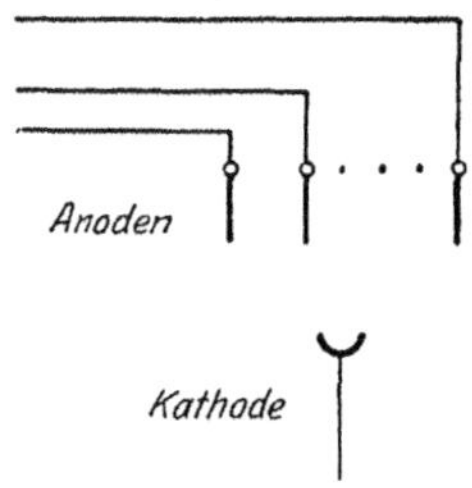

Abb. 8.

Durch den Minimalstrom ist die untere Belastungsgrenze der Gleichrichter ohne Hilfserregung gegeben (vgl. Einleitung). Wir setzen voraus, daß J_{min} von der Vorgeschichte des Erlöschens des Lichtbogens unabhängig ist.

Zur allgemeinen schematischen Darstellung eines Vakuumgefäßes mit p Anoden und einer Kathode diene die Abb. 8, von der wir später stets Gebrauch machen werden.

c) Bezeichnungen für die Anodenströme und für den Gleichstrom.

In der Einleitung wurde das Wesen der Gleichrichtung für einphasige und mehrphasige Wechselstromnetze auseinandergesetzt. Als eigentliches Gleichrichte- und Umschaltorgan diente ein einpoliger Umschalter, an dessen Stelle nachher das Vakuumgefäß trat. Wesentlich war dann, daß das an das Vakuumgefäß anzuschließende Wechselstromnetz einen Nulleiter besitzt und ebensoviel Außenleiter, wie das Vakuumgefäß Anoden hat. Dieses Wechselstromnetz konnte durch einen Spannungsteiler oder durch die zur Spannungsteilung in Stern geschaltete Sekundärseite eines Transformators gebildet sein, konnte jedoch im einfachsten Falle auch das zur Gleichrichtung vorliegende und schon mit einem Nulleiter versehene Wechselstromnetz selbst darstellen. Die Phasenzahl dieses Wechselstromnetzes in Übereinstimmung mit der Anodenzahl wurde allgemein gleich p ($p = 2, 3, \ldots$) gesetzt.

Verbindet man in der aus der Einleitung bekannten Weise die Außenleiter dieses Wechselstromnetzes mit den Anoden des Vakuumgefäßes und ferner den Nulleiter mit dem einen Pol, die Kathode mit den anderen Pol des Gleichstromnetzes, so fließt offenbar bei brennendem Lichtbogen im Falle einer Belastung von der Kathode zum Nulleiter Geichstrom. Diesen bezeichnen wir mit i_g. Die in den Anodenzuleitungen fließenden Ströme nennen wir die Anodenströme und deren Momentanwerte bezeichnen wir mit $i_{a1}, i_{a2}, \ldots, i_{ap}$. Über den näheren Verlauf dieser Ströme setzen wir zunächst noch nichts voraus. Vorerst erkennt man allgemein

$$i_{a1} + \cdots + i_{ap} = i_g. \tag{6}$$

Wir sprechen jetzt von einer Überlappung von Anodenströmen, wenn es Zeitintervalle gibt, in denen zwei oder mehrere Anodenströme gleichzeitig fließen, mithin also im Vakuumgefäß mehrere Lichtbogen gleichzeitig brennen. Nach Gl. (6) hat man also keine Überlappung, wenn stets $p-1$ Anodenströme gleichzeitig gleich Null sind, dagegen der letzte gleich dem Gleichstrome i_g ist. Sind jedoch nur $p-2$ Anodenströme gleich Null, so ist die Überlappung eine einfache; der Gleichstrom ist dann gleich der Summe zweier Anodenströme. Bei einer k-fachen Überlappung sind also gleichzeitig $p-(k+1)$ Anodenströme gleich Null.

Aus Symmetriegründen muß sich innerhalb der Periode 2π der Netzspannungen gleichstromseitig p-mal derselbe Vorgang abspielen. Der Gleichstrom i_g hat also die Periode $2\pi/p$. Hieraus läßt sich folgendes schließen: Ist J_{gm} der arithmetische Mittelwert des Gleichstromes i_g, J_{am} derselbe Mittelwert eines Anodenstromes, so hat man nach Gl. (6), da die Mittelwerte der Anodenströme einander gleich sind,

$$J_{am} = \frac{1}{p} J_{gm}. \tag{7}$$

Für die quadratischen Mittelwerte oder Effektivwerte dieser Ströme gibt es eine entsprechende Gleichung nur dann, wenn die Anodenströme sich nicht überlappen. Es sei J_{ge} der Effektivwert des Gleichstromes und J_{ae} der eines Anodenstromes. Dann ist nach Gl. (6)

$$J_{ge}^2 = \frac{1}{2\pi}\int_0^{2\pi} (i_{a1}^2 + \cdots + i_{ap}^2)\, d\theta + \frac{1}{2\pi}\int_0^{2\pi} 2\, i_{a1}\, i_{a2} + \cdots)\, d\theta.$$

Der erste Ausdruck der rechten Seite ist offenbar pJ_{ae}^2, der zweite Ausdruck ist nur dann gleich Null, wenn man keine Überlappung hat. Also ist

$$J_{ae} \leqq \frac{1}{\sqrt{p}} J_{ge}, \tag{8}$$

das Gleichheitszeichen gilt für den Fall keiner Überlappung. Man pflegt den Quotienten aus dem quadratischen und dem arithmatischen Mittelwerte den Formfaktor zu nennen. Ist f_g der Formfaktor des Gleichstromes, f_a der eines Anodenstromes, so hat man nach (7) und (8)

$$f_a \leqq \sqrt{p}\, f_g, \tag{9}$$

wobei das Gleichheitszeichen wieder für den Fall keiner Überlappung gilt.

Es ist noch einiges über die Abmessungen einer Überlappung sowie über die Zeiten θ und ϑ zu sagen. Der Nullpunkt der Zeit θ soll stets mit einem Nullpunkte einer der Netzspannungen des Wechselstromnetzes zusammenfallen. Es ist naturgemäß gleichgültig, welcher Nullpunkt und welche Spannung hierzu auserwählt wird. Wie Gl (2) zeigt, haben die Spannungen

$$e_{12},\; e_{23};\; \ldots;\; e_{h,\,h+1},\; e_{h+1,\,h+2};\; \ldots;\; e_{q1},\; e_{12}$$

in den Punkten

$$\theta = \left(\frac{1}{2} + \frac{1}{q}\right)\pi, \ldots, \left(\frac{1}{2} + \frac{2h-1}{q}\right)\pi, \ldots, \left(\frac{5}{2} - \frac{1}{q}\right)\pi \equiv \left(\frac{1}{2} - \frac{1}{q}\right)\pi$$

die gleichen Werte. Diese Punkte sollen Äquipotentialpunkte heißen. Sie teilen die Strecke 2π in q gleiche Teile. In ähnlicher Weise wollen wir durch die folgenden Punkte

$$\vartheta = \left(\frac{1}{2} + \frac{1}{p}\right)\pi, \ldots, \left(\frac{1}{2} + \frac{2h-1}{p}\right)\pi, \ldots, \left(\frac{5}{2} - \frac{1}{p}\right)\pi \equiv \left(\frac{1}{2} - \frac{1}{p}\right)\pi$$

eine Einteilung in p gleiche Teile vornehmen. Hat man es mit keiner Überlappung von Anodenströmen zu tun, so beginnen und endigen die Anodenströme genau in den letzteren Punkten, wenn man von dem Einflusse der Zündspannungsspitze absieht. Würde man den Einfluß derselben mit berücksichtigen, so würde sich herausstellen, daß jeder Beginn und damit auch jedes Abklingen der Anodenströme sich um einen kleinen Betrag $\delta\theta$ verspätet.

Im allgemeinen jedoch verspätet sich der Beginn eines Anodenstromes um einen Wert, der θ_1 heißen soll und das Abklingen um einen Wert, den wir mit θ_2 bezeichnen wollen. Der Anodenstrom i_{a1} würde demnach bei

$$\vartheta = \left(\frac{1}{2} - \frac{1}{p}\right)\pi + \theta_1 + \delta\theta$$

einsetzen und bei

$$\vartheta = \left(\frac{1}{2} - \frac{1}{p}\right)\pi + \theta_2 + \delta\theta$$

wieder den Wert Null, resp. den Wert des Minimalstromes $J_{\min}$ und damit nach Abreißen des zugehörigen Lichtbogens den Wert Null erreicht haben. Ist nun die Überlappung einfach, so fließen in dem durch

$$\left(\frac{1}{2} - \frac{1}{p}\right)\pi + \theta_1 + \delta\theta \leqq \vartheta \leqq \left(\frac{1}{2} - \frac{1}{p}\right)\pi + \theta_2 + \delta\theta \tag{10}$$

gegebenen Zeitintervalle zwei Anodenströme, nämlich der abzulösende i_{ap} und der ablösende i_{a1} gleichzeitig; ihre Summe ist gleich i_g. Dagegegen fließt bei

$$\left(\frac{1}{2}-\frac{1}{p}\right)\pi+\theta_2+\delta\theta \leqq \vartheta \leqq \left(\frac{1}{2}+\frac{1}{p}\right)\pi+\theta_1+\delta\theta \tag{11}$$

nur der Anodenstrom i_{a1} allein, er ist gleich i_g. Ist die Überlappung aber eine mehrfache, ist sie k-fach, so fließen in dem ersten Zeitintervalle (10) die $k+1$ Anodenströme

$$i_{a,\,p-k+1},\; i_{a,\,p-k+2},\; \ldots,\; i_{a1},$$

in dem zweiten Intervall (11) dagegen nur die k Anodenströme

$$i_{a,\,p-k+2},\; \ldots,\; i_{a1}.$$

Die Summe dieser Ströme ist wieder jeweilig gleich dem Gleichstrome i_g. Über die Form des Gleichstromes und über die Ursachen der Überlappung der Anodenströme gilt folgendes:

Führt man in die Stromkreise eines Gleichrichters Drosselspulen ein, so entstehen Erscheinungen, deren Natur von zweierlei Art sein kann. Eine Drosselspule, welche im Gleichstromkreise, also zwischen der Kathode und dem Nullpunkt liegt und welche daher den Namen Kathodendrossel führt, bewirkt ebenso wie eine induktive Gleichstrombelastung im wesentlichen eine Herabminderung der Schwankungen des Gleichstromes um seinen arithmetrischen Mittelwert. Sie wird also zur „Verbesserung" des Gleichstromes gebraucht. Um hierfür ein Maß zu haben, nennen wir den unteren Wert, den i_g annimmt, J_1, dagegen den oberen Stromwert J_2. Unter der absoluten Pulsation P des Gleichstromes verstehen wir dann

$$P=\frac{J_2-J_1}{2}, \tag{12a}$$

insbesondere nennen wir

$$\gamma=\frac{J_2-J_1}{2\,J_{gm}} \tag{12b}$$

seine relative Pulsation. Damit der Gleichstrom lückenlos verläuft, damit also eine Hilfserregung entbehrlich wird, ist erforderlich, daß $J_m < J_1$ bleibt. Ist die Pulsation des Gleichstromes klein, so wird nahezu

$$J_{gm}=\frac{J_1+J_2}{2}.$$

Unter diesen Umständen hat man

$$\begin{aligned} J_1 &= J_{gm}(1-\gamma), \\ J_2 &= J_{gm}(1+\gamma). \end{aligned} \tag{13}$$

Drosselspulen, welche in anderen Stromkreisen liegen, haben eine ganz andere Wirkung. Bei Anodendrosseln, welche in den Anodenkreisen liegen und bei Primärdrosseln, welche zwischen dem Wechselstromnetze und dem Transformator eingeschaltet sind, hat man nämlich einen induktiven Spannungsabfall im Gleichstromkreise zu erwarten. Dieser Spannungsabfall dient verschiedenen Zwecken. So setzt die Möglichkeit einer stabilen Parallelschaltung mehrerer Gleichrichter voraus, daß deren Gleichspannung mit wachsendem Gleichstrome sinkt. Man wünscht eine fallende Spannungscharakteristik. Auch bei Gleichrichtern für Batterieladung verlangt man eine solche Charakteristik. Unter normalen Umständen hat man aber gerade das Gegenteil, denn die sich abziehende Lichtbogenspannung sinkt in dem normalen Belastungsbereich mit wachsendem Strome (Abb. 6) und der Ohmsche Spannungsabfall im Gleichrichter, den man begreiflicherweise tunlichst klein halten wird, kann diesen Einfluß nicht aufheben. Für diesen Fall versprechen die Anoden und Primärdrosseln eine hinreichende und verlustlose Regulierung. Bei dieser Art von Drosselspulen tritt ebenfalls die Überlappung von Anodenströmen auf. Da die vorliegenden Induktivitäten meistens nicht ausreichen, um eine mehrfache Überlappung hervorzurufen, so hat man es in der Regel nur mit einfachen Überlappungen zu tun. Für diesen Fall nennen wir das erste Intervall (10), in welchem zwei Anodenströme gleichzeitig fließen, das Überlappungsintervall und ferner das zweite Intervall (11), in welchem nur ein Anodenstrom allein fließt, das überlappungsfreie Intervall[1]).

Ferner heiße

$$\theta_0 = \theta_2 - \theta_1 \tag{14}$$

die Überlappungsdauer.

In ähnlicher Weise wie die Drosselspulen wirken naturgemäß alle anderen Induktivitäten, welche diesen äquivalent sind. Dies betrifft vor allem das Verhalten des Gleichrichter-Transformators Hg-Gl. in seiner quasistationären Belastung, sowie die Wirkung einer aus Induktivitäten, Ohmschen Widerständen und konstanten Gegenspannungen zusammengesetzten komplexen Gleichstrombelastung. Die eingehendere Behandlung dieser Erscheinungen gehört in das Reduktionsproblem.

Wie sich zeigen wird, kann man von dem Einflusse der Zündspannungsspitze δE und demnach auch von der Berücksichtigung der Verspätung $\delta\theta$ bedenkenlos absehen.

Vor der Inangriffnahme der Theorie des Gleichrichters sind einige Vorbereitungen nicht zu umgehen; insbesondere ist es gerade für die vorliegenden Fälle erforderlich, auf den Begriff der Induktivität eisengeschlossener Magnetsysteme des näheren einzugehen.

2. Einige mathematische Hilfssätze.

Wir machen später von einigen Hilfssätzen über bestimmte Integrale Gebrauch, die nicht allgemein bekannt zu sein pflegen und die aus diesem Grunde hier kurz zusammengestellt werden sollen:

---

[1]) Man hat auch die Bezeichnungen Übergangsperiode und Alleinperiode (Vgl. Pflieger-Haertel: l. c.).

I. Der erste Satz führt den Namen „Schwarzsche Ungleichung“ und lautet:

Sind $f(x)$ und $g(x)$ zwei in dem Intervalle (a, b) integrierbare Funktionen, so hat man stets

$$\left(\int_a^b f(x)\,g(x)\,dx\right)^2 \leqq \int_a^b f^2(x)\,dx \int_a^b g^2(x)\,dx. \tag{15}$$

Beweis[1]): Zum Beweise schicken wir erst noch einige Hilfssätze über quadratische Formen voraus:

Definition: Eine Form

$$f(x, y) = a x^2 + 2 b x y + c y^2$$

heißt definit, wenn sie nur Werte einerlei Vorzeichens annimmt, wie auch immer x und y gewählt werden. Es sei also

$$f(x, y) \geqq 0$$

oder

$$f(x, y) \leqq 0.$$

Im ersten Fall heißt $f(x, y)$ positiv definit, im zweiten dagegen negativ definit. (Diese Definition weicht von der üblichen insofern ab, als man sonst verlangt, daß $f(x, y) = 0$ nur für $x = y = 0$ möglich sei).

Satz: Die Form $f(x, y)$ ist dann und nur dann definit, wenn ihre „Diskriminante“ $b^2 - ac \leqq 0$ ist.

Der Beweis dieses Satzes ergibt sich folgendermaßen: Die Gleichung

$$g(u) = a u^2 + 2 b u + c = 0$$

hat die Wurzeln

$$u_{1,2} = \frac{-b \pm \sqrt{b^2 - ac}}{a}.$$

Ist $b^2 - ac < 0$, so sind diese imaginär, d. h. $g(u)$ bleibt stets positiv oder negativ, je nachdem $a \gtrless 0$ ist. Ist dagegen $b^2 - ac = 0$, so ist

$$g(u) = a\left(u + \frac{b}{a}\right)^2,$$

d. h. $g(u)$ ist für $u \neq -\frac{b}{a}$ stets $\gtrless 0$, je nach dem Vorzeichen von a; für $u = -\frac{b}{a}$ ist $g(u) = 0$. Ist endlich $b^2 - ac > 0$, so sind $u_{1,2}$ reell und $g(u)$ nimmt Werte beiderlei Vorzeichens an.

Schreiben wir jetzt

$$f(x, y) = y^2 (a u^2 + 2 b u + c), \quad u = \frac{x}{y},$$

so können wir sagen:

---

[1]) Den obenstehenden Beweis hat Herr Dr. H. G. Joseph in freundlicher Weise beigetragen.

Damit $f(x,y)$ keine negativen oder keine positiven Werte annimmt, ist notwendig und hinreichend, daß

$$b^2 - ac \leqq 0$$

ist. Ist $b^2 - ac < 0$, so wird $f(x,y) = 0$ nur für $x = y = 0$. Ist $b^2 - ac = 0$, so wird $f(x,y) = 0$ für alle Wertepaare x, y, für die $\frac{x}{y} = -\frac{b}{a}$ ist.

Nach diesen Vorbereitungen können wir sofort zu dem Beweise der Schwarzschen Ungleichung schreiten:

Das Integral

$$\int_a^b (v f(x) + w g(x))^2 \, dx$$

ist eine quadratische Form in v und w, die keine negativen Werte haben kann. Es kann daher ihre Diskriminante

$$\left(\int_a^b f(x) g(x) \, dx\right)^2 - \int_a^b f^2(x) \, dx \int_a^b g^2(x) \, dx$$

nicht positiv sein, w. z. b. w.

Es interessiert jetzt noch zu wissen, wann in der Schwarzschen Ungleichung (15) das $=$-Zeichen gilt. Hinreichend dafür ist offenbar, daß $g(x) = c f(x)$ ist. Diese Bedingung ist aber nicht notwendig. Aus dem vorher Gesagten folgt indessen, daß

$$\int_a^b (v f(x) + w g(x))^2 \, dx = 0$$

sein muß für gewisse Wertepaare v, w, für die das Verhältnis $\frac{v}{w}$ einen bestimmten konstanten Wert $-c$ hat. Wenn man nun zeigen könnte, daß aus

$$\int_a^b (v f(x) + w g(x))^2 \, dx = 0$$

$$v f(x) + w g(x) = 0$$

und damit

$$g(x) = c f(x)$$

folgt, so wäre man am Ziel. Allgemein ist nun diese Schlußweise nicht richtig; sie läßt sich jedoch durchführen, wenn $f(x)$ und $g(x)$ stückweise stetige Funktionen sind[1]). Wir tun dies in dem abschließenden

---

[1]) In unseren physikalischen Anwendungsfällen ist dies immer der Fall.

Hilfssatz: Ist $h(x)$ eine in dem Intervall (a, b) stückweise stetige Funktion und

$$\int_a^b h^2(x)\,dx = 0,$$

so ist im ganzen Intervalle $h(x) = 0$.

Beweis: Wäre in einem Punkte x_0 des Intervalles (a, b) nämlich $h(x_0) \neq 0$, so ließe sich wegen der stückweisen Stetigkeit von $h(x)$ ein kleines Intervall (α, β) angeben, in dem $|h(x)| > \left|\frac{h(x_0)}{2}\right|$ wäre. Dann wäre aber

$$\int_a^b h^2(x)\,dx > \int_\alpha^\beta h^2(x)\,dx \geqq \frac{h^2(x_0)}{4}(\beta - \alpha) > 0,$$

was der Voraussetzung widerspricht.

Sind also in der Schwarzschen Ungleichung (15) $f(x)$ und $g(x)$ stückweise stetige Funktionen, so gilt dort das $=$-Zeichen dann und nur dann, wenn $g(x) = c f(x)$ ist.

Anmerkung: In ganz entsprechender Weise sieht man ein, daß

$$\Big(\sum_\nu a_\nu b_\nu\Big)^2 \leqq \sum_\nu a_\nu^2 \sum_\nu b_\nu^2 \quad, \nu = 1, \cdots, n. \tag{15a}$$

ist. Auch hier gilt das $=$-Zeichen dann und nur dann, wenn $b = c\,a_\nu$ ist.

II. Es sei λ die positive Quadratwurzel von

$$\lambda^2 = \frac{\left(\int_a^b f(x)\,g(x)\,dx\right)^2}{\int_a^b f^2(x)\,dx \int_a^b g^2(x)\,dx}. \tag{16}$$

Dann ist nach (15) $\lambda \leqq 1$ und unter der künftig stillschweigend gemachten Voraussetzung stückweise stetiger Funktionen ist λ dann und nur dann gleich 1, wenn $g(x) = c f(x)$ ist.

Tritt in (16) an die Stelle von $f(x)$ die Funktion $\bar{f}(x)$ und an die Stelle von $g(x)$ die Funktion $\bar{g}(x)$, so bleibt λ ungeändert, wenn $f(x)$ und $\bar{f}(x)$ resp. $g(x)$ und $\bar{g}(x)$ sich nur durch konstante Faktoren unterscheiden.

III. Es habe $f(x)$ die Periode 2π und die Symmetrieeigenschaft

$$f\left(\frac{\pi}{2} - x\right) = f\left(\frac{\pi}{2} + x\right); \tag{17}$$

ferner sei $g(x) = \sin x$. Endlich bedeute für Gl. (16) die Schreibweise $\lambda(\varphi)$, daß eine der beiden Funktionen $f(x)$ und $g(x)$ an Stelle der Variablen x die neue Variable $x+\varphi$ besitzen soll; darin ist φ eine Konstante. Dann ist

$$\lambda(\varphi)=\lambda(-\varphi) \tag{18}$$

und

$$\lambda(\varphi)=\lambda(0)\cos\varphi\,. \tag{19}$$

Die Gleichung (19) folgt aus Symmetriegründen, sie ist in (18) mit enthalten. Um aber (18) einzusehen, genügt es, zu zeigen, daß

$$\int_0^{2\pi} f(x)\sin(x+\varphi)\,dx=\cos\varphi\int_0^{2\pi} f(x)\sin x\,dx$$

ist, denn der Nenner der rechten Seite von (16) bleibt wegen der Periodizität von $f(x)$ ungeändert. Entwickelt man auf der linken Seite dieser Gleichung $\sin(x+\varphi)=\cos\varphi\sin x+\sin\varphi\cos x$, so erhält man als erstes Glied das oben rechts stehende; das zweite

$$\sin\varphi\int_0^{2\pi} f(x)\cos x\,dx$$

ist aber wegen (17) gleich Null.

IV. Für $f(x)=a\sin x$, $g(x)=b\sin x$, aber auch nur in diesem Falle, wird

$$\lambda(\varphi)=\cos\varphi\,. \tag{20}$$

V. Die Funktion $f(x)$ habe die Periode τ. Man pflegt dann den gewöhnlichen, resp. absoluten arithmetrischen Mittelwert dieser Funktion durch

$$\frac{1}{\tau}\int_{(\tau)} f(x)\,dx \text{ resp. durch } \frac{1}{\tau}\int_{(\tau)} |f(x)|\,dx \tag{21}$$

und ferner den quadratischen Mittelwert dieser Funktion durch die positive Quadratwurzel von

$$\frac{1}{\tau}\int_{(\tau)} f^2(x)\,dx \tag{22}$$

zu definieren. Den Quotienten aus dem quadratischen und dem arithmetischen Mittelwert nennt man den Formfaktor f. Es ist immer

$$f\geqq 1\,, \tag{23}$$

und zwar ist f stets und nur dann gleich 1, wenn $f(x)=$ konst. ist.

Es folgt dies sofort aus der Ungleichung (15), wenn man dort $g(x)=1$ setzt.

VI. Ist in (15) $g(x)=$ konst., so ist λ gleich dem reziproken Formfaktor von $f(x)$.

VII. Die beiden Funktionen $f(x)$ und $g(x)$ seien stetig und haben die endlichen Ableitungen $f'(x)$ und $g'(x)$ sowie die gleiche Periode 2π. Es ist dann wichtig, zu wissen, wann die Relation

$$\int_0^{2\pi} f(x)\, g(x)\, dx = \int_0^{2\pi} f'(x)\, g'(x)\, dx \qquad (24)$$

gilt. Man findet, daß dies bei beliebig gelassenen $f(x)$ nur für $g(x) = \sin x$ der Fall ist. Für diesen Fall erhält man durch partielles Integrieren der linken Seite in der Tat

$$\int_0^{2\pi} f(x) \sin x\, dx = \int_0^{2\pi} f'(x) \cos x\, dx,$$

da der zweite beim Integrieren rechts auftretende Ausdruck $f(x) \cos x$ an den angegebenen Grenzen die gleichen Werte annimmt.

3. Einiges über die Magnetisierungskurve.

a) Permeabilität und Ergiebigkeit.

Die Magnetisierungskurve drückt bekanntlich den Zusammenhang $\mathfrak{B}(\mathfrak{H})$ zwischen der magnetischen Induktion $\mathfrak{B}$ und der herrschenden magnetischen Feldstärke $\mathfrak{H}$ in einer Substanz aus.

Man setzt nun

$$\mathfrak{B} = \mu\, \mathfrak{H}$$

und nennt den Faktor $\mu = \mathfrak{B}/\mathfrak{H}$ die Permeabilität der Substanz.

In ganz analoger Weise wollen wir

$$d\,\mathfrak{B} = \chi\, d\,\mathfrak{H},$$

worin $d\,\mathfrak{B}$ die auf eine unendlich kleine Änderung $d\,\mathfrak{H}$ der Feldstärke $\mathfrak{H}$ erfolgende unendlich kleine Änderung der Induktion $\mathfrak{B}$ darstellt, setzen. Die Ableitung

$$\chi = \frac{d\,\mathfrak{B}}{d\,\mathfrak{H}} \qquad (25)$$

nennen wir künftig die magnetische Ergiebigkeit der Substanz.

Es handelt sich in der Folge nur um Eisensorten als magnetische Substanz. Dort ist bekanntlich die Magnetisierungsfunktion $\mathfrak{B}(\mathfrak{H})$ ebenso wie die zugehörige inverse Funktion $\mathfrak{H}(\mathfrak{B})$ nicht eindeutig. Vielmehr ist die Induktion $\mathfrak{B}$ durch die Hysteresisschleife gegeben, so daß es noch darauf ankommt, auf welchem Ast der Schleife man sich gerade befindet. Daß strenggenommen auch die Hysteresisschleife nur beschränkte Gültigkeit hat und die Induktion eigentlich noch von der Vorgeschichte der Substanz abhängt, ist für unsere Fälle ohne Bedeutung. Für unsere Anwendungen ist es nun zunächst erforderlich, eine Ersatzmagnetisierungskurve zu erhalten, welche zwischen $\mathfrak{B}$ und $\mathfrak{H}$ einen eindeutigen Zusammenhang liefert. Wir gewinnen diese, indem wir einfach zwischen den beiden Ästen der Hysteresisschleife die Mittellinie ziehen. Diese Mittellinie nennen wir künftig die Magnetisierungskurve $\mathfrak{B}(\mathfrak{H})$ schlechthin und legen sie allen Rechnungen zugrunde. Für sie gilt stets eindeutig

$$\mathfrak{B}(-\mathfrak{H}) = -\mathfrak{B}(\mathfrak{H}),$$

ihre Wendetangente schneidet also den Nullpunkt von $\mathfrak{B}$ und $\mathfrak{H}$; die Steigung dieser Tangente stellt die maximale Permeabilität der Eisensorte dar.

Übrigens ist stets $\chi \leqq \mu$, wobei das $=$ Zeichen für $\mathfrak{H} = 0$ gilt. Denn man hat

$$\chi = \mu + \frac{d\mu}{d\mathfrak{H}}\mathfrak{H},$$

worin die Ableitung von μ (es handelt sich immer um unsere idealisierte Magnetisierungskurve) nie positiv wird.

In den gewöhnlichen technischen Anwendungen rechnet man bekanntlich nicht mit der Feldstärke $\mathfrak{H}$, sondern, da man dort immer mit mehr oder weniger geschlossenen magnetischen Kreisen zu tun hat, mit dem $10/4\pi$fachen der Amperewindungszahl pro 1 cm Kraftlinienweg. Wir bezeichnen diese letztere Größe mit $u = 10/4\pi \cdot \mathfrak{H}$. Die normalen technischen Magnetisierungskurven zeigen stets den Zusammenhang $\mathfrak{B}(u)$. Man erhält daraus

$$\begin{aligned} \mu &= \frac{10}{4\pi}\frac{\mathfrak{B}}{u}, \\ \chi &= \frac{10}{4\pi}\frac{d\mathfrak{B}}{du}. \end{aligned} \tag{26}$$

Es ist jetzt noch einiges über die zeichnerische Ermittlung der Ergiebigkeit χ aus der gegebenen Magnetisierungskurve $\mathfrak{B}(u)$ zu sagen. Wir setzen zunächst voraus, daß diese zugrunde gelegte Magnetisierungskurve schon die Mittellinie der Hysteresischleife darstellt. Es ist nun am einfachsten, an die gegebene Magnetisierungskurve punktweise ein Lineal als Tangente anzulegen und dann daran den Ordinatenunterschied zum AbszisseninterVall 1 abzulesen. Die so gefundene Größe wird man einem Abszissenwerte zuordnen, der zu dem Mittelpunkte des Intervalles gehört. Die Bestimmung der Größe χ, sowohl nach der vorigen als auch nach jeder anderen Art, setzt eine sehr genau gezeichnete Magnetisierungskurve voraus. Da eine solche aber praktisch nur selten gegeben ist, ein Interpolieren einer genaueren Kurve in dem normalen Maßstabe erhebliche Fehler hineinbringen kann, ist es nützlich, sich auf die folgende Weise zu helfen: Man trägt die wirklich bekannten Punkte der gegebenen Magnetisierungskurve $\mathfrak{B}(u)$ in einem einfachen logarithmischen Koordinatenblatt (ein einfaches logarithmisches Koordinatenblatt besitzt eine logarithmische und eine gewöhnliche Einteilung) ein und zwar die $\mathfrak{B}$-Werte in die gewöhnliche, die u-Werte dagegen in die logarithmische Teilung. Man wird bemerken, daß das Ausziehen der ganzen Magnetisierungskurve wesentlich leichter fällt als vorher bei der gewöhnlichen Auftragung. Auch erhält man jetzt viel zuverlässigere Zwischenwerte. Die so gewonnene Kurve ist dann rückwärts auf ein gewöhnliches Koordinatenblatt sorgfältig zu übertragen, wonach dann weiter die Bestimmung der χ-Werte ohne weiteres möglich ist.

Magnetische Rechnungen gehören zu den unzuverlässigsten in der Elektrotechnik überhaupt. Viele Fehlschlüsse sind indessen auf ein nicht genügendes Beachten der Magnetisierungskurve zurückzuführen. Um so mehr gilt es, den Einfluß der Magnetisierungskurve genauer zu verfolgen, soweit das Erfordernis einfacher numerischer Rechenmöglichkeiten dies zuläßt.

Ein Beispiel: Die folgende Abb. 9 zeigt einige magnetische Daten, welche aus einer bekannten Magnetisierungskurve für normales Dynamoblech[1]) teilweise entnommen und teilweise errechnet worden sind. Die verschiedenen Größen sind in Abhängigkeit von u aufgetragen, dabei erstreckt sich der Abszissenbereich bis zu $u = 300$ Amperwindg. pro cm. Innerhalb des Anfangsintervalles bis zu $u = 1$ wurde die Magnetisierungskurve als gerade Linie gezeichnet.

Die Abb. 9 enthält außer der Induktion $\mathfrak{B}$, der Permeabilität μ und der magnetischen Ergiebigkeit χ noch die negativ genommene Ableitung $d\chi/d\mathfrak{H}$, welche später in einigen Maximumaufgaben gebraucht wird. Außerdem sind noch die Werte des Produktes $\chi\mathfrak{H} = d\mathfrak{B}/du \cdot u$ angegeben, welche nachher für die Ableitung einer empirischen Magnetisierungsgleichung herangezogen werden.

Die Zahlenwerte der obigen magnetischen Daten sind in der Zahlentafel Ia zusammengestellt (S. 200). In ähnlicher Weise zeigt die Tafel Ib (S. 201) die entsprechenden Werte für legiertes Dynamoblech, die einer Magnetisierungskurve aus gleicher Quelle entstammen. Beide Magnetisierungskurven zeigen angeblich Durchschnittswerte.

b) Eine empirische Magnetisierungsformel.

Es erscheint später für einige Untersuchungen nützlich, auf einen formelmäßigen Ansatz für die Magnetisierungskurve zurückgreifen zu können.

Eine Anregung dazu liefert die streckenweise Konstanz des Produktes $\chi \cdot \mathfrak{H}$. Nennt man einen mittleren Wert von $\chi \cdot \mathfrak{H}$ nunmehr a, so erhält man wegen Gl. (25)

$$\mathfrak{B} = a \int \frac{d\,\mathfrak{H}}{\mathfrak{H}}$$

$$= a \lg \mathfrak{H} + \text{konst.}$$

[1]) Aus Deutscher Elektrotechnischer Kalender von Uppenborn (Oldenbourg, München).

Man bekommt also, wenn man wieder an Stelle von $\mathfrak{H}$ die Amperewindungszahl u treten läßt,

$$\mathfrak{B} = a \lg b u, \quad \chi = \frac{10 a}{4 \pi u}, \tag{27a}$$

worin die Integrationskonstante b für die gegebene Magnetisierungskurve passend zu wählen ist.

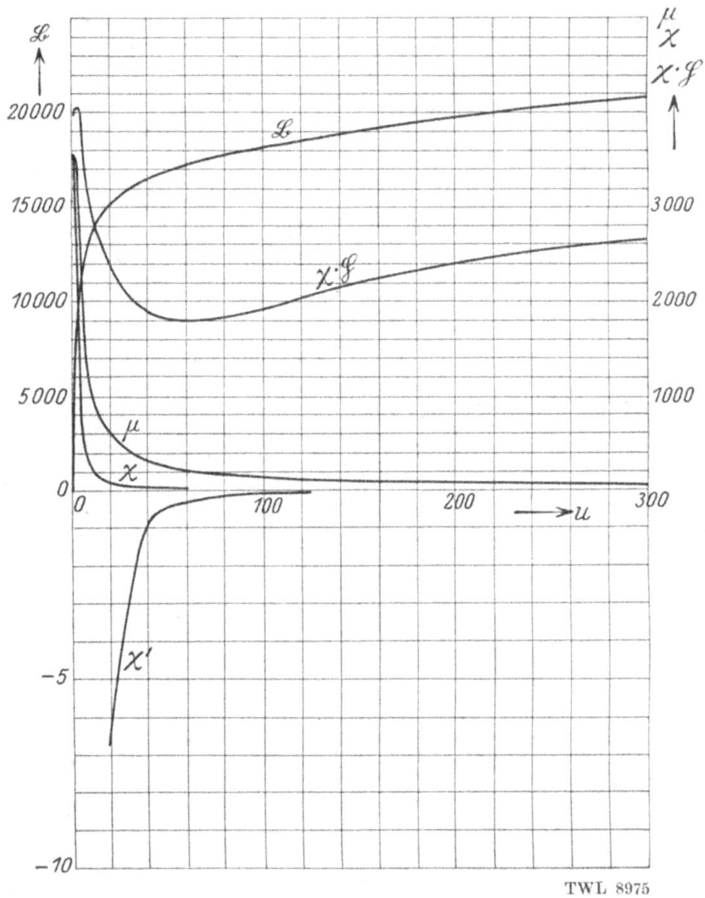

Abb. 9.

Für den Anfangsbereich der Magnetisierungskurve machen wir einen dem ersten ähnlichen Ansatz:

$$\mathfrak{B} = c \log\left(1 + \frac{d}{c}\right) u, \quad \chi = \frac{10 d}{4 \pi \left(1 + \frac{d}{c} u\right)} \tag{27b}$$

Für kleine Werte von u hat man den linearen Zusammenhang von $\mathfrak{B} = d u$; es ist also $d = \frac{4\pi}{10}\bar{\mu}$, wenn μ wieder die maximale Permeabilität bedeutet.

4. Abriß einer Theorie der Induktivität eisengeschlossener Spulen.

a) Allgemeine Definition der momentanen Induktivität.

Eine Spule von zunächst beliebigem Verwendungszweck liege in einem mehr oder weniger eisengeschlossenen magnetischen Kreise und werde von einem zeitlich veränderlichen Strome mit dem Momentanwerte i durchflossen. Die Wicklung der Spule habe n-Windungen. Es handelt sich jetzt darum, die Spannung zu berechnen, welche in der Spule induziert wird.

Wir bezeichnen den Momentanwert der induzierten Spannung mit e. Ist der Fluß der magnetischen Induktion in dem magnetischen Kreise gleich Φ, so erhält man $e = n\,10^{-8}\,d\Phi/dt$ in Volt. Wir messen stets alle Größen im technischen Maßsystem. Wir schreiben dann $e = l\,di/dt$ und nennen

$$l = n\,10^{-8}\frac{d\Phi}{di} \tag{28}$$

die momentane Induktivität der Spule (gemessen in Henry).

Zunächst behandeln wir den allgemeinen Fall, der in den speziellen Anwendungen bald zu einfacheren Ergebnissen führen wird.

Der magnetische Kreis sei aus m aufeinanderfolgenden Teilen zusammengesetzt; die Streuung der Induktionslinien sei zu vernachlässigen. In jedem Teile des magnetischen Kreises sei der Querschnitt konstant und der Fluß Φ gleichmäßig über den Querschnitt verteilt. Es seien $\mathfrak{B}_1, \ldots, \mathfrak{B}_m$ die momentanen Induktionen in diesen Teilen, $u_1 = \frac{10}{4\pi}\mathfrak{H}_1, \ldots, u_m = \frac{10}{4\pi}\mathfrak{H}_m$ die diese hervorrufenden Amperewindungen pro cm, $q_1, \ldots, q_m$ die Querschnitte und $h_1, \ldots, h_m$ die Längen der einzelnen Teile. Dann ist

$$in = u_1 h_1 + \cdots + u_m h_m,$$
$$\Phi = q_1 \mathfrak{B}_1 = \cdots = q_m \mathfrak{B}_m$$

und damit

$$l = \frac{4\pi n^2 10^{-9}}{\sum\limits_{\nu=1}^{m} \dfrac{h_\nu}{q_\nu \dfrac{d\mathfrak{B}_\nu}{d\mathfrak{H}_\nu}}}. \tag{29}$$

In den Eisenwegen sind die Größen $d\mathfrak{B}/d\mathfrak{H}$ nach Gl. (25) gleich χ, in den Luftspalten sind sie bekanntlich gleich 1.

Um die Größen χ aus den gegebenen Größen n, i, h_ν und q_ν bestimmen zu können, muß man zunächst den Fluß Φ ermitteln: Genau so wie $\mathfrak{B}$ eine eindeutige Funktion von u ist, ist auch u hier eine eindeutige Funktion von $\mathfrak{B}$; wir deuten dies wieder durch $u\,(\mathfrak{B})$ an. Die obige Gleichung für $i\,n$ lautet dann, wenn man

$$u_1 = u\left(\frac{\Phi}{q_1}\right), \cdots, u_m = u\left(\frac{\Phi}{q_m}\right)$$

schreibt

$$i\,n = u\left(\frac{\Phi}{q_1}\right) h_1 + \cdots + u\left(\frac{\Phi}{q_m}\right) h_m. \tag{30}$$

Damit ist die Bestimmungsgleichung für den gesuchten Fluß Φ gewonnen; sie ist jedoch im allgemeinen nur graphisch nach Φ auflösbar. Die graphische Methode, die sich unmittelbar aus der Form der Gleichung ergibt, soll an dieser Stelle nicht weiter dargestellt werden.

Ist der Fluß Φ bekannt, so sind die Induktionen $\mathfrak{B}_\nu = \Phi/q_\nu$ und damit die Amperewindungszahlen u_ν, also auch die Ergiebigkeiten χ_ν bekannt. Daraufhin ist dann nach Gl. (29) die momentane Induktivität l der Spule berechenbar. Führt man die Rechnung für verschiedene Werte des Stromes i durch, so gewinnt man den funktionellen Zusammenhang $l\,(i)$ zwischen l und i.

In diesen Ableitungen verlieren offenbar die üblichen Definitionen in der Elektrotechnik, welche konstante Permeabilitäten und demnach lineare Magnetisierungskurven voraussetzen, ihre allgemeine Geltung. Ebenso ist der Begriff des magnetischen Widerstandes eines Kreises für die Berechnung einer momentanen Induktivität im allgemeinen bedeutungslos. Dagegen werden die gebräuchlichen Beziehungen, welche ursprünglich für beliebige Magnetisierungskurven hergeleitet wurden, wie etwa die Berechnungsformel für die Spannung eines Transformators, auch hier erhalten werden, jedoch in einer etwas anderen Auslegung.

b) Die momentane Induktivität einer Wicklung mit einfachem geschlossenen Eisenkern.

Der Fall einer Spule mit einem einfachen geschlossenen Eisenkern ($m = 1$) ist der weitaus wichtigste und soll daher etwas eingehender behandelt werden. Es wird zunächst $d\mathfrak{B}/d\mathfrak{H}$ als einzige Größe gleich χ und damit die momentane Induktivität gleich

$$\frac{4\pi\, n^2\, q\, 10^{-9}}{h}\,\chi,$$

wie man auch aus (28) direkt entnehmen kann. Es ist h die Länge und q der konstante Querschnitt des Eisenkernes. In ihrer Abhängigkeit von dem durch die Spule fließenden Strome i stellt sich die momentane Induktivität als eine hyperbelähnliche Kurve dar.

Deutet man wieder durch $\chi(u)$ die Abhängigkeit der Ergiebigkeit χ von u an und setzt $u = in/h$ darin ein, so bekommt man

$$l = \frac{4\pi n^2 q\, 10^{-9}}{h} \chi\left(\frac{i n}{h}\right). \tag{31}$$

Es gibt nun zwei Möglichkeiten, für welche die Induktivität l eine konstante Größe wird. Entweder man hat es mit so kleinen Werten von in/h zu tun, daß in dem ganzen Bereich des veränderlichen Stromes i die Ergiebigkeit konstant und gleich der maximalen Permeabilität $\bar{\mu}$ bleibt. Dann hat man $\chi = \bar{\mu}$ und erhält für die momentane Induktivität den bekannten Ausdruck

$$\frac{4\pi n^2 q\, 10^{-9}}{h} \bar{\mu},$$

gültig für kleine Magnetisierungen. Für diesen Fall würde übrigens in der allgemeinen Gleichung (29) als Nenner der magnetische Widerstand

$$W_m = \sum_{\nu=1}^{m} \frac{h_\nu}{q_\nu \bar{\mu}_\nu}$$

des magnetischen Kreises auftreten. Der andere Fall einer konstanten Induktivität l tritt in hinreichendem Maße dann ein, wenn i ein wenig pulsierender Gleichstrom mit dem arithmetischen Mittelwert J_m ist, der in dem Eisenkern hohe Induktionen hervorruft. Dann erhält man für (31)

$$L = \frac{4\pi n^2 q\, 10^{-3}}{h} \chi\left(\frac{J_m n}{h}\right). \tag{32}$$

Dies ist der einfachste Wert der nachher behandelten mittleren Induktivität einer Wicklung; er ist wichtig für die näherungsweise Berechnung der Induktivität der Kathodendrossel im Hg-Gl.

Immer wenn die momentane Induktivität l zu einer zeitlich konstanten Größe wird, soll sie wie in (32) mit großem L bezeichnet werden.

Es bleibt jetzt noch zu untersuchen, ob es eine bestimmte Windungszahl n gibt, für welche die Induktivität L der Spule nach (32) größer ist als für alle anders gewählten Windungszahlen. Im allgemeinen erhält man für die Abhängigkeit $L(n)$ eine Schwankungen unterworfene, aber im wesentlichen ansteigende Linie, die für den Fall einer logarithmischen Magnetisierungskurve zu einer Geraden für den Fall einer linearen Magnetisierungskurve bekanntlich zu einer Parabel wird.

Bei Magnetisierungskurven von andersartigem Verlaufe gibt es jedoch mitunter in einem gewissen Anfangsbereich ein ausgeprägtes Maximum für L, das erst bei erheblicher Steigerung der Windungszahl überholt wird. Aus Gl. (32) folgt, daß das Maximum dann eintritt, wenn die Amperewindungszahl u die kleinste Wurzel der Gleichung

$$2\chi(u) + \frac{4\pi u}{10} \chi'(u) = 0, \tag{33}$$

in der $\chi' = d\chi/d\mathfrak{H} = \frac{10}{4\pi} d\chi/du$ bedeutet, wird. Diese Wurzel heiße u_1. Gleichung (33) hat ferner noch eine weitere Wurzel u_2 ($u_2 > u_1$), welche den Ort des auf das Maximum folgenden Minimums von L angibt. Beide Werte, u_1 und u_2, sind innere Konstanten der Magnetisierungskurve $\mathfrak{B}(u)$. Aus u_1 erhält man dann ohne weiteres jede günstige Windungszahl als $n = hu_1/J_m$.

Es zeigt sich nachher, daß die Wirkung einer Drosselspule nicht allein von ihrer Induktivität und von der Frequenz der Pulsationen des durch sie fließenden Gleichstromes abhängig ist, sondern daß es vielmehr auf die Größe des Produktes aus der Induktivität und dem mittleren Strome ankommt. Wir nennen dieses Produkt

$$\mathfrak{W} = L J_m \tag{34}$$

die induktive Wirksamkeit der Drosselspule[1]). Die Wirksamkeit in Abhängigkeit von dem mittleren Strome, die Funktion $\mathfrak{W}(J_m)$ hat einen sehr charakteristischen Verlauf. $\mathfrak{W}$ beginnt zunächst mit J_m linear zu wachsen, denn am Anfang ist L noch ebenso wie χ konstant. Dann durchläuft $\mathfrak{W}$ ein ausgeprägtes Maximum, nimmt daraufhin wieder ab, um nach Durchlaufen eines flachen Minimums wieder langsam anzusteigen. Für die Dimensionierung der Drosselspule ist es jetzt von Wichtigkeit, zu erfahren, wann das Maximum eintritt. Setzt man Gl. (33) in (34) ein und bildet man die Ableitung nach J_m, so findet man durch Nullsetzen

$$\chi(u) + \frac{4\pi u}{10} \chi'(u) = 0. \tag{35}$$

Diese Gleichung hat zwei Wurzeln, u_3 und u_4 ($u_4 > u_3$). Bei $u = u_3$ tritt das Maximum, bei $u = u_4$ das Minimum von $\mathfrak{W}$ ein. Die beiden Wurzeln sind wieder innere Konstanten der Magnetisierungskurve. Dies ist sehr wesentlich und für die praktischen Rechnungen eine Erleichterung; es geht dies schon daraus hervor, daß nach Gl. (32) die Wirksamkeit durch

$$\mathfrak{W} = \frac{n\,q\,10^{-8}}{h} \cdot u\,\chi(u)$$

gegeben ist[2]).

Man ermittelt nun einmal die Amperewindungszahl u_3 graphisch aus der gegebenen Magnetisierungskurve und findet die bezüglich der Wirksamkeit günstigste Windungszahl für jede Spule nach der einfachen Beziehung

$$n = \frac{h\,u_3}{J_m}. \tag{35a}$$

Ist die Pulsation des Gleichstromes nicht mehr gegen den Mittelwert zu vernachlässigen, so verliert die konstante Induktivität mehr ihre ursprüngliche Bedeutung, ihre Stelle vertritt dann die mittlere Induktivität. Weiter unten wird darüber noch Näheres gesagt.

---

[1]) Vgl. S. 143.

[2]) Es ist übrigens $u\chi(u) = \frac{10}{4\pi}\chi\mathfrak{H}$. Für unsere Beispiele von Magnetisierungskurven finden sich $\chi\mathfrak{H}$-Werte in Tafel Ia und Ib.

c) Der Fall des geschlossenen Eisenkernes mit zwei verschiedenen Querschnitten.

Das eine Stück des aus zwei aneinandergesetzten Teilen bestehenden Eisenkernes habe den konstanten Querschnitt q_1 und die Länge h_1, das andere Stück den Querschnitt q_2 und die Länge h_2. In dem ersten Stück sei $d\mathfrak{B}_1/d\mathfrak{H}_1 = \chi_1$, in dem zweiten $d\mathfrak{B}_2/d\mathfrak{H}_2 = \chi_2$. Dann hat man nach Gl. (29)

$$l = \frac{4\pi n^2 10^{-9}}{\frac{h_1}{q_1\chi_1} + \frac{h_2}{q_2\chi_2}}. \tag{36}$$

Entsprechend der Gl. (30) erhält man den Induktionsfluß Φ als Wurzel der Gleichung

$$i\,n = u\left(\frac{\Phi}{q_1}\right)h_1 + u\left(\frac{\Phi}{q_2}\right)h_1, \tag{36a}$$

daraus $\mathfrak{B}_1 = \Phi/q_1$, $\mathfrak{B}_2 = \Phi/q_2$ und danach endlich die zu $\mathfrak{B}_1$ und $\mathfrak{B}_2$ gehörigen Werte χ_1 und χ_2.

Beispiel: Der Eisenkern einer Drosselspule sei zusammengesetzt aus zwei gleichen Kernen von dem Querschnitte q und der Gesamtlänge h sowie aus zwei gleichen Verbindungsjochen mit dem Querschnitte αq und der Gesamtlänge βh. Dann wird, wenn χ in den Kernen gleich χ_1 und in den Jochen gleich χ_2 ist,

$$l = \frac{4\pi n^2 q\, 10^{-9}}{h} \cdot \frac{\chi_1\chi_2}{\chi_2 + \frac{\beta}{\alpha}\chi_1}.$$

d) Über die Vergrößerung einer Induktivität durch Einfügen eines Luftspaltes in den Eisenkern.

Wir betrachten noch einmal den Fall des wenig pulsierenden Gleichstromes und fragen, ob es möglich ist, die mit dem mittleren Strome J_m zeitlich konstante Induktivität L durch Einfügen eines Luftspaltes in dem einfachen geschlossenen Eisenkern zu steigern. Der überall gleiche Querschnitt des Eisenkernes und des Luftspaltes sei q, die Länge des Eisenweges sei h. Das Verhältnis von Luftspaltlänge zur Eisenweglänge sei ξ; es ist also ξh die Länge des Lufspaltes, sie sei klein gegenüber h. Im Eisenkern ist $d\mathfrak{B}/d\mathfrak{H} = \chi$. Nach Gl. (29) wird damit

$$L = \frac{4\pi n^2 q\, 10^{-9}}{h} \frac{1}{\frac{1}{\chi} + \xi}. \tag{37}$$

Die überall gleiche Induktion $\mathfrak{B}$ ist dabei nach (30) die Wurzel der Gleichung

$$\frac{J_m n}{h} = u(\mathfrak{B}) + \frac{10}{4\pi}\mathfrak{B}\,\xi. \tag{38}$$

Bei sehr kleinen Werten von $J_m n/h$, also bei kleinen Induktionen $\mathfrak{B}$ ist χ konstant. In diesem Bereich würde daher jeder Luftspalt die Induktivität L herabmindern. Bei größeren Induktionen bis zu einer gewissen oberen Grenze ist es jedoch möglich, die Induktivität durch Einfügen eines Luftspaltes zu vergrößern; es existiert ein Maximum für L bei einem bestimmten $\xi > 0$.

Die Windungszahl n soll zunächst festliegen; sie sei, wie das in der Regel der Fall ist, so groß gewählt, wie der Fensterquerschnitt und die Erwärmungsverhältnisse dies zulassen.

Die Ableitung von L nach ξ ist zunächst bis auf einen Faktor gleich

$$-\frac{1}{\chi^2}\frac{d\chi}{d\mathfrak{H}}\frac{d\mathfrak{H}}{d\mathfrak{B}}\frac{d\mathfrak{B}}{d\xi}+1\,.$$

Darin ist $d\mathfrak{H}/d\mathfrak{B}=1/\chi$, $d\chi/\mathfrak{H}=\chi'$. $d\mathfrak{B}/d\xi$ ist aus Gl. (38) zu bestimmen. Schreiben wir diese

$$F(\mathfrak{B},\xi)=\text{konst.},$$

so wird in bekannter Weise

$$\frac{d\mathfrak{B}}{d\xi}=-\frac{\partial F}{\partial \xi}:\frac{\partial F}{\partial \mathfrak{B}}$$

$$=-\frac{\mathfrak{B}}{\frac{1}{\chi}+\xi}\,.$$

Setzt man diesen Wert in die obige Gleichung ein, setzt dann diese gleich Null und ordnet die beteiligten Größen, so erhält man als Bedingung für das fragliche Maximum

$$-\frac{\mathfrak{B}\,\chi'}{\chi^2+\chi^3\,\xi}=1\,. \tag{39}$$

Die erzielte Vergrößerung der Induktivität ist so zu erklären, daß in dem betreffenden Bereich die Größe $1/\chi$ stärker sinkt als ξ wächst. Die verschlechternde Wirkung des Luftspaltes wird durch die Verbessserung der durch die Größe χ charakterisierten magnetischen Ergiebigkeit im Eisen überholt.

Das Maximum (39) gilt für die betreffende Windungszahl n; für ein anderes n hat man ein anderes Maximum. Bezeichnet man den Wert des Maximums von L mit $\overline{L}$, so hat man also den Zusammenhang $\overline{L}(n)$. Es ist $\overline{L}$ noch abhängig von n. Man hätte jetzt noch zu untersuchen, ob die Funktion $\overline{L}(n)$ ein Maximum für ein bestimmtes n hat. Um dies zu verfolgen, hätte man nachzuprüfen, ob es einen Wert n gibt, für den die Ableitung von

$$\frac{n^2}{\frac{1}{\chi}+\xi}\,,$$

worin $\chi(\mathfrak{B})$ und ξ gemeinsame Wurzeln der Gl. (38) und (39) sind, verschwindet. Mit dem Orte des absoluten Maximums von L, d. h. des Maximums von $\overline{L}$ sind die Werte von ξ, n, $\mathfrak{B}$, u, χ und χ' eindeutig bestimmt. Der Wert des absoluten Maximums ist also nur noch eine Funktion von J_m/h. Die Induktion $\mathfrak{B}$ ist übrigens, wie man aus Gl. (38) erkennt, von dem Querschnitte q unabhängig.

e) Der Begriff der mittleren Induktivität.

Für diejenigen Fälle, in denen der Strom i in stärkerem Maße pulsiert, in denen der Strom z. B. zwischen einem Höchstwerte und dem Werte Null hin und her schwankt oder gar sein Vorzeichen wechselt, ist es sehr nützlich und in der Regel ausreichend, an Stelle der veränderlichen Induktivität l eine zeitlich konstante mittlere Induktivität L einzuführen und mit dieser wie mit jeder anderen zeitlich konstanten Größe zu operieren. Die elementaren Rechnungen, welche konstante Induktivitäten voraussetzen, werden dadurch wieder näherungsweise anwendbar.

A. Es ist wohlbekannt, daß der arithmetische Mittelwert E_m einer induzierten Spannung e nur von dem Anfangs- und Endwert des Induktionsflusses Φ abhängt. Denn setzen wir $e = \omega n 10^{-8} d\Phi/d\theta$ und nennen Φ_1 den Fluß zur Zeit θ', ferner Φ_2 den Fluß zur Zeit θ'', so wird für das Intervall (θ'', θ').

$$E_m = \frac{\omega n 10^{-8}}{\theta'' - \theta'} (\Phi_2 - \Phi_1). \tag{40}$$

Es liegt daher nahe, die mittlere Induktivität L so zu definieren, daß nach Ersatz von l durch L der arithmetische Mittelwert der induzierten Spannung erhalten bleibt. Heißt das maßgebende Zeitintervall $\tau = \theta'' - \theta'$, so hat man demnach

$$\frac{1}{\tau}\int\limits_{(\tau)} l \frac{di}{d\theta} d\theta = \frac{L}{\tau}\int\limits_{(\tau)} \frac{di}{d\theta} d\theta$$

zu machen. Ist also der Strom i am Anfang von τ gleich J_1, am Ende von τ jedoch gleich J_2, so erhält man

$$L = \frac{1}{J_2 - J_1}\int\limits_{J_1}^{J_2} l\, di. \tag{41}$$

Es ist also L der arithmetische Mittelwert von l. Wie Gl. (28) zeigt, ist das Integral in (41) nichts anderes als $n\, 10^{-8} (\Phi_2 - \Phi_1)$.

Für den Fall einer Spule mit einem einfachen geschlossenen Eisenkern hat man $\Phi_1 = q\mathfrak{B}_1$, $\Phi_2 = q\mathfrak{B}_2$, $J_1 = u_1 h/n$, $J_2 = u_2 h/n$ und damit

$$L = \frac{q n^2 10^{-8}}{h} \cdot \frac{\mathfrak{B}_2 - \mathfrak{B}_1}{u_2 - u_1}. \tag{42}$$

Für den Faktor $(\mathfrak{B}_2 - \mathfrak{B}_1)/(u_2 - u_1)$ ergibt sich eine bequeme Ablesung aus der Magnetisierungskurve. Er ist die Steigung der Geraden, welche die Punkte $\mathfrak{B}_1$, u_1 und $\mathfrak{B}_2$, u_2 verbindet.

Anmerkung: Ist der Strom i ein reiner Wechselstrom, der übrigens nicht sinusförmig zu sein braucht, so wird $\mathfrak{B}_2 = -\mathfrak{B}_1 = \mathfrak{B}$, $u_2 = -u_1 = u$ und $\mathfrak{B}/u = \frac{4\pi}{10}\mu$. Es ergibt sich damit für L der bekannte Ausdruck

$$L = \frac{4\pi n^2 q\, 10^{-9}}{h}\mu. \tag{43}$$

Dieser viel benutzte Wert ist also von Hause aus ein für reinen Wechselstrom gültiger arithmetischer Mittelwert. Es wird nur das eine vorausgesetzt, daß der positive und negative Scheitelwert einander gleich sind.

Für den allgemeinen Fall eines beliebig zusammengesetzten Kreises würde man übrigens $L = n\,10^{-8}\frac{\Phi}{J}$ erhalten, worin J der Scheitelwert des Wechselstromes und Φ der zugehörige Induktionsfluß ist, ein Wert, der mit der gewöhnlichen Definition der Induktivität identisch ist.

B. Es ist wahrscheinlich, daß man mitunter noch zweckmäßiger verfährt, wenn man das mittlere L so definiert, daß nach Ersatz von l durch L der quadratische Mittelwert der induzierten Spannung erhalten bleibt. Die Schwierigkeit besteht dabei jedoch darin, daß der quadratische Mittelwert der Spannung nicht nur von den Endwerten J_1 und J_2 des Stromes, sondern auch von dessen einzelnem Verlauf abhängt. Für den Fall eines einfachen geschlossenen Eisenkernes ist die induzierte Spannung nach (31) bis auf einen Faktor durch $\chi \cdot di/d\theta$ gegeben. Nach Ersatz von χ durch ein mittleres χ_e, durch welches auch L bestimmt ist, müßte demnach die Gleichung

$$\int\limits_{(\tau)} \chi^2 \left(\frac{di}{d\theta}\right)^2 d\theta = \chi_e^2 \int\limits_{(\tau)} \left(\frac{di}{d\theta}\right)^2 d\theta$$

erfüllt sein. Als Abschätzungswert setzen wir

$$\chi_e^2 = \frac{1}{J_2 - J_2}\int\limits_{J_1}^{J_2} \chi^2\, di, \tag{44}$$

so daß

$$L = \frac{4\pi n^2 q\, 10^{-9}}{h}\chi_e \tag{45}$$

wird.

Wir machen gleich von diesem Ansatze einige Anwendungen.

f) Einige Anwendungen der empirischen Magnetisierungsformel.

Zum Abschluß dieses Kapitels seien hier noch einige Anwendungsbeispiele für die empirischen Magnetisierungsgleichungen (27a) und (27b) zusammengestellt:

1. Die momentane Induktivität einer einfachen eisengeschlossenen Spule bei wenig pulsierendem Gleichstrom. Setzt man den Wert von χ aus (27a) in (32) ein, so erhält man bei den gleichen Bezeichnungen

$$L = \frac{n\,q\,a\,10^{-8}}{J_m}, \tag{46a}$$

also unabhängig von der Eisenlänge h. Die induktive Wirksamkeit $\mathfrak{W}$ nach (34) wird damit

$$\mathfrak{W} = n\,q\,a\,10^{-8} = \text{konst.} \tag{46b}$$

Die Wirksamkeit der Spule ist demnach von dem Strome unabhängig.

2. Der arithmetische Mittelwert der Induktivität einer einfachen eisengeschlossenen Spule bei pulsierendem Gleichstrom. Der Gleichstrom habe den unteren Stromwert J_1 und den oberen J_2. Wir drücken J_1 und J_2 entsprechend Gl. (13) durch den arithmetischen Mittelwert J_m und durch die relative Pulsatioa γ aus; danach ist angenähert $J_1 = J_m\,(1-\gamma)$, $J_2 = J_m\,(1+\gamma)$. Dann wird nach Einsetzen von (27a) in (42) $\mathfrak{B}_2 - \mathfrak{B}_1 = a \lg \frac{u_2}{u_1}$ und, da $u_1 = J_1\,n/h$, $u_2 = J_2\,n/h$ ist und damit $u_2 - u_1 = (J_2 - J_1)\,n/h = J_m\,\gamma\,n/h$ wird,

$$L = \frac{a\,q\,n\,10^{-8}}{J_m\,\gamma}\,\mathfrak{ArTg}\,\gamma. \tag{47}$$

Bei Vernachlässigung von γ^4 gegen 1 wird daraus

$$L = \frac{a\,q\,n\,10^{-8}}{J_m}\left(1 + \tfrac{1}{3}\gamma^2\right). \tag{47a}$$

3. Der quadratische Mittelwert der Induktivität einer einfachen eisengeschlossenen Spule. Der Strom sei zunächst wieder ein pulsierender Gleichstrom mit dem unteren Stromwert $J_m(1-\gamma)$ und dem oberen $J_m(1+\gamma)$. Unter Berücksichtigung dessen bekommt man nach Einführung von $\chi = 10\,a\,h/4\,\pi\,n\,i$ in (44) und Einsetzen des Resultates in (45)

$$L = \frac{a\,q\,n\,10^{-8}}{J_m\sqrt{1-\gamma^2}} \tag{48}$$

L ist also wieder von der Eisenlänge h unabhängig.

Ähnlich einfach ist das Ergebnis für den Fall eines reinen Wechselstromes mit dem Scheitelwert J, für den $J_2 = -J_1 = J$ wird; es ist hier die Magnetisierungsgleichung (27b) anzuwenden. Man erhält

$$L = \frac{d\, q\, n^2\, 10^{-8}}{h \sqrt{1 - \left(\frac{J\, n}{c\, h}\right)^2}}. \tag{49}$$

Endlich ist das Resultat für den Zwischenfall $J_2 = J$, $J_1 = 0$ unter Verwendung derselben Magnetisierungsgleichung

$$L = \frac{d\, q\, n^2\, 10^{-8}}{h \sqrt{1 + \frac{J\, n}{c\, h}}}. \tag{49a}$$

Die drei Gleichungen (48), (49) und (49a) erscheinen für den praktischen Gebrauch hinreichend einfach, es ist jedoch zu beachten, daß ihre Anwendbarkeit an die Gültigkeitsgrenzen der Näherungsgleichungen (27a) resp. (27b) gebunden ist. Für kleine Stromamplituden J nähert sich die rechte Seite von (49), mit schwächerer Annäherung auch die rechte Seite von (49a) dem konstanten Werte $d\, q\, n^2\, 10^{-8}/h$. Da aber nach der letzten Bemerkung in Kap. 3 die Größe $d = 4\,\pi/10 \cdot \bar{\mu}$ ist, so gelangt man zu dem wohlbekannten Ausdrucke

$$L = \frac{4\,\pi\, q\, n^2\, 10^{-9}}{h}\,\bar{\mu}. \tag{49b}$$

Damit ist der erforderliche Anschluß an den ersten Grenzfall für kleine Induktionen wieder erreicht.

5. Einige Sätze über den Leistungsfaktor.

a) Der einfache Leistungsfaktor.

Durch zwei stromführende Zuleitungen soll eine bestimmte Leistung N zu- resp. abgeführt werden. Die Spannung zwischen den Zuleitungen habe an einer Stelle den Momentanwert e und den quadratischen Mittelwert E_e. Der Strom mit dem Momentanwerte i, der in der einen Leitung zu-, in der anderen abfließt, habe den quadratischen Mittelwert J_e; dieser ist für die Erwärmung der Leitungen und Maschinen maßgebend, für ihn ist bei stationärer Belastung eine obere Grenze vorgeschrieben. Um nun ein Maß für die Beanspruchung der Leitungen oder der Maschinen im Verhältnis zu der übertragenen oder abgegebenen Leistung N zu haben, definiert man als Ausnutzungszahl eine Größe, die den Namen Leistungsfaktor führt und mit λ bezeichnet werden soll[1]), durch den in e und i symmetrischen Ausdruck

$$\lambda = \frac{N}{E_e\, J_e}. \tag{50}$$

---

[1]) Wir vermeiden grundsätzlich die durchaus irreführende Bezeichnung des Leistungsfaktors mit $\cos \Phi$ (worin Φ im allgemeinen irgend ein fiktiver Winkel

Es ist üblich, $N = N_0 \lambda$ zu setzen und $N_0 = E_e J_e$ die Scheinleistung, ferner $\sqrt{N_0^2 - N^2} = \sqrt{1 - \lambda^2}\, N_0$ die Blindleistung zu nennen.

Es gelten folgende Sätze:

I. Es ist $\lambda \leqq 1$ und zwar stets und nur dann gleich 1, wenn e und i gleiche Form haben, wenn also $e/i =$ konst. ist.

II. Ist eine der beiden Größen e und i konstant, so ist λ gleich dem reziproken Wert des Formfaktors der anderen Größe.

III. Nur dann, wenn Spannung und Strom rein sinusförmig sind, ist $\lambda = \cos\varphi$. Dabei ist φ die Phasendifferenz, mit der die Nullpunkte von e und i aufeinander folgen ($\varphi \leqq \pi/2$). Deutet man diese Phasendifferenz durch $\lambda(\varphi)$ an, so hat man $\lambda(0) = 1$.

IV. Es sei eine der beiden Größen e und i rein sinusförmig. Die andere sei symmetrisch, so daß sie, wenn ihre Periode 2π ist, für $\theta = \pi/2 - x$ und $\pi/2 + x$ die gleichen Werte besitzt. Dann kann man λ durch

$$\lambda(\varphi) = \lambda(0)\cos\varphi \tag{51}$$

darstellen. Dabei ist φ wieder eine Phasendifferenz[1]).

V. Es sei wieder eine der beiden Größen e und i rein sinusförmig. Die andere sei antisymmetrisch, so daß sie für $\theta = \pi/2 - x$ und $\theta = \pi/2 x + x$ vorzeichenverkehrt gleiche Werte hat; 2π sei wieder ihre Periode. Dann kann man λ durch

$$\lambda(\varphi) = \lambda(0)\sin\varphi \tag{52}$$

darstellen.

Satz I folgt aus Kap. 2, Satz II. Satz II ergibt sich aus Kap. 2, Satz VI. Die Sätze III und IV sind aus den Sätzen IV und III des Kap. 2 zu entnehmen. Satz V ergibt sich unmittelbar aus Kap. 2, Satz III, wenn man dort die Bedingung (17) durch die neue, $g\left(\frac{\pi}{2} - x\right) = -g\left(\frac{\pi}{2} + x\right)$, ersetzt; in den darauffolgenden Gleichungen tritt dann an die Stelle von sin cos und an die Stelle von cos sin. Aus den beiden Sätzen IV und V kann man noch folgenden Satz schließen:

VI. Es sei wieder eine der beiden Größen e und i rein sinusförmig; die andere habe die Periode 2π, sei aber sonst beliebig. Dann kann man λ stets durch

$$\lambda(\varphi) = \lambda' \cos\varphi + \lambda'' \sin\varphi \tag{53}$$

---

sein soll). Es ist nicht einzusehen, weshalb, während alle sonstigen elektrotechnischen Größen mit einfachen Buchstaben benannt werden, der Leistungsfaktor mit einer Funktion als Terminus benannt werden soll. Selbst wenn eine Relation $\lambda = \cos\varphi$ besteht, in der φ eine wirklich physikalische Größe ist, ist das noch kein Grund, den Leistungsfaktor $\cos\varphi$ zu „nennen", ganz abgesehen davon, daß diese Schreibweise in allen Fällen, in denen solche einfachen Relationen vorliegen, unhaltbare Verwirrung anrichtet.

[1]) L. P. Krijger (l. c.) nennt $\lambda(0)$ den Verzerrungsfaktor und $\cos\varphi$ den Verschiebungsfaktor.

darstellen. Es folgt dies aus der Tatsache, daß man jede periodische Funktion als Summe einer symmetrischen und einer antisymmetrischen schreiben kann.

Mit diesen drei Beispielen IV bis VI ist die Zahl der Fälle, für die der Leistungsfaktor als Produkt eines Verzerrungsfaktors und eines Anteiles der Phasenverschiebung darstellbar ist, erschöpft.

Anmerkung: Das durch (50) definierte λ ergibt übrigens keine eindeutige Charakteristik. Es ist möglich, zwei Spannungsverläufe e' und e'' anzugeben, für die bei gleicher Leistung und gleicher effektiver Strombelastung J_e sich verschiedene Werte von λ ergeben. Es ist im allgemeinen gegenstandslos, von einem Vorzeichen von λ zu sprechen. Einige Vorsicht ist jedoch bei den nachfolgenden resultierenden Leistungsfaktoren geboten, wenn deren Komponenten aus Energiequellen und -senken herrühren. Es hat dann einen Sinn und ist nötig, die Leistungen und Leistungsfaktoren der Entnahmestellen mit einem negativen, die der Energiequellen mit einem positiven Vorzeichen zu belegen.

b) Der resultierende Leistungsfaktor.

Liegen an einem gemeinsamen Netze, das hier noch einphasig sein soll, eine Reihe von Belastungen und Energiequellen in beliebiger gemischter Schaltung, so ist der Leistungsfaktor an jeder Stelle des Netzes ein resultierender, der sich in einfacher Weise aus den einzelnen Komponenten zusammensetzt.

1. Parallelschaltung. Alle Elemente haben die gleiche Effektivspannung E. Die Einzelströme der Elemente haben die Effektivwerte $J_1, \ldots, J_n$, die einzelnen Leistungsfaktoren an jedem Elemente seien

$$\lambda_i = \frac{N_i}{E J_i}, \qquad (i = 1, \ldots, n).$$

Ist dann $\sum_i N_i$ die Gesamtleistung, die am Anfang des Netzes in das Netz eintritt, J der dort eintretende effektive Gesamtstrom, so wird nach Definition $\sum_i N_i = E J \lambda_r$, wenn λ_r den resultierenden Leistungsfaktor am Anfang des Netzes vorstellt, und damit

$$\lambda_r = \frac{1}{J} \sum_{i=1}^{n} J_i \lambda_i. \tag{54}$$

Anmerkung: Von besonderem Interesse wird nachher der Fall $n = 2$, wobei als erste Belastungsgröße ein Gleichrichter mit dazugehöriger Gleichstrombelastung, als zweite Belastungsgröße eine außer diesem Gleichrichter schon vorhandene Grundbelastung des Wechselstromnetzes auftritt. Man wünscht dann zu wissen, in welcher Weise der an das Wechselstromnetz angeschlossene Gleichrichter den ursprünglichen Leistungsfaktor der Grundbelastung des Netzes (man sagt auch hierfür Leistungsfaktor des Netzes) beeinflußt[1]).

[1]) Siehe Kap. 13a und 16c.

2. Serienschaltung. In allen Elementen fließt der gleiche effektive Strom J. Die einzelnen Leistungsfaktoren der Elemente seien, wenn $E_1, \cdots, E_m$ die einzelnen Effektivspannungen an den Elementen sind,

$$\lambda_k = \frac{N_k}{E_k J}, \qquad (k = 1, \ldots, m).$$

Ist dann wieder λ_r der resultierende Leistungsfaktor, E die Effektivspannung zwischen dem Anfang und dem Ende der Reihe aller Elemente, so ist nach Definition $\sum\limits_k N_k = E J \lambda_r$ und damit

$$\lambda_r = \frac{1}{E} \sum_{k=1}^{m} E_k \lambda_k. \tag{55}$$

3. Gemischte Schaltung. Wir betrachten eine Kombination als allgemeineren Fall, in der n Gruppen zu je m_i $(i = 1, \cdots n)$ hintereinandergeschalteten Elementen parallel geschaltet sind. Die einzelnen Leistungsfaktoren der Elemente seien bei leicht verständlicher Bezeichnungsweise

$$\lambda_{ik} = \frac{N_{ik}}{E_{ik} J_k}, \qquad \begin{pmatrix} i = 1, \ldots, n \\ k = 1, \ldots, m_i \end{pmatrix}.$$

Ist dann wieder E die gesamte Effektivspannung und J der gesamte Effektivstrom am Anfang des Netzes, so wird nach Definition der resultierende Leistungsfaktor am Anfang des Netzes

$$\lambda_r = \frac{1}{E J} \sum_{i=1}^{n} \sum_{k=1}^{m_i} E_{ik} J_k \lambda_{ik}. \tag{56}$$

c) Der mittlere Leistungsfaktor.

Wir gehen nunmehr zu der Betrachtung eines mehrphasigen Netzes über. In Kap. 1 haben wir das mehrphasige Wechselstromnetz bezüglich der Spannungen als symmetrisch vorausgesetzt. Diese Voraussetzung soll auch hier wie auch später zutreffen; es gelten dann für die verketteten und für die Sternspannungen die Gleichungen (2) und (3). Sind ferner die quadratischen Mittelwerte der einzelnen Phasenströme $i_{n1}, i_{n2}, \ldots, i_{nq}$ einander gleich, so spricht man von einer gleichmäßigen Belastung des Netzes. Eine gleichmäßige Belastung nennen wir insbesondere symmetrisch, wenn die Leistungen pro Phase alle einander gleich sind.

Ist N_n die gesamte vom Netz abgegebene Leistung, so definiert man bei symmetrischer Belastung als Leistung N' pro einzelne Phase

$$N' = \frac{1}{q} N_n = \frac{1}{2\pi} \int_0^{2\pi} e_1 i_{n1} \, d\vartheta = \ldots = \frac{1}{2\pi} \int_0^{2\pi} e_q i_{nq} \, d\vartheta.$$

Der Leistungsfaktor λ_n für die Gesamtbeurteilung des Netzes ist dann gleich dem Leistungsfaktor jeder einzelnen Netzphase. Nennt man diesen λ' und ist J_{ne} der quadratische Mittelwert jedes Phasenstromes, so wird, wenn E_e' die effektive Sternspannung bedeutet,

$$\lambda' = \lambda_n = \frac{N'}{E_e' J_{ne}}. \tag{57}$$

Ist jedoch die Belastung nicht mehr symmetrisch, so wird es nötig, für die Gesamtbeurteilung des Netzes den Begriff des mittleren Leistungsfaktors einzuführen. Die nicht mehr einander gleichen effektiven Phasenströme nennen wir $J_{n1}, J_{n2}, \ldots, J_{nq}$, die Leistungen pro Phase seien

$$N_1' = \frac{1}{2\pi}\int_0^{2\pi} e_1 i_{n1}\, d\vartheta, \ \ldots, \ N_q' = \frac{1}{2\pi}\int_0^{2\pi} e_q i_{nq}\, d\vartheta.$$

Dann erhält man als Leistungsfaktoren pro Phase

$$\lambda_1' = \frac{N_1'}{E_e' J_{n1}}, \ \ldots, \ \lambda_q' = \frac{N_q'}{E_e' J_{nq}}. \tag{58}$$

Es liegt nunmehr nahe, den mittleren Leistungsfaktor durch eine willkürliche Definition als quadratischen Mittelwert der einzelnen Leistungsfaktoren festzusetzen. Man erhält dann

$$\lambda_m = \sqrt{\frac{1}{q}(\lambda_1'^2 + \ldots \lambda_q'^2)}. \tag{59}$$

Einer mehr natürlichen Definition folgend erhält man den mittleren Leistungsfaktor als Quotienten aus der Gesamtleistung $N_n = N_1' + \cdots + N_q'$ und dem q-fachen Produkte der effektiven Phasenspannung und dem quadratischen Mittelwert der Phasenströme

$$\lambda_m = \frac{N_n}{E' \sqrt{q\,(J_{n1}^2 + \cdots + J_{nq}^2)}}. \tag{60}$$

Die beiden Werte nach (59) und (60) lassen sich gegenseitig abschätzen: Es ist der erste stets größer oder höchstens gleich dem zweiten Werte. Die Gleichheit tritt dann ein, wenn $N_i / J_{ni}^2 = \text{konst.}$ ist, wenn also die Phasenleistung dem Quadrat des Phasenstromes proportional ist.

Anmerkung: Der Beweis ergibt sich so: Schreibt man das Quadrat der rechten Seite von (59) unter Beachtung von (58) in der Form

$$\frac{1}{q}\sum_\nu \left(\frac{a_\nu}{b_\nu}\right)^2,$$

das Quadrat der rechten Seite von (60) in der Form

$$\frac{\left(\sum_\nu a_\nu\right)^2}{q \sum b_\nu^2},$$

so müßte nach obiger Behauptung

$$\frac{\left(\sum\limits_\nu a_\nu\right)^2}{q\sum\limits_\nu b_\nu^2} \leqq \frac{1}{q}\sum_\nu\left(\frac{a_\nu}{b_\nu}\right)^2$$

sein. Setzt man darin $a_\nu = b_\nu h_\nu$, so erhält man

$$\left(\sum_\nu b_\nu h_\nu\right)^2 \leqq \sum_\nu b_\nu^2 \sum_\nu h_\nu^2.$$

Das ist aber die Schwarzsche Ungleichung. Das Gleichheitszeichen gilt für $b_\nu/h_\nu = \text{konst.}$, also für $b_\nu^2/a_\nu = \text{konst.}$, w·z·b·w.

d) Der scheinbare Leistungsfaktor.

Aus einem mehrphasigen symmetrischen Wechselstromnetze mit symmetrischer Belastung greifen wir zwei aufeinanderfolgende Leiter heraus (zwei Leiter heißen aufeinanderfolgend, wenn die zugehörigen Phasenspannungen im Vektorpolygon aufeinanderfolgen). Zwischen beiden Leitern sei die effektive Spannung E_e, in jedem Leiter fließe der effektive Strom J_{ne}. Ein Wattmeter, dessen Stromspule in einem der Leiter liegt und dessen Spannungsspule zwischen beiden Leitern liegt, zeigt den Ablesewert N_s, den wir scheinbare Leistung (nicht zu verwechseln mit Scheinleistung) nennen wollen. Der aus den drei Meßgrößen gebildete Quotient $N_s/E_e J_{ne}$ soll scheinbarer Leistungsfaktor λ_s heißen. Es ist zu entscheiden, wann aus der Größe von λ_s auf den Leistungsfaktor λ_n des Netzes geschlossen werden kann, wann man also eine eindeutige Relation

$$\lambda_n = f(\lambda_s, q)$$

hat.

Der Nullpunkt der Phasenspannung und der benachbarten verketteten Spannungen haben den zeitlichen Abstand $\left(\frac{1}{2} - \frac{1}{q}\right)\pi$ voneinander. Es handelt sich demnach hier darum, von

$$\lambda\left(\left[\frac{1}{2} - \frac{1}{q}\right]\pi\right) \text{ auf } \lambda(0)$$

zu schließen. Nach Satz III des § 2 hat man aber nur dann eine direkte Relation zwischen beiden Größen, wenn der Strom eine Symmetrieform nach Gl. (17) besitzt. Es gibt jetzt zwei Fälle:

1. Fällt die Symmetrieachse des Stromes mit der Symmetrieachse der Sinusspannung zwischen demselben Leiter und dem Nullpunkt des Netzes, also der zugehörigen Phasenspannung, zusammen, so ist die Lösung einfach. Man hat dann nach (19)

$$\lambda_s = \lambda_n \cos\left(\frac{1}{2} - \frac{1}{q}\right)\pi,$$

also

$$\lambda_n = \frac{1}{\sin\frac{\pi}{q}}\,\lambda_s. \tag{61a}$$

2. Fallen jedoch die Symmetrieachsen nicht zusammen, sondern haben sie den zeitlichen Abstand φ (man nennt auch hier φ die Phasendifferenz) voneinander, so hätte man die Gleichungen

$$\lambda_n = \lambda(0)\cos\varphi$$

$$\lambda_s = \lambda(0)\cos\left[\left(\frac{1}{2} - \frac{1}{q}\right)\pi + \varphi\right]$$

nach λ_n aufzulösen. Da jedoch mit $\lambda(0)$ und φ eine Unbekannte zuviel ist (es kam darauf an, λ_n aus einer einzigen Messung zu erhalten), so kommt man hier nicht zum Ziele, es sei denn, daß der Strom rein sinusförmig verliefe. Dann hätte man nämlich $\lambda(0) = 1$ und damit $\lambda_n = \cos\varphi$, worin φ durch

$$\lambda_s = \cos\left[\left(\frac{1}{2} - \frac{1}{q}\right)\pi + \varphi\right] \tag{61b}$$

bestimmt ist. Dies ist eine in der Meßtechnik bekannte Lösung, die jedoch bei den gemachten Einschränkungen für die Fälle des Gleichrichters kaum in Betracht kommt.

6. Über den Einfluß der Zündspannungsspitze.

Bevor im Anschluß an das vorige von der Meßkunde des Gleichrichters die Rede ist, sei noch eine Bemerkung über den Einfluß der Zündspannungsspitze eingefügt.

Eine Ablösung eines Lichtbogens findet im Gleichrichter nach den Bemerkungen in Kap. 1 erst dann statt, wenn das Potential an der zugehörigen Anode durch das Potential an der benachbarten Anode des Vakuumgefäßes um die Zündspannungsspitze δE übertroffen wird. Die Folge davon ist eine Verspätung des Ablösevorganges der Lichtbogen um die Zeit $\delta\theta$. Wir nehmen für den allgemeinen Fall an, daß die Potentiale P_ν zweier benachbarten Anoden, etwa das der ersten Anode

$$P_1 = P_1(\theta)$$

und das der vorhergehenden

$$P_p = P_p(\theta)$$

zur Zeit $\left(\frac{1}{2} - \frac{1}{p}\right)\pi + \theta_1$ einander gleich sind. Mit wachsender Zeit sinkt das Potential P_p, während das Potential P_1 steigt. Zur Zeit $\left(\frac{1}{2} - \frac{1}{p}\right)\pi + \theta_1 + \delta\theta$ ist $P_1 - P_p = \delta E$. In der Umgebung der ersten Zeit entwickeln wir

$$\left.\begin{aligned} P_p\left(\left(\frac{1}{2}-\frac{1}{p}\right)\pi+\theta_1+y\right) &= P_p\left(\left(\frac{1}{2}-\frac{1}{p}\right)\pi+\theta_1\right) \\ &\quad + P_p'\left(\left(\frac{1}{2}-\frac{1}{p}\right)\pi+\theta_1\right)y, \\ &\quad + \cdots \\ P_1\left(\left(\frac{1}{2}-\frac{1}{p}\right)\pi+\theta_1+y\right) &= \cdots, \end{aligned}\right\} \quad (62\,\mathrm{a})$$

so daß

$$\delta E = \left[P_1'\left(\left(\frac{1}{2}-\frac{1}{p}\right)\pi+\theta_1\right) - P_p'\left(\left(\frac{1}{2}-\frac{1}{p}\right)\pi+\theta_1\right)\right]\delta\theta \quad (62\,\mathrm{b})$$

wird.

Der arithmetrische Mittelwert der Gleichspannung zwischen Kathode und Transformator-Nullpunkt erleidet durch den Einfluß der Zündspannungsspitze eine Abnahme. Dieser mittlere Spannungsabfall ist zu berechnen. Das mittlere Potential an der Kathode ist vor Einwirkung der Zündspitze

$$K_0 = \frac{p}{2\pi}\int\limits_{\left(\frac{1}{2}-\frac{1}{p}\right)\pi+\theta_1}^{\left(\frac{1}{2}+\frac{1}{p}\right)\pi+\theta_1} P_1(\theta)\,d\theta - E_l. \quad (63)$$

Dagegen ist das mittlere Potential nach Einwirkung der Zündspitze

$$K = \frac{p}{2\pi}\left\{\int\limits_{\left(\frac{1}{2}-\frac{1}{p}\right)\pi+\theta_1}^{\left(\frac{1}{2}-\frac{1}{p}\right)\pi+\theta_1+\delta\theta} P_p\,dy + \int\limits_{\left(\frac{1}{2}-\frac{1}{p}\right)\pi+\theta_1+\delta\theta}^{\left(\frac{1}{2}-\frac{1}{p}\right)\pi+\theta_1} P_1\,dy + \int\limits_{\left(\frac{1}{2}-\frac{1}{p}\right)\pi+\theta_1}^{\left(\frac{1}{2}+\frac{1}{p}\right)\pi+\theta_1} P_1(\theta)\,d\theta\right\} - E_l.$$

Setzt man in die beiden ersten Integrale (62 a) ein und beachtet (62 b) und (63), so erhält man angenähert

$$K = K_0 - \frac{p}{2\pi}\frac{\delta E\delta\theta}{2}. \quad (64)$$

Der mittlere Spannungsabfall erhält also die einfache Form

$$p/2\pi\cdot\delta E\,\delta\,\theta/2\,.$$

Es ist $\delta E\,\delta\,\theta/2$ der Inhalt eines kleinen Dreieckes mit der Basis δE und der Höhe $\delta\theta$, das in Oszillogrammen mitunter gut erkennbar ist[1]). Künftig lassen wir die Größen δE und $\delta\theta$ wegen ihrer Kleinheit gegen die anderen Größen unberücksichtigt.

7. Zur Meßkunde des Gleichrichters.

a) Messung der Spannungen und Ströme.

Über die Spannungs- und Stromverhältnisse im Gleichrichter wurde schon in Kap. 1 und Kap. 6 einiges Allgemeines gesagt. Man wird den arithmetischen Mittelwert des Gleichstromes und der

[1]) Z. B. bei Kleeberg: ETZ 1920.

Anodenströme mit Drehspulinstrumenten, die quadratischen Mittelwerte mit dynamometrischen oder Hitzdrahtinstrumenten, zur Not auch mit Weicheiseninstrumenten messen. Dasselbe gilt für die Effektivwerte der primärseitigen Ströme und Spannungen. Induktionsinstrumente sind zunächst nur zur Messung der sinusförmigen Netzspannung verwendbar.

1. Die Lichtbogencharakteristik. Die statische Lichtbogencharakteristik pflegt man so aufzunehmen, daß man einen regulierbaren Gleichstrom in eine Anode des Vakuumgefäßes einführt und aus der Kathode herausführt und die für die jeweiligen Stromwerte erhaltenen Lichtbogenspannungen aufträgt. Legt man Wert darauf, so kann man den mitgemessenen Ohmschen Spannungsabfall in den Elektroden nach einer gesonderten Widerstandsmessung in Rechnung setzen und abziehen. Die Zündung des Lichtbogens wird man in der üblichen Weise vornehmen; während der Messung ist jedoch eine etwaige Hilfserregung des Lichtbogens auszuschalten ($i > J_{\min}$). Die Lichtbogenspannungen bei tätigem Gleichrichter könnte man dann entnehmen, indem man den quadratischen Mittelwert des Gleichstromes mißt und die zu diesem Stromwerte gehörige Spannung aus der oben erhaltenen Charakteristik abgreift. Doch dieses Verfahren wäre nicht einwandfrei. Denn im tätigen Gleichrichter wird die Kathode dauernd, jede der Anoden aber nur intermittierend belastet, so daß man dort mit anderen Verhältnissen zu rechnen hat als bei der Aufnahme der vorigen Charakteristik. Es gibt jedoch einige Möglichkeiten, die Lichtbogencharakteristik durch Betriebsmessungen am normal tätigen Gleichrichter direkt zu erhalten:

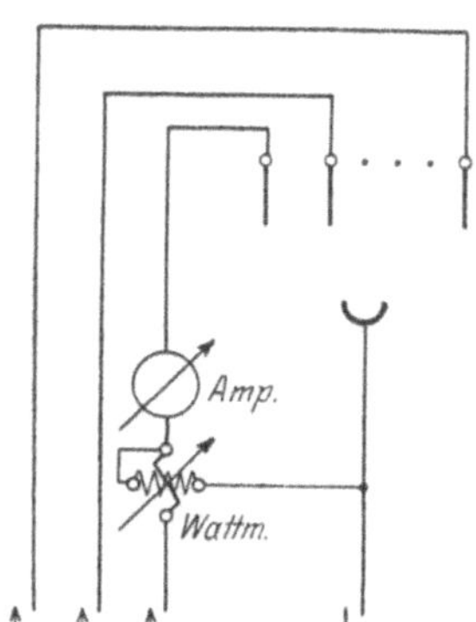

Abb. 10.

I. Man legt die Spannungsspule eines dynamometrischen Wattmeters nach Abb. 10 zwischen Kathode und eine Anode, die Stromspule sowie ein Drehspulamperemeter in die zugehörige Anodenleitung. Den abgelesenen Leistungsverbrauch nennen wir N_l, der Stromwert ist J_{am}. Dann ist die Lichtbogenspannung hinreichend genau

$$E_l = \frac{N_l}{J_{am}}. \qquad (65)$$

Diese Gleichung gilt ganz allgemein, also auch im Falle einer Überlappung. Die Auftragung in der Charakteristik hat in Abhängigkeit von dem quadratischen Mittelwert J_{ge} des Gleichstromes zu geschehen.

Anmerkung: Ist R_l der Widerstand der Elektroden der Kathode und einer Anode, so ist der von dem obigen Wattmeter tatsächlich gemessene Wert

$$\frac{1}{2\pi}\int_0^{2\pi} (E_l + R_l i_a)\, d\theta.$$

Nimmt man E_l als zeitlich konstant an und nennt man die gesamten Verluste im Vakuumgefäße N_v, so erhält man für den vorigen Einzelwert

$$\frac{1}{p} N_v = E_l J_{am} + R_l J_{ae}^2. \tag{66}$$

Legt man Wert darauf, so kann man den darin enthaltenen Betrag der Ohmschen Verluste in Gl. (65) durch Abziehen von $R_l J_{ae}^2 / J_{am}$ in Rechnung setzen.

In der Gleichung (66) ist E_l eine Funktion von J_{ge}, ferner ist J_{am} nicht ohne weiteres proportional zu J_{ae}, denn der Formfaktor f_a des Anodenstromes ist nur in speziellen Fällen eine Konstante[1]).

II. Bei Gleichrichtern ohne Anoden- und ohne Primärdrosseln, in denen die sekundären Transformatorspannungen $e_{s1}, \cdots, e_{sp}$ als rein sinusförmig mit unveränderlicher Amplitude E_s gelten können, bietet sich noch eine zweckmäßigere Methode, während des Betriebes des Gleichrichters die Lichtbogencharakteristik aufzunehmen. Sie verlangt nur ein Voltmeter und ein Amperemeter, die beide Effektivwerte anzeigen.

Die Schaltung ist die in Abb. 11 wiedergegebene. Das Amperemeter liegt im Gleichstromkreise und mißt den Effektivwert J_{ge}. Das Voltmeter liegt mit einem Pole an einer der Anoden, mit dem anderen Pole an einem zweipoligen Umschalter, dessen zwei Pole an der Kathode einerseits und an dem Nullpunkt der sekundären Transformatorseite andererseits anliegen. Man macht jetzt den beiden Schalterstellungen I und II entsprechend zwei Ablesungen; bei der Stellung I mißt man den Effektivwert V_e der momentanen Spannung v zwischen Anode und Kathode, bei der Stellung II mißt man die sekundäre Phasenspannung E_{se}.

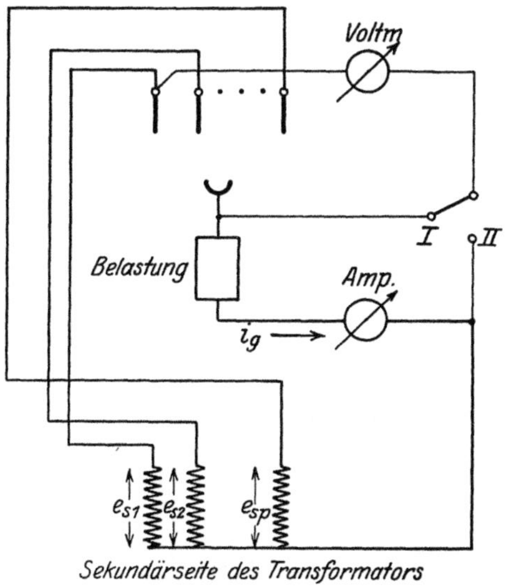

Abb. 11. TWL 8976

Bei der Schalterstellung I hat man

$$V_e^2 = \frac{1}{2\pi} \int_0^{2\pi} v^2 \, d\vartheta;$$

[1]) In dem von Tschudy (Diss.) gemachten Ansatz $A J_{ae} + B J_{ae}^2$ haben daher die Koeffizienten A und B keine physikalische Bedeutung.

dabei ist das Integral der zyklischen Aufeinanderfolge der sich ablösenden Lichtbogen entsprechend in p Einzelintegrale mit den Einzelintervallen $2\pi/p$ zu zerlegen. Zunächst ist

$$e_{s\nu} = E_s \sin\left(\vartheta - \frac{\nu - 1}{p} 2\pi\right), \quad \nu = 1, \cdots, p.$$

Im ersten Intervall brennt ein Lichtbogen an der ersten Anode, im zweiten Intervall an der zweiten Anode usf. Es ist also bei

$$\left(\frac{1}{2} - \frac{1}{p}\right)\pi \leqq \vartheta \leqq \left(\frac{1}{2} + \frac{1}{p}\right)\pi$$

$$v = E_l,$$

$$\left(\frac{1}{2} + \frac{1}{p}\right)\pi \leqq \vartheta \leqq \left(\frac{1}{2} + \frac{3}{p}\right)\pi$$

$$v = E_s \sin\vartheta - E_s \sin\left(\vartheta - \frac{2\pi}{p}\right) + E_l,$$

. . . .

$$\left(\frac{1}{2} + \frac{2\nu - 3}{p}\right)\pi \leqq \vartheta \leqq \left(\frac{1}{2} + \frac{2\nu - 1}{p}\right)\pi$$

$$v = E_s \sin\vartheta - E_s \sin\left(\vartheta - \frac{\nu - 1}{p} 2\pi\right) + E_l,$$

worin $\nu = 1, \cdots, p$ ist. Führt man dann noch das Spannungsverhältnis

$$\varrho = \frac{E_l}{E_s} \tag{67}$$

an Stelle der Lichtbogenspannung E_l ein, so erhält man

$$V_e^2 = \frac{E_s^2}{2\pi} \sum_{\nu=1}^{p} \int\limits_{\left(\frac{1}{2} + \frac{2\nu-3}{p}\right)\pi}^{\left(\frac{1}{2} + \frac{2\nu-1}{p}\right)\pi} \left[\sin\vartheta - \sin\left(\vartheta - \frac{\nu - 1}{p} 2\pi\right) + \varrho\right]^2 d\vartheta$$

$$= E_s^2 (g - h\varrho + \varrho^2) \cdot$$

Darin ist

$$g = \frac{2}{\pi} \sum_{\nu=1}^{p} \sin\frac{2\nu - 1}{p}\pi \cdot \left(\frac{\pi}{p} - \frac{1}{2}\sin\frac{2\pi}{p}\cos\frac{\nu - 1}{p} 2\pi\right),$$

$$h = \frac{4}{\pi}\sin\frac{\pi}{p} \sum_{\nu=1}^{p} \sin^2\frac{\nu - 1}{p}\pi;$$

g und h sind für gegebene Anodenzahlen p feste Zahlenwerte. Man findet für den Zweiphasengleichrichter $(p = 2)$ $g = 1{,}000$ und $h = 1{,}275$, für den Drehstromgleichrichter ($p = 3$) $g = 1{,}206$ und $h = 1{,}655$ und endlich für den Sechsphasengleichrichter ($p = 6$) $g = 1{,}412$ und $h = 1{,}910$. Der gesuchte Effektivwert ist

$$V_e = E_s \sqrt{g - h\,\varrho + \varrho^2}. \tag{68}$$

Bei der Schalterstellung II erhält man dagegen einfach

$$E_{se} = \frac{1}{\sqrt{2}} E_s. \tag{69}$$

Aus den beiden Werten (68) und (69) bilden wir die Verhältniszahl

$$\frac{V_e - E_{se}}{E_{se}} = \sqrt{2(g - h\,\varrho + \varrho^2) - 1}\,. \tag{70}$$

In der Abb. 12 wurde für die drei Fälle $p = 2$, $p = 3$ und $p = 6$ die Verhältniszahl $\varrho = E_{se}/E_s$ in Abhängigkeit von $(V_e - E_{se})/E_{se}$ aufgetragen. Aus ϱ kann man aber ohne weiteres durch Multiplizieren mit $\sqrt{2}\,E_{se}$ die gesuchte Lichtbogenspannung E_l bekommen. Die Kurven dieser Abbildung sind also ohne weiteres für den praktischen Gebrauch verwendbar. Die Genauigkeit der Methode ist eine sehr große, denn etwaige Instrumentenfehler, soweit sie dasselbe Vorzeichen haben, fallen im allgemeinen bei der Differenzbildung $V_e - E_{se}$ heraus, so daß auch eine kleine Differenz großer Werte immer verläßlich bleibt. Die Auftragung der erhaltenen Werte E_l erfolgt in Abhängigkeit von dem gemessenen effektiven Gleichstrom J_{ge}.

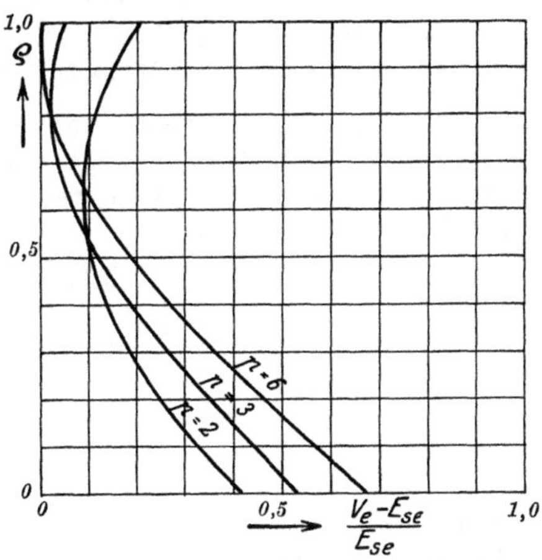

Abb. 12. TWL 8977

Anmerkung 1: Zum Schluß bemerken wir noch, daß die Koeffizienten g und h auch bei wachsender Anodenzahl von der gleichen Größenordnung bleiben, es ist mathematisch interessant, das zu verfolgen. Bezeichnet man in dem obigen Integralausdruck $(V_e/E_s)^2$ mit H, so ergibt sich

$$\lim_{p \to \infty} H = \int_0^1 (2 \sin^2 \pi y - \varrho)^2\, dy$$

$$= \frac{3}{2} - \frac{2}{\pi}\varrho + \varrho^2.$$

Anmerkung 2: Es wurde vorhin gesagt, daß die einfache Aufnahme der Lichtbogencharakteristik mit reinem Gleichstrom bei gleicher Belastung von Anode und Kathode kein richtiges Bild von den Spannungsverhältnissen im Betriebe liefern kann. Um der Wirklichkeit näher zu kommen, versucht man mitunter, den folgenden Weg einzuschlagen. Man stellt der Anodenzahl entsprechend p Gleichstromkreise her, zündet an jeder Anode den zugehörigen Lichtbogen — was nicht ganz leicht ist —, reguliert alle Anodenströme auf Gleichheit, so daß die Kathode jetzt tatsächlich den p-fachen Anodenstrom führt und nimmt eine der Lichtbogenspannungen in Abhängigkeit von dem Kathodenstrom auf. Das Belastungsverhältnis zwischen den Anoden und der Kathode ist jetzt zwar dem Betriebsfalle ähnlich. Da aber jeder Lichtbogen nur den p-ten Teil des Kathodenstromes führt, im Betriebsfalle jedoch jeder Anodenstrom — von Überlappungen abgesehen — den gleichen Momentanwert wie der Gleichstrom besitzt, so würde man bei dieser Anordnung die gemessene Lichtbogenspannung einem Kathodenstrome zuordnen, den der betreffende Lichtbogen gar nicht führt. Man muß daher diese Methode für sehr bedenklich halten.

Die genauesten und bequemsten Meßmethoden sind auf jeden Fall die unter I und II beschriebenen, um so mehr, als der Gleichrichter dabei in seiner normalen Schaltung ungeändert verbleiben kann.

2. Die Welligkeit des Gleichstromes. Ein stationärer pulsierender Gleichstrom läßt sich immer zerlegen in einen reinen Gleichstrom $\mathfrak{A}$ und in eine reine Wechselstrom-Oberwelle $f(\vartheta)$ mit der Periode τ, so daß[1])

$$i_g = \mathfrak{A} + f(\vartheta) \tag{71}$$

und

$$f(\vartheta) = f(\vartheta + \tau),$$

$$\int_0^\tau f(\vartheta)\, d\vartheta = 0 \tag{71a}$$

wird. Die Oberwelle $f(\vartheta)$ hat einen positiven und einen negativen Höchstwert. Die halbe Summe dieser Höchstwerte, den mittleren Höchstwert also nannten wir in Kap. 1 die Pulsation P. Deren Verhältnis zum arithmetischen Mittelwert $J_{gm} = \mathfrak{A}$ des Gleichstromes war die relative Pulsation γ.

Die so richtig definierte Pulsation γ ist aber eine praktisch sehr unzugängliche Größe. Es soll daher eine praktisch zweckmäßigere Meßgröße eingeführt werden, der wir den Namen Welligkeit geben. Es sei die

$$\text{Welligkeit } w_g = \frac{\sqrt{2} \cdot \text{Effektivwert der Oberwelle}}{\text{Arithm. Mittelw. des Gleichstr.}}. \tag{72}$$

Diese Welligkeit besitzt zwei wesentliche Eigenschaften, welche deren Einführung rechtfertigen.

---

[1]) Für den im Gleichrichter erzeugten Gleichstrom war die Periode $\tau = 2\pi/p$.

Zunächst ist eine einfache Relation zwischen w_g und dem Formfaktor f_g des Gleichstromes herstellbar. Es ist nach Gl. (71) und (72)

$$w_g^2 = \frac{2}{\mathfrak{A}^2} \cdot \frac{1}{\tau} \int_0^\tau f(\vartheta)\, d\vartheta.$$

Nach Gl. (71) und (71a) ist aber

$$\frac{1}{\tau}\int_0^\tau f^2(\vartheta)\, d\vartheta = \frac{1}{\tau}\int_0^\tau i_g^2\, d\vartheta - \mathfrak{A}^2$$
$$= (f_g^2 - 1)\, \mathfrak{A}^2.$$

Setzt man noch diesen Wert in die obige Gleichung ein, so erhält man allgemein

$$w_g = \sqrt{2\,(f_g^2 - 1)}. \qquad (73)$$

Ferner stellt sich folgendes heraus: Ist der Gleichstrom rein sinusförmig pulsierend, so wird $w_g = \gamma$, die Welligkeit fällt dann mit der relativen Pulsation γ zusammen[1]). Man hat nämlich dann für Gl. (71)

$$i_g = \mathfrak{A}\left(1 + \gamma \sin \frac{2\pi}{\tau}\vartheta\right)$$

und daraus

$$\sqrt{2\,(f_g^2 - 1)} = \gamma = w_g. \qquad (74)$$

Die beiden Gl. (72) und (73) weisen auf zwei praktische Meßmethoden hin:

Man legt die Sekundärwicklung eines Transformators an ein Wechselstromvoltmeter, die Primärwicklung an einen Nebenschluß in der Gleichstromleitung (Abb. 13a). Dividiert man die Voltmeter-Ablesung durch den gleichfalls gemessenen Gleichstrom-Mittelwert J_{gm}, so erhält man ein Maß für die Welligkeit w_g. Dabei ist vorausgesetzt, daß die Ströme in der Meßschaltung klein sind gegenüber dem Gleichstrome J_{gm}.

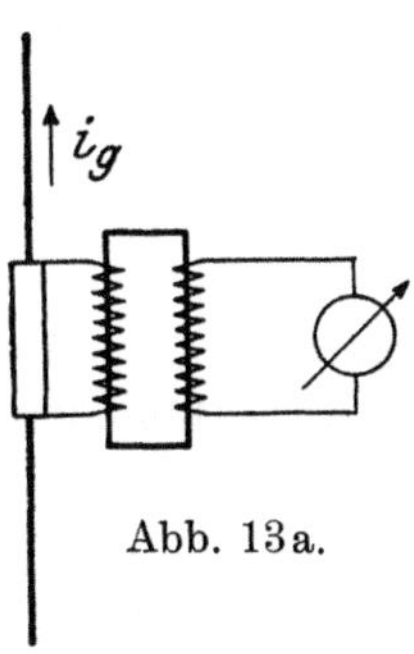

Abb. 13a.

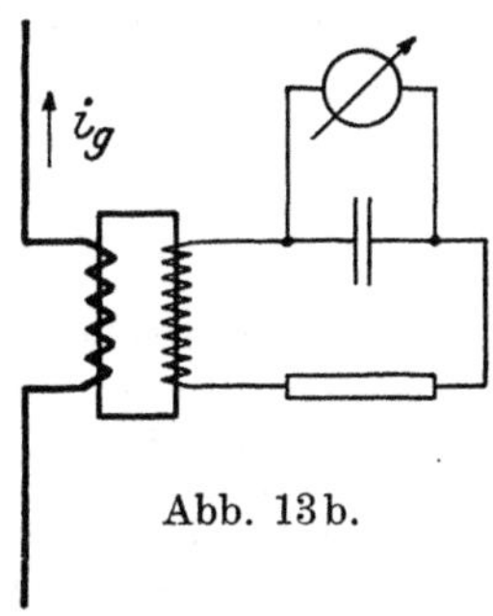

Abb. 13b.

Die Welligkeit aus dem gemessenen Formfaktor des Gleichstromes nach Gl. (73) zu errechnen führt nur dann zu genauen Werten, wenn die Welligkeit groß, also der Formfaktor hinreichend von 1 verschieden ist.

---

1) Das Wort Welligkeit hat Epstein (ETZ 1913) für die Pulsation γ eines rein sinusförmig pulsierenden Gleichstromes gebraucht. Die obige Verallgemeinerung besteht darin, daß wir auch für beliebig pulsierende Gleichströme die Größe $\sqrt{2\,(f_g^2 - 1)}$ die Welligkeit des Gleichstromes von einem Formfaktor f_g nennen.

Für praktische Zwecke ist es auch oft ausreichend, ein Induktions-Amperemeter als Welligkeitsmesser zu benutzen.

Anmerkung: Ein direktzeigender Welligkeitsmesser. Schickt man den Gleichstrom durch die primäre Wicklung eines Stromtransformators, dessen Eisenverhältnisse so gewählt sind, daß ähnlich wie in Gl. (46a) in einem gewissen Meßbereiche die mittlere Induktivität dem arithmetischen Mittel J_{gm} des Gleichstromes umgekehrt proportional wird und legt man ferner an die Sekundärwicklung einen hinreichend großen Ohmschen Widerstand und eine große Kapazität in Serie, so zeigt ein an den Kondensator angelegtes Wechselstromvoltmeter die Welligkeit w_g des Gleichstromes direkt an (Abb. 13b).

3. Die Welligkeit der Anodenströme. Die Welligkeit der Anodenströme soll w_a heißen. Es ist wieder $w_a = \sqrt{2(f_a^2 - 1)}$, wenn f_a den Formfaktor der Anodenströme darstellt. Die Welligkeit der Anodenströme steht zu der des Gleichstromes in einem bestimmten Zusammenhang. Aus Gl. (9) leitet man unter Beachtung von (73) ab, daß man stets hat:

$$w_a \geqq \sqrt{p\, w_g^2 + 2(p-1)}\,.$$

Dabei gilt das Gleichheitszeichen für den Fall keiner Überlappung der Anodenströme.

4. Die Gleichspannung. Unter der Gleichspannung soll die Spannung zwischen den Zuleitungen der gleichstromseitigen Belastung verstanden werden. Der Momentanwert dieser Gleichspannung sei e_g, der arithmetische Mittelwert E_{gm}, der quadratische Mittelwert E_{ge} und der Formfaktor $g = E_{ge}/E_{gm}$. Die Pulsation der Gleichspannung soll δ heißen, die Welligkeit endlich nennen wir $w_e = \sqrt{2(g^2 - 1)}$.

b) Die Messung der Leistungen.

Wir unterscheiden wieder zwischen der Gleichstromseite oder Sekundärseite und zwischen der Wechselstromseite oder Primärseite des Gleichrichters.

1. Die Gleichstromseite. Die Stromspule eines dynamometrischen Wattmeters werde von dem Gleichstrome i_g durchflossen; die Spannungsspule liege zwischen der Kathode und dem Nullpunkt der sekundären Transformatorseite. Das Wattmeter zeigt dann eine Leistung, die L_g heißen soll. Legt man die Spannungsspule des Wattmeters unmittelbar zwischen die Zuleitungen der gleichstromseitigen Belastung, so erhält man die von der Belastung verbrauchte Leistung

$$N_g = \frac{1}{2\pi}\int_0^{2\pi} e_g\, i_g\, d\vartheta\,. \qquad (75)$$

L_g und N_g nennen wir die „gleichstromseitigen" Leistungen. Setzt man $N_g = \eta_g L_g$, so sind $(1 - \eta_g) L_g$ die Ohmschen Verluste zwischen der Kathode und der Belastung sowie zwischen der Belastung und dem Nullpunkt; η_g ist ein Wirkungsgrad.

Von dieser Leistung N_g unterscheiden wir das Produkt

$$\overline{\overline{N}}_g = E_{gm} \cdot J_{gm},$$

das wir die „Gleichstromleistung" nennen wollen[1]). Der gleichstromseitige Leistungsfaktor wird entsprechend

$$\lambda_g = \frac{N_g}{E_{ge} J_{ge}} \tag{76}$$

Es ist somit

$$\overline{\overline{N}}_g = E_{gm} J_{gm} = \frac{\eta_g}{g \cdot f_g \cdot \lambda_g} {}_g L.$$

Wie die Verluste im Vakuumgefäß zu messen sind, wurde schon unter a) 1 gesagt[2]). Die Gesamtverluste waren dort

$$p N_l = E_l J_{gm}.$$

Man pflegt nun gewöhnlich einen speziellen Wirkungsgrad

$$\eta_l = \frac{L_g}{L_g + p N_l} \tag{77}$$

als Lichtbogenwirkungsgrad für sich zu definieren. Ist die Belastung des Gleichrichters eine reine Batteriebelastung, ist die Spannung der zu ladenden Batterie E_b, und setzt man angenähert $L_g = N_g$, so folgt die bekannte Relation

$$\eta_l = \frac{E_b}{E_b + E_l}. \tag{77a}$$

Die vom Transformator sekundärmäßig abgegebene Leistung nennen wir N_s. Durch die Ohmschen Verluste in den Anodenleitungen und etwaigen Anodendrosseln soll diese Leistung auf den Wert $\eta_a N_s$ herabgemindert werden. Dann hat man nach dem vorigen

$$N_s = 1/\eta_l \eta_a \cdot \mathfrak{L}_g$$

und damit

$$E_{gm} J_{gm} = \frac{\eta_g \eta_l \eta_a}{g \cdot f_g \cdot \lambda_g} N_s.$$

Die Leistung N_s wird gemessen, indem man die Stromspule eines dynamometrischen Wattmeters in eine Anodenleitung, die Spannungsspule zwischen die Herausführungen des Nullpunktes und eines Außenleiters der sekundären Transformatorseite legt und den erhaltenen Ablesewert mit der Anodenzahl p multipliziert.

---

[1]) In den Arbeiten von Epstein (ETZ 1913) und von Tschudy (ETZ 1917) wird das mit dem Leistungsfaktor verwandte Verhältnis $N_g/E_{gm} J_{gm}$ eingeführt. Tschudy nennt es „Leistungsverhältnisfaktor" und bezeichnet es mit l. Wir werden von dieser Größe keinen Gebrauch machen.

[2]) Die Verluste im Vakuumgefäß sind von der Periodenzahl des Anodenstromes unabhängig.

2. Die Wechselstromseite. Wie die abgegebene Leistung des Netzes zu definieren ist, wurde schon in Kap. 5 auseinandergesetzt. Ist die Belastung des Netzes symmetrisch, so kann die praktische Messung der Leistung auf zweierlei Weise geschehen, ohne daß ein künstlicher Nullpunkt in Anspruch genommen werden müßte.

I. Man legt das Stromsystem eines beliebigen Wattmeters in einen der Außenleiter, das Spannungssystem einmal zwischen diesen Außenleiter und der vorhergehenden benachbarten Außenleiter und das andere Mal zwischen den ersteren Außenleiter und den nachfolgenden benachbarten Außenleiter. Die zwei entsprechenden Ablesungen sollen α_1 und α_2 ($\alpha_1 > \alpha_2$) heißen. Hat der gewählte mittelste Außenleiter den Index h, so wird nach Gl. (2) und (3)

$$\alpha_1 = \frac{1}{2\pi}\int_0^{2\pi} e_{h-1,h}\, i_{nh}\, d\theta,$$

$$\alpha_2 = \frac{1}{2\pi}\int_0^{2\pi} e_{h,h+1}\, i_{nh}\, d\theta$$

und damit

$$\alpha_1 - \alpha_2 = 4\sin^2\frac{\pi}{q}\cdot\frac{1}{2\pi}\int_0^{2\pi} e_h\, i_{nh}\, d\vartheta$$

und nach Kap. 53

$$\alpha_1 - \alpha_2 = 4\sin^2\frac{\pi}{q}\cdot N'.$$

Da aber die Phasenleistung N' bei symmetrischer Belastung der q-te Teil der Gesamtleistung N_n ist, so erhält man für die gesamte Netzleistung

$$N_n = \frac{q}{4\sin^2\frac{\pi}{q}}(\alpha_1 - \alpha_2).$$

Es ist für

$$q = 3 \qquad \frac{q}{4\sin^2\frac{\pi}{q}} = 1,$$

$$q = 4 \qquad \frac{q}{4\sin^2\frac{\pi}{q}} = 2,$$

$$q = 6 \qquad \frac{q}{4\sin^2\frac{\pi}{q}} = 6.$$

II. Das vorige Ergebnis gibt den Anlaß, die bewegliche Spannungsspule eines dynamometrischen Wattmeters oder die Spannungsspule eines Induktionswattmeters mit zwei gleichen Wicklungen und drei dazugehörigen Zuleitungen auszuführen. Wie Abb. 14 zeigt, sind die beiden Wicklungen so zu schalten, daß die magnetischen Kräfte einander entgegenwirken. Das Wattmeter besitzt dann zwei Stromklemmen und drei Spannungsklemmen, die in der gezeigten Weise anzuschließen sind. Das Wattmeter zeigt direkt die Netzleistung an, die Phasenzahl des Netzes hat man durch Multiplizieren des Skalenwertes mit dem jeweiligen Faktor zu berücksichtigen.

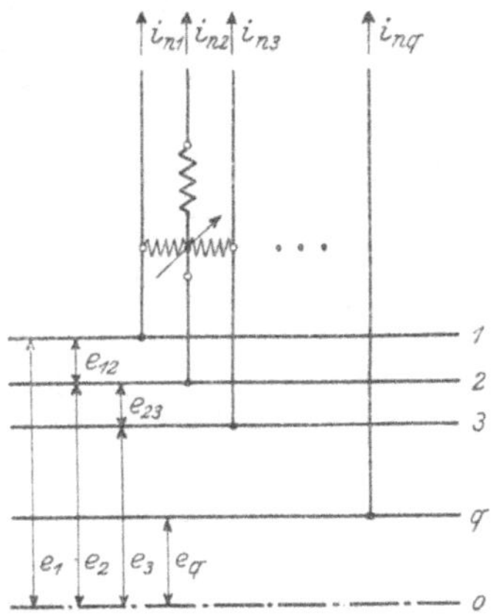

Abb. 14.

Die Angaben der Induktionswattmeter stimmen bei rein sinusförmigem Spannungsverlauf auch bei beliebiger Stromform mit denen der dynamometrischen Wattmeter überein (vgl. Kap. 2 Satz VII).

Ist die Belastung des Netzes nicht symmetrisch, so hat man auch zwei Möglichkeiten, die Messung der Netzleistung vorzunehmen.

I. Die erste Möglichkeit ergibt sich ohne weiteres aus dem vorhin Gesagten. Nur hat man zuletzt dieselbe Messung, die vorhin an dem Stromleiter h und seinen beiden benachbarten Leitern ausgeführt wurde, an jedem der q Außenleiter durchzuführen. Man hat also die Messung q mal auszuführen. Die q Ablesungen mögen $(\alpha_1 - \alpha_2)_h$ heißen $(h = 1, \cdots, q)$. Nach dem vorigen hat man diese Ablesungen

$$\text{bei } q = 3 \text{ mit } \tfrac{1}{3},$$
$$\text{bei } q = 4 \text{ mit } \tfrac{1}{2},$$
$$\text{bei } q = 6 \text{ mit } 1$$

zu multiplizieren, damit man die einzelnen Phasenleistungen N_h' erhält. Es ist ein Vorzug dieser Methode, daß man ein Bild von den einzelnen beteiligten Phasenleistungen bekommt. Hat man ferner noch die Einzelströme J_{nh} gemessen und kennt man den Effektivwert E_l der Netzspannungen und damit weiter die effektive Phasenspannung $E_e' = E'/\sqrt{2} = E_e/2 \sin \dfrac{\pi}{q}$, so kann man nach Gl. (58) die einzelnen Leistungsfaktoren λ_h' und endlich nach (59) den mittleren Leistungsfaktor λ_m ermitteln. Wir holen noch nach, daß

$$\text{bei } q = 3 \quad E_e' = E_e/\sqrt{3},$$
$$\text{bei } q = 4 \quad E_e' = E_e/\sqrt{2},$$
$$\text{bei } q = 6 \quad E_e' = E_e$$

ist.

II. Verzichtet man auf die Kenntnis der einzelnen Phasenleistungen und wünscht man nur die Gesamtleistung des Netzes zu bestimmen, so kann man nach der bekannten Mehrwattmeter-Methode (verallgemeinerte Aronsche Schaltung) vorgehen. Es sind für eine gleichzeitige Messung eines Netzes mit q Außenleitern $q - 1$ Wattmeter erforderlich. Die Schaltung ist dann diese: Die Stromsysteme der $q - 1$ Wattmeter liegen in den $q - 1$ Außenleitern, welche die Indizes $1, 2, \cdots, q - 1$ haben mögen. Der q-te Außenleiter ist also frei. Der eine Pol aller Spannungssyteme ist dann an diesen q-ten Außenleiter anzuschließen, während der andere Pol mit dem jeweiligen Außenleiter zu verbinden ist, in dem das zugehörige Stromsystem des betreffenden Wattmeters liegt. Die einzelnen Ablesungen seien $\alpha_1, \cdots, \alpha_{q-1}$.

Dann hat man

$$\alpha_1 + \cdots + \alpha_{q-1} = \frac{1}{2\pi}\int_0^{2\pi} (e_{q1}\, i_{n1} + \cdots + e_{q,q-1}\, i_{n,q-1})\, d\theta$$

$$= \frac{1}{2\pi}\int_0^{2\pi} \left[(e_1 = e_q)\, i_{n1} + \cdots + (e_{q-1} = e_q)\, i_{n,q-1}\right] d\theta$$

$$= \frac{1}{2\pi}\int_0^{2\pi} (e_1\, i_{n1} + \cdots - e_q\, i_{nq})\, d\vartheta = N_n ,$$

denn es ist $i_{n1} + \cdots + i_{n,q-1} = - i_{nq}$. Man erhält also die Netzleistung, indem man die $q - 1$ Ablesewerte summiert. Hat man außerdem die einzelnen effektiven Phasenströme $J_{n1}, \cdots, J_{nq}$ gemessen und kennt man die effektive Sternspannung E_e', so kann man nach Gl. (60) den Leistungsfaktor des Netzes ausrechnen.

Ist $N_p = \eta_p N_n$ die primärseitige Leistungsaufnahme des Transformators, so sind $(1 - \eta_p) N_n$ die Ohmschen Verluste in den primärseitigen Zuleitungen und in etwaigen Primärdrosselspulen. Die Primärleistung N_p kann man immer nach der Mehrwattmetermethode ermitteln, da diese für beliebige Spannungs- und Stromformen gilt. Sind dagegen die primären verketteten Spannungen am Transformator rein sinusförmig, so darf man auch die unter I beschriebene Methode zu Hilfe nehmen. Zum Schluß nennen wir η_t den Wirkungsgrad des Transformators, so daß der Zusammenhang zwischen der sekundärseitig abgegebenen Leistung und der Netzleistung durch die Gleichung $N_s = \eta_p\, \eta_t\, N_n$ hergestellt ist. Damit ist das Erforderliche zur Meßkunde des Gleichrichters vorbereitet.

c) Bezeichnungen für die Ausnutzung des Transformators.

In der Einleitung wurde schon darauf hingewiesen, daß der Transformator des Gleichrichters infolge seiner unhomogenen Belastung nicht voll ausgenutzt ist. Man muß daher den Transformator für eine größere Leistung dimensionieren, als der tatsächlich abgegebenen Leistung entspricht.

Um hierfür ein für praktische Rechnungen bequemes Maß zu haben, definiert man gewisse Quotienten aus den Scheinleistungen des Transformators und der Gleichstromleistung $\overline{\overline{N}}_g = J_{gm}\, E_{gm}$. Diese gestatten dann, zu einer gegebenen Gleichstromleistung die erforderlichen Abmessungen des Transformators zu errechnen[1]).

Die primäre Scheinleistung des Transformators werde mit $\overline{N}_p$, die sekundäre Scheinleistung mit $\overline{N}_s$, die Scheinleistung des Netzes endlich mit $\overline{N}_n$ bezeichnet. Dann bedeute

$$C_p = \frac{\overline{N}_p}{\overline{\overline{N}}_g}, \tag{78a}$$

$$C_s = \frac{\overline{N}_s}{\overline{\overline{N}}_g} \tag{78b}$$

und

$$C_n = \frac{\overline{N}_n}{\overline{\overline{N}}_g}, \tag{78c}$$

ferner sei

$$C_t = \frac{C_s + C_p}{2}. \tag{78d}$$

Hat man jetzt eine bestimmte Gleichstromleitung $\overline{\overline{N}}_q$ als gegebene Größe, so braucht man diese nur mit C_p oder C_s zu multipliizeren, um die Scheinleistungen zu erhalten, für die man die primäre oder sekundäre Transformatorenwicklung dimensionieren muß.

Das arithmethische Mittel aus C_p und C_s ist der Faktor C_t, welcher für die Bestimmung der Typengröße des Transformators herangezogen wird.

Der Faktor C_n dient zur Beurteilung der Beanspruchung der Netzzuleitungen.

Den Wirkungsgrad des Transformators und des Gleichrichters pflegt man bei allen diesen überschläglichen Rechnungen aus dem Spiel zu lassen, auch pflegt man so sehr vereinfachende Annahmen zu machen, daß die Faktoren (78a—78d) feste Zahlengrößen werden.

Anmerkung 1: Gelegentlich findet man noch zwei weitere Größen im Gebrauch, welche jedoch in unseren obigen enthalten sind. Die erste Größe heißt C_i und ist das Verhältnis des quadratischen Mittelwertes des Gleichstroms zum arithmetischen Mittelwert des Gleichstroms. Die zweite Größe heißt C_e und ist das Verhältnis der effektiven sekundären Transformatorspannung zum arithmetischen Mittelwerte der Gleichspannung. Es ist also

$$C_i = \frac{J_{ae}}{J_{gm}} \tag{78e}$$

und

$$C_e = \frac{E_{se}}{E_{gm}} \tag{78f}$$

[1]) Vgl. dazu S. 204, 205.

Anmerkung 2: Sieht man von Verlusten im Transformator und im Gleichrichter ab, setzt man also alle Wirkungsgrade gleich 1, so gilt für den netzseitigen Leistungsfaktor des Gleichrichters offenbar die Relation

$$\lambda_n = \frac{g f_g}{C_n}, \tag{78 g}$$

darin ist wieder g der Formfaktor der Gleichspannung und f_g der des Gleichstromes[1]).

8. Über den mehrphasigen Transformator mit unhomogener Belastung.

Die Momentanwerte der Ströme in den Primärwicklungen eines mehrphasigen Transformators sollen $i_{p1}, i_{p2}, \cdots, i_{pq}$ heißen, die der Ströme in den Sekundärwicklungen $i_{s1}, i_{s2}, \cdots, i_{sp}$. Dann soll die Belastung des Transformators homogen genannt werden, wenn man stets hat

$$\sum_{i=1}^{q} i_{pi} = 0,$$

$$\sum_{i=1}^{p} i_{si} = 0.$$

Die Belastung soll dagegen unhomogen genannt werden, wenn diese Bedingungen nicht mehr erfüllt sind.

In der Theorie der Wechselströme pflegt man gewöhnlich beide Bedingungen als erfüllt anzusehen. Bei einem Transformator für Gleichrichter ist die zweite der obigen Bedingungen nie erfüllt; die erste Bedingung gilt ferner nur dann, wenn man primärseitig keinen belasteten Nulleiter hat.

Bei Gleichrichtern ist also die Belastung des Transformators immer unhomogen.

Es sollen jetzt die Strom- und Spannungsverhältnisse in einem unhomogen belasteten Transformator näher untersucht werden.

Die Schaltungen, welche man bei einem Mehrphasensystem zu unterscheiden hat, sind die Sternschaltung mit und ohne belastetem Nulleiter, die Ringschaltung[2]) und die Zickzackschaltung. Für unsere Untersuchungen genügt es, wenn wir uns bezüglich der Primärseite auf die Stern- und Ringschaltung beschränken, so daß man primärseitig nur immer eine Wicklung pro Phase hat. Sekundärseitig liegen die Verhältnisse anders, denn dort tritt sowohl die Sternschaltung als auch Zickzackschaltung auf; bei der Zickzackschaltung ist aber schon bei $p = q$ die Zahl der Wicklungen doppelt so groß

---

[1]) Vgl. H. Kaden, Wiss. Veröff. a. d. Siemens Konzern 1923. 3. S. 41f.

[2]) Unter der Ringschaltung versteht man die Verallgemeinerung der Dreieckschaltung für mehrphasige Systeme.

wie die Zahl der Phasen, während bei $p = 2q$ (z. B. Sechsphasengleichrichter) die Zahl der Wicklungen bei Sternschaltung gleich $2q$ und bei Zickzackschaltung sogar gleich $3q$ ist.

Wir behandeln im folgenden nur die prinzipiell wichtigeren Schaltungen. Dabei machen wir von dem Satze Gebrauch, daß das Linienintegral über einen geschlossenen Kraftlinienweg proportional den umschlungenen Amperewindungen ist. In unseren Fällen verläuft der Kraftlinienweg wesentlich im Eisen, ferner setzt er sich praktisch aus Stücken gleicher Länge zusammen, in denen die Induktion des Eisens die konstanten Werte $\mathfrak{B}_1, \mathfrak{B}_2, \cdots, \mathfrak{B}_q$ hat. Wir lassen jetzt an Stelle der in dem obigen Linienintegral stehenden Feldstärken $\mathfrak{H}_1, \mathfrak{H}_2, \cdots \mathfrak{H}_q$ jene Induktionen treten[1]), ferner bezeichnen wir das Übersetzungsverhältnis oder das Verhältnis der Windungszahl einer sekundärseitigen und einer primärseitigen Wicklung mit z. Dann läßt sich der obige Satz in der Form

$$\sum_i \mathfrak{B}_i = c\left(\sum_k i_{pk} - z\sum_l i_{sl}\right), \quad i, k, l = 1.2, \cdots$$

schreiben, worin c ein zeitlich konstanter Faktor ist. Später schreiben wir $L_t = n_p\, q\, 10^{-8} \cdot c$, worin n_p die Windungszahl einer Primärwicklung und q deren Eisenquerschnitt ist und nennen dann L_t die mittlere Induktivität des Transformators.

Die Frage der magnetischen Verkettung des Transformators wurde zunächst noch offen gelassen. Man unterscheidet verkettete und unverkettete Transformatoren. Der unverkettete Transformator, welchen wir der Einfachheit wegen nachher zuerst behandeln, besteht aus einzelnen magnetisch voneinander getrennten Einphasentransformatoren. Der verkettete oder mehrschenklige Transformator dagegen hat einen gemeinsamen Eisenkern aus mehreren Schenkeln, die durch zwei Joche untereinander verkettet sind. Während bei dem unverketteten Transformator die einzelnen Induktionen $\mathfrak{B}_i$ in beliebiger Weise verschieden sein dürfen, ist dies bei dem verketteten Transformator nicht mehr der Fall. Bei diesem muß die Summe aller magnetischen Flüsse verschwinden, es muß also die Summe

$$\sum_i \mathfrak{B}_i$$

entweder bei vernachlässigbarer Streuung ebenfalls verschwinden, da alle Querschnitte der Schenkel denselben Wert haben, oder diese Summe muß im Falle vorhandener Streuung einer dem Streuflusse entsprechenden Größe gleich werden.

Die Zahl der Schenkel eines verketteten Transformators oder die Zahl der Einphasenkerne für einen unverketteten Transformator

[1]) Dies heißt nach den Ausführungen des Kap. 4 offenbar noch nicht, daß die entsprechenden Permeabilitäten $\mu_1, \mu_2, \cdots, \mu_q$ als konstant angenommen werden, sondern nur, daß wir diese gleich einer einzigen Größe setzen, welche nachher wieder die Rolle einer zeitlich konstanten magnetischen Ergiebigkeit übernimmt.

nennen wir die Phasenzahl des Transformators und bezeichnen sie mit r[1]).

Anmerkung: Schreibt man eine der primärseitigen Transformatorspannungen in der Form $L_t \frac{d\,i_l}{dt}$, so nennt man i_l den zugehörigen Leerlaufstrom. Daraus erkennt man, daß eine Vernachlässigung des Leerlaufstromes darauf hinausläuft, die Induktivität L_t des Transformators als unendlich groß anzunehmen.

a) Der mehrphasige unverkettete Transformator ohne Streuung.

Hier liegen die Verhältnisse sehr einfach. Wie man aus der Abb. 15a erkennt, hat man bei sekundärseitiger Sternschaltung

$$\mathfrak{B}_i = c\,(i_{p\,i} - z\,i_{s\,i}), \quad i = 1, \cdots, r$$

und nach Abb. 15b bei sekundärseitiger Zickzackschaltung

$$\mathfrak{B}_i = c\,[i_{p\,i} - z\,(i_{s\,i} - i_{s,\,i+1})].$$

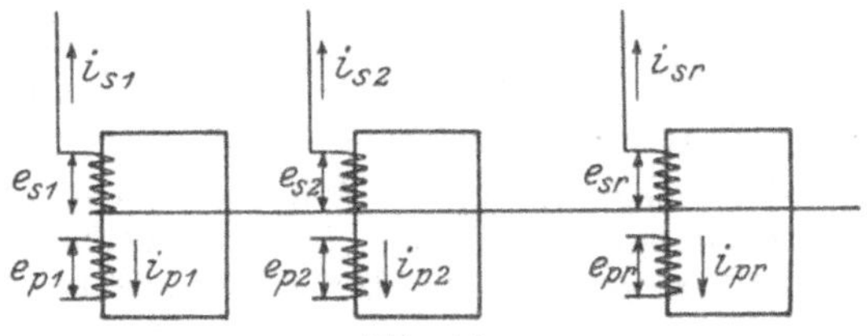

Abb. 15a.

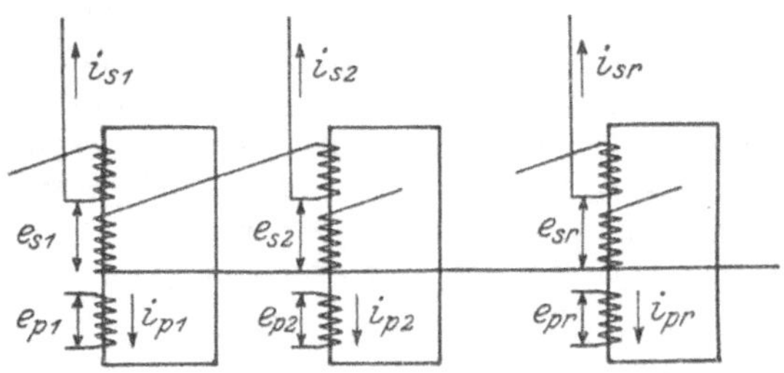

Abb. 15b. TWL 8979

Bezeichnet man dann die primärseitigen Spannungen mit $e_{p1}, \cdots, e_{pr}$, die sekundärseitigen Sternspannungen mit $e_{s1}, \cdots, e_{sr}$, so erhält man somit im ersten Falle $e_{si} = z\,e_{pi}$ und damit

$$e_{s\,i} = z\,e_{p\,i} = z\,L_t \frac{d}{dt}(i_{p\,i} - z\,i_{s\,i}), \tag{79 a}$$

[1]) Bei dem verketteten Transformator scheidet der Fall $r = 1$ aus, ferner hat man für $r = 2$ den Fall des Einphasentransformators, der offenbar ebenfalls ausscheidet; somit verbleibt nur $r = 3, 4, \cdots$ usw. Bei dem unverketteten Transformator scheidet der Fall $r = 2$ aus; also hat man hier $r = 1, 3, 4, \cdots$ usw.

im anderen Falle dagegen $e_{si} = z(e_{pi} - e_{p,i-1})$ und damit

$$e_{pi} = L_t \frac{d}{dt}\left[i_{pi} - z(i_{si} - i_{s,i+1}\right]$$

und

$$e_{si} = z L_t \frac{d}{dt}\left[i_{pi} - i_{p,i-1} - z(i_{s,i-1} + 2\,i_{si} - i_{s,i+1})\right]. \tag{79b}$$

b) Der mehrphasige verkettete Transformator ohne Streuung.

Auch hier sollen wieder die sekundärseitige Sternschaltung und die sekundärseitige Zickzackschaltung behandelt werden.

1. Das Schema für die sekundärseitige Sternschaltung zeigt die Abb. 16a. Aus dieser Abb. entnimmt man zunächst, wenn man die Kraftlinienwege über die Schenkel 1, 2; 1, 3; ⋯; 1, r nimmt,

$$\mathfrak{B}_1 - \mathfrak{B}_2 = c\,[i_{p1} - i_{p2} - z(i_{s1} - i_{s2})],$$

$$\ldots\ldots\ldots\ldots\ldots$$

$$\mathfrak{B}_1 - \mathfrak{B}_r = c\,[i_{p1} - i_{pr} - z(i_{s1} - i_{sr})].$$

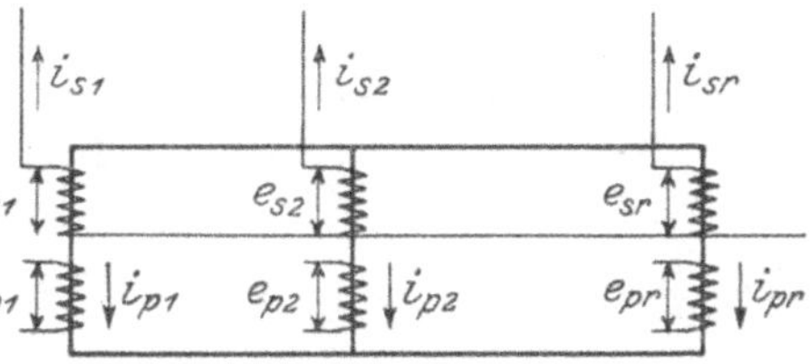

Abb. 16a.

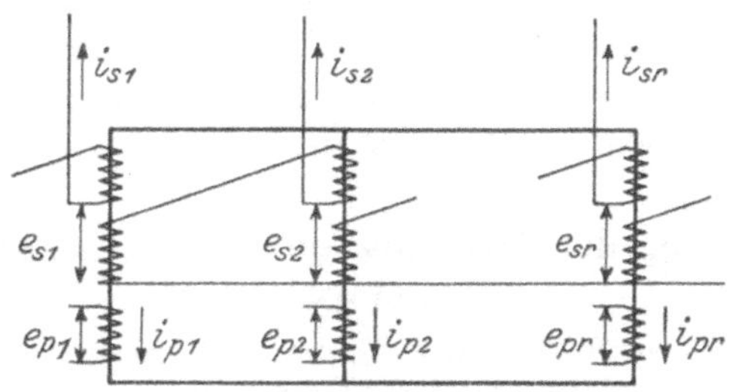

Abb. 16b. TWL 8980

Addiert man diese Gleichungen und beachtet man ferner, daß $\sum \mathfrak{B}_i = 0$ ist, so erhält man nach Division durch r

$$\mathfrak{B}_1 = c\left[i_{p1} - z\,i_{s1} - \frac{1}{r}\sum_{k=1}^{r}(i_{pk} - z\,i_{sk})\right],$$

woraus man sofort die primärseitige Spannung e_{p1} und die sekundärseitige $e_{s1} = z\,e_{p1}$ entnehmen kann. Ersetzt man den Index 1 durch den allgemeinen i, so bekommt man

$$e_{si} = z\,e_{pi} = L_t \frac{d}{dt}\left[i_{pi} - z i_{si} - \frac{1}{r}\sum_{k=1}^{r}(i_{ph} - z\,i_{sk})\right]. \tag{80a}$$

2. Das Schema für die sekundärseitige Zickzackschaltung zeigt die Abb. 16b. Aus dieser Abbildung entnimmt man zunächst wieder entsprechend wie vorhin

$$\mathfrak{B}_1 - \mathfrak{B}_2 = c\,[i_{p1} - i_{p2} - z\,(i_{s1} - i_{s2} - i_{s2} + i_{s3})]\,,$$
$$\cdots\cdots\cdots\cdots\cdots\cdots\cdots\cdots$$
$$\mathfrak{B}_1 - \mathfrak{B}_r = c\,[i_{p1} - i_{pr} - z\,(i_{s1} - i_{s2} - i_{sr} + i_{s1})]\,.$$

Addiert man wieder diese Gleichungen und beachtet man wieder, daß $\sum \mathfrak{B}_i = 0$ ist, so erhält man nach Division durch r

$$\mathfrak{B}_1 = c\left[i_{p1} - z\,(i_{s1} - i_{s2}) - \frac{1}{r}\sum_{k=1}^{r} i_{pk}\right],$$

woraus man wieder sofort die primärseitige Spannung e_{s1} erhalten kann. Ersetzt man dann den Index 1 durch den allgemeinen i, und beachtet man schließlich noch, daß die sekundärseitigen Sternspannungen $e_{si} = z\,(e_{pi} - e_{p,\,i-1})$ werden, so bekommt man

$$e_{pi} = L_t \frac{d}{dt}\left[i_{pi} - z\,(i_{si} - i_{s,\,i+1}) - \frac{1}{r}\sum_{k=1}^{r} i_{pk}\right]$$

und (80)

$$e_{si} = z L_t \frac{d}{dt}\left[i_{pi} - i_{p,\,i-1} - z\,(i_{s,\,i-1} + 2 i_{si} - i_{s,\,i+1})\right].$$

Man erkennt daraus, daß bei sekundärseitiger Zickzackschaltung der verkettete und der unverkettete Transformator bezüglich der sekundärseitigen Sternspannungen einander gleichwertig werden.

Ist ferner die Belastung eine homogene, so sind der verkettete und der unverkettete Transformator immer einander gleichwertig.

c) Formulierung der Streuung des mehrphasigen verketteten Transformators.

In den vorigen Rechnungen haben wir stillschweigend eine Annahme gemacht, welche darauf hinausläuft, den verketteten Transformator als schenkelsymmetrisch vorauszusetzen, so daß keiner der Schenkel im magnetischen Sinne vor den anderen Schenkeln bevorzugt ist. Hätte man diese Annahme nicht gemacht, so hätte man die tatsächlich nicht einander gleichen Längen der Kraftlinienwege in Rechnung setzen müssen und hätte erhebliche Komplikationen erhalten.

Einen schenkelsymmetrischen Eisenkern, durch den wir uns den tatsächlichen Eisenkern eines mehrschenkligen verketteten Transformators für die Rechnung ersetzt denken, zeigt die Fig. 17a. Es handelt sich jetzt weiter darum, durch ähnlich vereinfachende Annahmen die Streuung der magnetischen Flüsse für die Rechnung zu formulieren.

Die Streuung des mehrschenkligen verketteten Transformators sei gekennzeichnet durch eine dimensionslose Größe s $(0 \leqq s \leqq 1)$ derart, daß für den streuungslosen Fall $s = 0$ wird und daß das Extrem $s = 1$ dem Falle entspricht, bei welchem der in jedem Schenkel bestehende magnetische Fluß im wesentlichen nur noch durch Streuung außerhalb der übrigen Schenkel geschlossen wird, sodaß also die Verkettung des Transformators praktisch aufhört zu existieren.

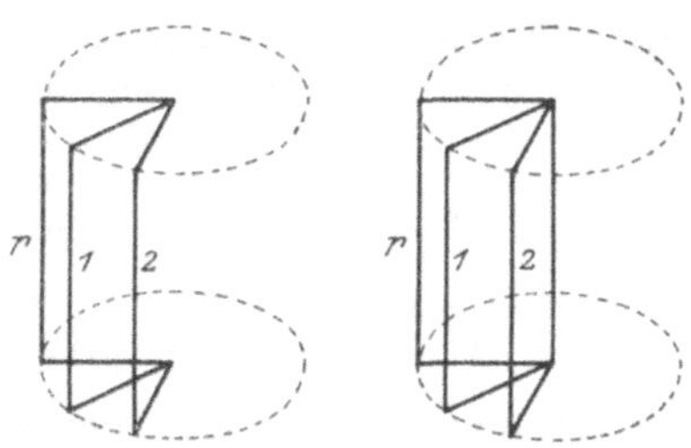

Abb. 17 a. Abb. 17 b.

Um dieser Formulierung zu entsprechen, denken wir uns in der Symmetrieachse des Eisenkernes der Abb. 17a einen Eisensteg von der gleichen Länge der Schenkel, dessen Querschnitt jedoch das α-fache des Querschnittes der Schenkel betragen soll[1]) (vgl. Fig. 17b). Dann hat man nach dem obigen offenbar $\alpha = 0$ für $s = 0$ und $\alpha = \infty$ für $s = 1$. Demzufolge setzen wir

$$\alpha = \frac{s}{1-s}.$$

1. Wir beschränken uns jetzt zunächst auf den Fall der sekundärseitigen Sternschaltung. Wählt man dann als einzuschlagende Kraftlinienwege jeweils den Hinweg durch einen der Schenkel und den Rückweg durch den genannten Eisensteg und nennt man die Induktion in diesem Eisensteg $\mathfrak{B}_s$, so erhält man die folgenden Gleichungen

$$\mathfrak{B}_1 - \mathfrak{B}_s = c\,(i_{p1} - z i_{s1}),$$
$$\ldots\ldots\ldots\ldots$$
$$\mathfrak{B}_r - \mathfrak{B}_s = c\,(i_{pr} - z i_{sr}).$$

Die Bedingung, daß die Summe aller magnetischen Flüsse einschließlich des Streuflusses verschwinden muß, verlangt, daß

$$\sum_{k=1}^{r} \mathfrak{B}_k + \alpha\,\mathfrak{B}_s = 0$$

wird, wofür man auch schreiben kann

$$\mathfrak{B}_s = -\frac{1-s}{s} \sum_{k=1}^{r} \mathfrak{B}_k.$$

Setzt man diesen Wert für $\mathfrak{B}_s$ in die obigen Gleichungen ein, so erhält man nach einiger Umformung und wenn man ferner noch zur Abkürzung in verständlicher Weise

$$\mathfrak{J}_i = c\,(i_{pi} - z i_{si}), \quad i = 1, \ldots, r$$

[1]) Die hierin steckenden Ungenauigkeiten sollen außer acht bleiben, da es sich hier nur um eine gewisse Veranschaulichung handeln soll.

schreibt, die folgenden Gleichungen

$$\mathfrak{B}_i + (1-s)\sum_{k \neq i} \mathfrak{B}_k = \mathfrak{J}_i s\,,$$

$$i = 1, \cdots, r\,.$$

Diese r Gleichungen wollen wir jetzt nach den $\mathfrak{B}_i$ auflösen. Zunächst bilden wir aus ihnen das symmetrische Schema

$$\begin{array}{rcl} \mathfrak{B}_1 + (1-s)\mathfrak{B}_2 + \cdots + (1-s)\mathfrak{B}_2 &=& \mathfrak{J}_1 s\,, \\ (1-s)\,\mathfrak{B}_1 + \mathfrak{B}_2 + \cdots + (1-s)\mathfrak{B}_r &=& \mathfrak{J}_2 s\,, \\ \cdots\cdots\cdots\cdots\cdots\cdots\cdots\cdots \\ (1-s)\,\mathfrak{B}_1 + (1-s)\mathfrak{B}_2 + \cdots + \mathfrak{B}_r &=& \mathfrak{J}_r s\,. \end{array}$$

Die Lösungen dieser Gleichungen lassen sich zunächst in der Form

$$\mathfrak{B}_i = \frac{\Delta_i}{\Delta}$$

schreiben. Darin ist Δ die Determinante des obigen Gleichungssystems, und Δ_i sind diejenigen Determinanten, welche man erhält, wenn man in Δ die i-te Kolonne durch die Kolonne der $\mathfrak{J}_i s$ ersetzt.

Zunächst ist die symmetrische Determinante Δ leicht berechenbar, man bekommt nämlich

$$\Delta = \begin{vmatrix} 1 & (1-s) \cdots (1-s) \\ \cdots\cdots & \cdots\cdots \\ (1-s) & (1-s) \cdots \quad 1 \end{vmatrix}$$

$$= [1 + (r-1)(1-s)]\, s^{r-1}\,.$$ [1]

Die Determinanten Δ_i lassen sich in der Form

$$\Delta_i = s \sum_{k=1}^{r} \beta_{ik}\, \mathfrak{J}_k$$

darstellen.

Scheidet man zunächst aus den Δ_i den Faktor s aus, so erhält man

$$\Delta_i = s \begin{vmatrix} 1 & (1-s) \cdots \mathfrak{J}_1 \cdots (1-s) \\ \cdots\cdots & \cdots\cdots \\ (1-s) & (1-s) \cdots \mathfrak{J}_r \cdots \quad 1 \end{vmatrix}$$

Somit sind die Koeffizienten β_{ik} diejenigen mit dem Faktor $(-1)^{i-k}$ zu multiplizierenden Unterdeterminanten, welche man aus der Determinante Δ erhält, wenn man in ihr die i-te Zeile und die k-te Kolonne unterdrückt. Diese Unterdeterminanten wollen wir mit δ_{ik} bezeichnen.

Zunächst erkennt man aus dem vorgeschriebenen Bildungsgesetz, daß für $i = k$ die δ_{ik} einen gleichen Wert δ annehmen; es ist nämlich

[1]) Vgl. Fischer, B.: Determinanten (S. Göschen), § 13, Beispiel 6.

$$\delta_{ii} = \delta = \begin{vmatrix} 1 & (1-s) & \ldots & (1-s) \\ \cdot & \cdot & \cdot & \cdot \\ (1-s) & (1-s) & \ldots & 1 \end{vmatrix},$$

es hat also δ dieselbe Form wie Δ, nur ist sein Grad um 1 niedriger; somit wird, da $(-1)^{i+i} = 1$ ist,

$$\beta_{ii} = \delta = [1 + (r-2)(1-s)]\, s^{r-2}.$$

Von den β_{ik} für $i \neq k$ läßt sich gleichfalls zeigen, daß sie alle einen gleichen Wert haben. Setzen wir $i > k$ voraus, so sind die δ_{ik} gewisse $r-1$ reihige Determinanten von sonst gleicher Form wie δ, deren $i-1$-te Zeile und k-te Kolonne jedoch nur die Größen $1-s$ enthalten. Sie lassen sich alle durch $i-2$ Transpositionen der Zeilen und $k-1$ Transpositionen der Kolonnen auf die Form

$$(-1)^{i-2+k-1}\,\delta' = (-1)^{i+k+1}\,\delta'$$

bringen, worin

$$\delta' = \begin{vmatrix} (1-s) & (1-s) & (1-s) & \ldots & (1-s) \\ (1-s) & 1 & (1-s) & \ldots & (1-s) \\ \cdot & \cdot & \cdot & \cdot & \cdot \\ (1-s) & (1-s) & (1-s) & \ldots & 1 \end{vmatrix}$$

$$= (1-s)\, s^{r-2}\ ^{1)}$$

ist. Ist jedoch $i < k$, so gelten die gleichen Überlegungen, nur mit vertauschten Indizes i und k. Man erhält also allgemein

$$\beta_{ik} = (-1)^{i+k+1+i+k}\,\delta' = -(1-s)\, s^{r-2}.$$

Setzt man jetzt noch die für die β_{ik} gefundenen Werte in den obigen Ausdruck für die Δ_i ein, so wird

$$\Delta_i = s\,(\beta_{ii} J_i + \sum_{k \neq i} \beta_{ik} J_k)$$

$$= [1 + (r-2)(1-s)]\, s^{r-1} J_i - (1-s)\, s^{r-1} \sum_{k \neq i} J_k$$

und damit bei den ursprünglichen Bezeichnungen

$$\mathfrak{B}_i = c \left[\frac{1+(r-2)(1-s)}{1+(r-1)(1-s)}\,(i_{pi} - z\, i_{si})\right.$$

$$\left. - \frac{1-s}{1+(r-1)(1-s)} \sum_{k \neq i} (i_{pk} - z\, i_{sk})\right)$$

$$= k \left[i_{pi} - z\, i_{si} - \frac{1-s}{r-(r-1)s} \sum_{k+1}^{r} (i_{pk} - z\, i_{sk}) \right].$$

---

[1]) Vgl. Fischer: l. c.

Für die auf der Primärseite des Transformators induzierten Spannungen e_{pi} und entsprechend für die sekundärseitigen Stromspannungen $e_{si} = z e_{pi}$ erhält man somit

$$e_{si} = z\, e_{pi} = L_t \frac{d}{dt}\left[i_{pi} - z\, i_{si} - \frac{1-s}{r-(r-1)s} \sum_{k=1}^{r} (i_{pk} - z\, i_{sk})\right]. \quad (81\text{a})$$

2. Für den Fall der sekundärseitigen Zickzackschaltung hat man einfach i_{si} durch $i_{si} - i_{s,i+1}$ zu ersetzen. Dann bekommt man, wenn man wieder $e_{si} = z(e_{pi} - e_{p,i-1})$ beachtet,

$$e_{pi} = L_t \frac{d}{dt}\left[i_{pi} - z(i_{si} - i_{s,i+1}) - \frac{1-s}{r-(r-1)s} \sum_{k=1}^{r} i_{pk}\right]$$

und $$e_{si} = z L_t \frac{d}{dt}\left[i_{pi} - i_{p,i-1} - z(i_{s,i-1} + 2\, i_{si} - i_{s,i+1}\right]. \quad (81\text{b})$$

Man erkennt aus diesen Gleichungen, daß die Bemerkungen am Schlusse von Absatz b) 2 auch hier gelten.

Ferner überzeugt man sich leicht, daß die Gleichungen (81) für den streuungslosen Fall ($s = 0$) in die in Absatz 2 abgeleiteten Gleichungen (80) übergehen und daß man ferner für den Fall ausschließlicher Streuung ($s = 1$) die in Absatz b abgeleiteten Gleichungen (79) erhält, so daß demnach unsere zu Anfang aufgestellte Forderung in der Tat erfüllt ist [1]).

d) Über die Stromverhältnisse im Transformator bei vernachlässigbaren Leerlaufströmen.

Das Vernachlässigen der Leerlaufströme gegenüber den primärseitigen und sekundärseitigen Strömen erfolgt bekanntlich durch Nullsetzen der in den obigen Spannungsgleichungen stehenden Strombeträge.

Zu 1. Bei unverkettetem Transformator erhält man somit als Relationen zwischen den primärseitigen und sekundärseitigen Strömen für den Fall der sekundärseitigen Sternschaltung

$$i_{pi} = z\, i_{si}$$

---

[1]) Es sei hier bemerkt, daß die Streuung des Transformators zwei verschiedene Wirkungen äußert. Die eine Wirkung besteht in der Verminderung der Intensität der sekundären Spannungen und Ströme, die andere Wirkung äußert sich in der Änderung der Stromverteilung in den Leitern.

Die Änderung der Stromverteilung ist es, welche uns hier für den Fall des Gleichrichters zunächst interessiert, und zwar die Änderung der Stromverteilung in dem primären Wechselstromnetze. Daher lassen wir die Änderung der Intensität der sekundären Spannungen und Ströme, welche man dadurch berücksichtigen müßte, daß man die Induktivität L_t des Transformators als Funktion der Streuung in der Form $L_t(s)$ ansetzt, hier für die mehr qualitativen Untersuchungen unbeachtet.

Ist der Transformator homogen belastet, so ruft die Streuung keine Änderung der Stromverteilung hervor. Daher kommt es, daß in den elementaren Rechnungen der Transformatortheorie nur von der Änderung der Intensität der Spannungen und Ströme die Rede ist.

und für den Fall der sekundärseitigen Zickzackschaltung

$$i_{pi} = z(i_{si} - i_{s,i+1}).$$

Zu 2. Bei verkettetem Transformator ohne Streuung erhält man für den Fall der sekundärseitigen Sternschaltung

$$i_{pi} - \frac{1}{r}\sum_{k=1}^{r} i_{pk} = z\left(i_{si} - \frac{1}{r}\sum_{k=1}^{r} i_{sk}\right)$$

und für den Fall der sekundärseitigen Zickzackschaltung

$$i_{pi} - \frac{1}{r}\sum_{k=1}^{r} i_{pk} = z(i_{si} - i_{s,i+1}).$$

Ein Beispiel: Es sei primärseitig kein belasteter Nulleiter vorhanden, so daß man $\sum i_{pk} = 0$ hat; ferner seien alle sekundärseitigen Ströme i_{si} gleich Null, bis auf den Strom i_{s1}; dieser aber sei gleich dem Gleichstrom i_g im Gleichrichter. Unter diesen Umständen entnimmt man aus den vorhergehenden Gleichungen für den Fall sekundärseitiger Sternschaltung[1])

$$i_{p1} = \frac{r-1}{r} z\, i_g,$$

$$\underset{(i \neq 1)}{i_{pi}} = -\frac{z}{r} i_g$$

und für den Fall sekundärseitiger Zickzackschaltung

$$i_{p1} = z\, i_g,$$

$$i_{pr} = -z\, i_g,$$

$$\underset{\left(\substack{i \neq 1 \\ \neq r}\right)}{i_{pi}} = 0.$$

Zu 3. Bei verkettetem Transformator mit Streuung erhält man für den Fall der sekundärseitigen Sternschaltung

$$i_{pi} - \frac{1-s}{r-(r-1)s}\sum_{k=1}^{r} i_{pk} = z\left(i_{si} - \frac{1-s}{r-(r-1)s}\sum_{k=1}^{r} i_{sk}\right)$$

und für den Fall der sekundärseitigen Zickzackschaltung

$$i_{pi} - \frac{1-s}{r-(r-1)s}\sum_{k=1}^{r} i_{pk} = z(i_{si} - i_{s,i+1}).$$

e) Über die unvollkommene Kopplung von Drosselspulen.

Es kann mitunter der Fall eintreten, daß man Drosselspulen, welche in den Leitungen eines Wechselstromnetzes oder bei Gleichrichtern in den Anodenleitungen eingeschaltet sind, magnetisch kop-

[1]) Dieselben Gleichungen dieses Beispieles hat auch H. Kaden (l. c.) abgeleitet.

pelt; es ist daher von Interesse, etwas über die dadurch veränderten Stromverhälnisse zu erfahren. Die in Absatz c) 1 abgeleiteten Gleichungen lassen ohne weiteres eine Anwendung auf dieses Problem zu.

Zunächst denken wir uns einen r-schenkligen Transformatorkern, der auf jedem Schenkel eine Wicklung tragen soll. Die r-Wicklungen sollen von den Strömen $j_1, j_2, \cdots, j_r$ durchflossen werden. Dann erhält man für die in diesen Wicklungen induzierten Spannungen $p_1, p_2, \cdots, p_r$ offenbar die folgenden Ausdrücke

$$p_i = L\frac{d}{dt}\left(j_i - \frac{1-s}{r-(r-1)s}\sum_{k=1}^{r} j_k\right). \tag{82}$$

Darin ist wie immer der Streufaktor s eine Funktion der Stromverhältnisse und nur als zeitlich konstant angenommen.

Die Kopplung der Wicklungen heißt vollkommen, wenn $s = 0$ ist; dagegen hört die Kopplung auf für den Fall ausschließlicher Streuung, also für $s = 1$. Ferner wird die Kopplung illusorisch, wenn man $\sum j_k = 0$ hat.

Die praktisch vorkommenden Fälle sind die Fälle mit zwei und die mit drei Drosselspulen ($r = 2$ und 3).

1. Im ersteren Falle hat man in der Regel einen Einphasenkern, der in seiner Mitte von einem dritten Eisenschenkel unter Zwischenschaltung einer Luftstrecke durchsetzt wird. Hier hat man es somit mit einer definierten Streuung zu tun. Für die in den zwei Wicklungen induzierten Spannungen erhält man übrigens nach der obigen Gleichung, wenn man nach $\frac{L}{2-s} = \overline{L}$ setzt,

$$\begin{aligned} p_1 &= \overline{L}\frac{d}{dt}[j_1 - (1-s)j_2], \\ p_2 &= \overline{L}\frac{d}{dt}[j_2 - (1-s)j_1]. \end{aligned} \tag{82a}$$

2. Im zweiten Falle hat man es mit einem Dreiphasenkern zu tun, der auf jedem seiner Schenkel eine Drosselspulwicklung trägt. Die Streuung ist hier allgemein nicht mehr besonders definiert. Für die hier in den Wicklungen induzierten Spannungen erhält man, wenn man $\frac{2-s}{3-2s}L = \overline{L}$ setzt,

$$\begin{aligned} p_1 &= \overline{L}\frac{d}{dt}\left(j_1 - \frac{1-s}{2-s}(j_2 + j_3)\right), \\ p_2 &= \overline{L}\frac{d}{dt}\left(j_2 - \frac{1-s}{2-s}(j_3 + j_1)\right). \\ p_3 &= \overline{L}\frac{d}{dt}\left(j_3 - \frac{1-s}{2-s}(j_1 + j_2)\right). \end{aligned} \tag{82b}$$

Über die Wirkung einer Kopplung von Drosselspulen wird in dem nächsten Abschnitte einiges gesagt werden.

Zweiter Abschnitt.

Das Reduktionsproblem.

9. Die Normalform des Gleichrichters.

Die Gesamtheit der verschiedenen Arten der Quecksilberdampfgleichrichter läßt sich in übersichtlicher Weise nur so behandeln, daß man von einer gewissen Normalschaltung ausgeht und nachweist, daß die speziellen Formen der vorkommenden Gleichrichterschaltungen in dieser Normalform enthalten sind. Wir sagen dann, der gegebene Gleichrichter sei in die Normalform reduzierbar und nennen das Problem das Reduktionsproblem. Die Normalschaltung selbst ergibt sich in folgender Weise:

Gegeben sei ein symmetrisches Wechselstromnetz mit belastbarem Nulleiter. Die Anzahl der Außenleiter des Netzes sei p ($p = 2, 3, \ldots$). Der gemeinsame Scheitelwert der zwischen den Außenleitern und dem Nulleiter herrschenden Sinusspannungen $v_1, \cdots, v_p$ sei V. In ähnlicher Weise wie in Gl. (3) hat man dann

$$
\begin{aligned}
v_1 &= V \sin \vartheta \\
&\ldots\ldots\ldots\ldots \\
v_h &= V \sin\left(\vartheta - \frac{h-1}{p} 2\pi\right) \\
&\ldots\ldots\ldots\ldots \\
v_p &= V \sin\left(\vartheta + \frac{2\pi}{p}\right)
\end{aligned}
\tag{83}
$$

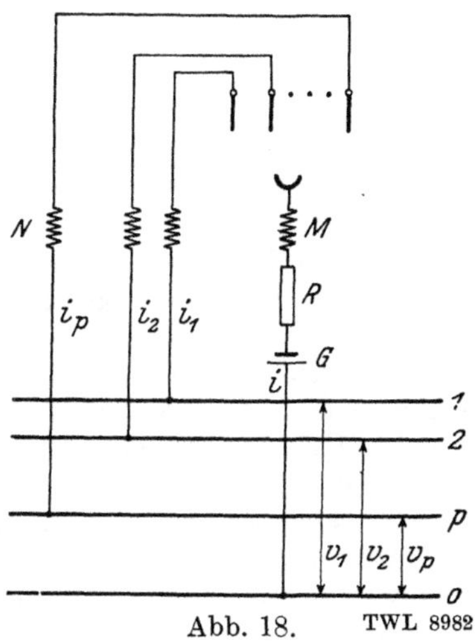

Abb. 18.

Das Vakuumgefäß besitzt als Hauptelektroden eine Kathode und p Anoden. Die Anoden des Vakuumgefäßes sind unter Zwischenschaltung von Drosselspulen, die Anodendrosseln heißen und welche die gleiche mittlere Induktivität N haben sollen, an die jeweiligen Außenleiter des Netzes angeschlossen. Zwischen der Kathode des Vakuumgefäßes und dem Nulleiter des Netzes liegt eine Kette aus einer Drosselspule, die Kathodendrossel heißt und welche die mittlere Induktivität M haben soll, aus einem rein Ohmschen Widerstande R sowie aus einer konstanten Gegenspannung G (Abb. 18). Alle übrigen Bezeichnungen gehen aus der Abbildung hervor. In dem Ohmschen Widerstande sollen der Einfachheit wegen alle Widerstände der Leitungen (eine Anodenleitung und die gleichstromseitige Leitung), Drosselspulen und ähnlicher Teile enthalten sein, so daß die übrigen Elemente der Schaltung als widerstandslos gelten können. Die Gegenspannung G ist die Summe aus der Lichtbogenspannung E_l und einer anderen Spannung, die im einfachsten Falle eine einzelne eventuelle Batteriespannung E_b ist, im allgemeinen Falle einer zusammengesetzten Gleichstrombelastung jedoch aus der Reduktion (s. Kap. 13) hervorgeht und dann eine fiktive Batteriespannung $\tilde{E}_b$ darstellt.

Wir nennen die so beschriebene Anordnung den p-anodigen Normalgleichrichter. Die in dem Gleichstromkreise liegende Kette aus Kathodendrossel, Ohmschen Widerstand und Gegenspannung bezeichnen wir als die Normalbelastung des Hg-Gl. und schreiben sie

$$(M;\ R;\ G).$$

Für die eintretenden Vorgänge sind, wie man nachher sehen wird, nur zwei Arten Parameter bestimmend. Die erste Art ist das Verhältnis der Gegenspannung zur Scheitelspannung

$$\sigma = \frac{G}{V}, \tag{84}$$

wir nennen es die relative Gegenspannung[1]). Die zweite Art umfaßt die beiden Winkel α und β, welche durch

$$\operatorname{tg} \alpha = \frac{\omega M}{R} \tag{85a}$$

und

$$\operatorname{tg} \beta = \frac{\omega N}{R} \tag{85b}$$

bestimmt sind. Die beiden Quotienten $R / \omega M$ und $R / \omega N$ sind ihrer Form nach Dämpfungszahlen[2]).

Wenn nicht das Gegenteil ausdrücklich gesagt wird, setzen wir immer stillschweigend voraus, daß der auftretende Gleichstrom i lückenlos ($i > J_{\min}$) verläuft. Einige Bedingungen dafür werden von Fall zu Fall angegeben. Die Bedeutung in dem Eintreten eines lückenlosen Gleichstromes liegt darin, daß dann die Hilfserregung des Lichtbogens im Vakuumgefäß entbehrlich bleibt.

Wenn die Hilfserregung trotzdem mitunter erhalten bleibt, so geschieht es aus Sicherheitsgründen.

a) Wir betrachten zunächst den Normalgleichrichter ohne Anodendrosseln ($N = 0$). Eine Überlappung zweier Anodenströme kann es

---

[1]) Zu derselben Art gehört eine nachher auftretende Zahl τ, die den Minimalstrom $J_{\min}$ enthält, allerdings eine mehr untergeordnete Rolle spielt. Es ist

$$\tau = \frac{R J_{\min}}{V}. \tag{84a}$$

[2]) In der Schwingungslehre ist diese Dämpfungszahl als Parameter der Schwingungsgleichung

$$\frac{d^2 y}{d x^2} + b \frac{d y}{d x} + y = f(x), \qquad x = a t$$

bekannt.

nicht geben, da zwei benachbarte Anodenpotentiale, die dann gleich sein müßten, nur in Zeitpunkten (in den Äquipotentialpunkten) einander gleich sein können. Wir greifen das erste Zeitintervall, in welchem der Lichtbogen an der ersten Anode brennt, heraus. Das Gleichgewicht der Spannungen am Netz, an der Belastung und am Lichtbogen verlangt die Geltung der Gleichung

$$V \sin \vartheta - \sigma = R i + \omega M \frac{di}{d\vartheta},$$

wofür man schreiben kann

$$\frac{V}{R}(\sin \vartheta - \sigma) = i + \operatorname{tg} \alpha \frac{di}{d\vartheta}. \tag{86}$$

Die Lösung dieser Gleichung unter Beachtung der Anfangsbedingung

$$i \Big|_{\vartheta = \left(\frac{1}{2} - \frac{1}{p}\right)\pi} = i \Big|_{\vartheta = \left(\frac{1}{2} + \frac{1}{p}\right)\pi}$$

lautet

$$i = \frac{V}{R}\left(\cos \alpha \sin(\vartheta - \alpha) + \frac{\sin \frac{\pi}{p} \sin 2\alpha}{2 \operatorname{Sin}\left(\frac{\pi}{2} \operatorname{ctg} \alpha\right)} e^{\left(\frac{\pi}{2} - \vartheta\right) \operatorname{ctg} \alpha} - \sigma\right), \tag{87}$$

worin

$$\left(\frac{1}{2} - \frac{1}{p}\right)\pi \leqq \vartheta \leqq \left(\frac{1}{2} + \frac{1}{p}\right)\pi$$

ist. Die Gl. (87) stellt, wie die Abb. 19 wiedergibt, ein in kontinuierlicher Folge wiederkehrendes Stück des Gleichstromes i dar. Für das Eintreten eines lückenlosen Gleichstromes ist eine hinreichende, wenn auch nicht immer notwendige Bedingung, daß

$$\sigma < \cos \frac{\pi}{p}, \tag{88a}$$

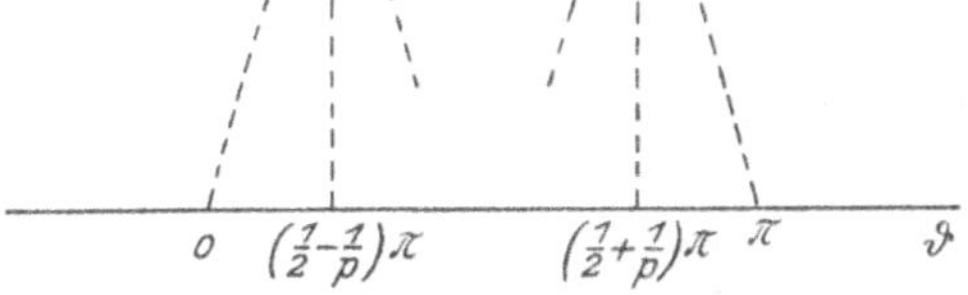

Abb. 19. TWL 8983

welche besagt, daß die Gegenspannung im Verhältnis zum Scheitelwert der Netzspannung ein bestimmtes Maß nicht überschreiten darf. Berücksichtigt man außerdem noch den Einfluß des Minimalstromes, so tritt an Stelle der vorigen Bedingung

$$\sigma + \tau < \cos \frac{\pi}{p}. \tag{88b}$$

Bei $\sigma > \cos \frac{\pi}{p}$ hängt das Eintreten eines lückenlosen Gleichstromes von der Größe der Kathodendrossel ab. Die beiden äußeren Grenzfälle sind

I. der Gleichrichter ohne Kathodendrossel ($M = 0$, $\alpha = 0$), worin

$$\begin{aligned} i &= \frac{V}{R}(\sin\vartheta - \sigma), \\ \left(\frac{1}{2}-\frac{1}{p}\right)\pi &\leqq \vartheta \leqq \left(\frac{1}{2}+\frac{1}{p}\right)\pi, \\ 0 &\leqq \sigma + \tau < \cos\frac{\pi}{p}. \end{aligned} \tag{89a}$$

II. der Gleichrichter mit unendlich großer (praktisch mit sehr großer) Kathodendrossel ($M \to \infty$, $\alpha \to \pi/2$), worin

$$\begin{aligned} i &= \frac{V}{R}\left(\frac{p}{\pi}\sin\frac{\pi}{p} - \sigma\right) = \text{konst.}, \\ 0 &\leqq \sigma + \tau < \frac{p}{\pi}\sin\frac{\pi}{p} \end{aligned} \tag{89b}$$

ist. Auf nähere Einzelheiten kommen wir in Kap. 13 zurück.

b) Für den Fall des Normalgleichrichters mit Anodendrosseln hat man das Überlappungsintervall sowie das darauffolgende überlappungsfreie Intervall, in welchem nur ein Lichtbogen brennt, zu unterscheiden. Wir machen ferner zunächst die Annahme, daß die Überlappung nur eine einfache ist. (Vgl. das in Kap. 1 Gesagte.)

In dem Überlappungsintervall, währenddessen der ablösende Lichtbogen an der ersten Anode einsetzt und der abzulösende an der letzten (der q ten) Anode erlischt, hat man nach Abb. 18 als Gleichgewicht der Spannungen

$$\frac{V}{R}\left[\sin\left(\vartheta + \frac{2\pi}{p}\right) - \sigma\right] = i + \operatorname{tg}\alpha\frac{di}{d\vartheta} + \operatorname{tg}\beta\frac{di_p}{d\vartheta},$$

$$\frac{V}{R}\left[\sin\vartheta - \sigma\right] = i + \operatorname{tg}\alpha\frac{di}{d\vartheta} + \operatorname{tg}\beta\frac{di_1}{dv}.$$

Durch Addieren und Subtrahieren folgen hieraus zwei Gleichungen für $i = i_p + i_1$ und $i_p - i_1$, nämlich

$$\frac{V}{R}\left[\cos\frac{\pi}{p}\sin\left(\vartheta + \frac{\pi}{p}\right) - \sigma\right] = i + \operatorname{tg}\beta\frac{di}{d\vartheta}$$

und

$$\frac{R}{V}\sin\frac{\pi}{p}\cos\left(\vartheta + \frac{\pi}{p}\right) = \frac{1}{2}\operatorname{tg}\beta\frac{d}{d\vartheta}(i_p - i_1). \tag{90}$$

Darin bedeutet

$$\operatorname{tg}\gamma = \operatorname{tg}\alpha + \frac{1}{2}\operatorname{tg}\beta = \frac{\omega(2M+N)}{2R}$$

Ferner sei

$$\operatorname{tg}\delta = \operatorname{tg}\alpha + \operatorname{tg}\beta = \frac{\omega(M+N)}{R}. \tag{91}$$

In dem nachfolgenden überlappungsfreien Intervall, in welchem nur noch der ablösende Lichtbogen an der ersten Anode allein brennt, hat man

$$\frac{V}{R}(\sin\vartheta - \sigma) = i + \operatorname{tg}\delta\,\frac{di}{d\vartheta}. \tag{92}$$

Die vier durch die Gleichungen (85) und (91) eingeführten Winkel α, β, γ, δ bilden nach Abb. 20 ein einfaches Schema; wir sagen, sie bilden eine Klasse. Die Reduzierbarkeit einer gegebenen Gleichrichterschaltung hängt dann davon ab, ob die aus der Reduktion hervorgehenden Größen $\tilde{\alpha}$, $\tilde{\beta}$, $\tilde{\gamma}$, $\tilde{\delta}$ ebenfalls eine Klasse bilden. Wir werden später häufig von diesem Kriterium der Reduzierbarkeit Gebrauch machen.

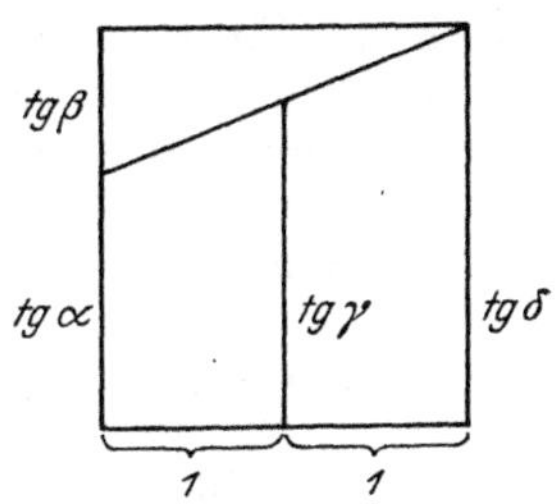

Abb. 20.

Für die Bestimmung der drei Integrationskonstanten der drei Differentialgleichungen (86) und (88) und der Zeitpunkte θ_1 und θ_2 stehen fünf Anfangsbedingungen zur Verfügung. Die erste Bedingung war die Forderung, daß während der Überlappungsperiode die Summe der beiden Anodenströme i_p und i_1 gleich dem Gleichstrom i wird. Als zweite Bedingung hat man zu Beginn der Überlappungsperiode $i_p = i$ und $i_1 = 0$; der abklingende Anodenstrom ist noch gleich dem Gleichstrome, der einsetzende Anodenstrom hat noch den Wert Null. Als dritte Bedingung hat man am Ende der Überlappungsperiode $i_p = J_{\min}$ und $i_1 = i - J_{\min}$, der abklingende Anodenstrom beginnt den Wert des Minimalstromes zu unterschreiten und „reißt dann ab", der ablösende Anodenstrom springt auf den vollen Gleichstromwert hinauf. Als vierte Bedingung hat man zu fordern, daß der Gleichstrom nach Gl. (86) am Anfang der Überlappungsperiode gleich dem Gleichstrome nach Gl. (88) am Ende der ganzen Periode $2\pi/p$ wird (Periodizitätsbedingung). Die fünfte Bedingung endlich ergibt sich aus der Forderung, daß bei Vernachlässigung der Zündspannungsspitze δE die beiden Potentiale an den beteiligten Anoden zu Beginn der Überlappungsperiode einander gleich sein müssen. Es muß danach die Spannung an der stromführenden Anodendrossel gleich der Differenz der beiden beteiligten Spannungen v_p und v_1 der Netzphasen sein.

Aus den beiden vorigen Gleichungen (90) folgt zunächst

$$\begin{gathered} i = \frac{V}{R}\left[\cos\frac{\pi}{p}\cos\gamma\sin\left(\vartheta + \frac{\pi}{p} - \gamma\right) + A e^{-\vartheta\operatorname{ctg}\gamma} - \sigma\right], \\ i_p - i_1 = \frac{V}{R}\left(B + \frac{2\sin\frac{\pi}{p}}{\operatorname{tg}\beta}\sin\left(\vartheta + \frac{\pi}{p}\right) - \sigma\right), \\ \left(\frac{1}{2} - \frac{1}{p}\right)\pi + \theta_1 \leqq \vartheta \leqq \left(\frac{1}{2} - \frac{1}{p}\pi + \theta_2 . \end{gathered} \tag{93}$$

Aus der Gl. (88) aber ergibt sich

$$i = \frac{V}{R}\left[\cos\delta\sin(\vartheta - \delta) + C\,e^{-\vartheta\operatorname{ctg}\delta} - \sigma\right],$$
$$\left(\frac{1}{2} - \frac{1}{p}\right)\pi + \theta_2 \leqq \vartheta \leqq \left(\frac{1}{2} + \frac{1}{p}\right)\pi + \theta_1. \tag{94}$$

Aus der vierten Anfangsbedingung ergibt sich, wenn man den Wert von i der ersten Gleichung von (93) zu Anfang der Überlappungsperiode gleich dem Wert i der Gleichung (94) am Ende der ganzen Periode $2\pi/p$ setzt, eine Gleichung zwichen A und C. Außerdem erhält man aus der fünften Anfangsbedingung eine Gleichung für C. Die Differenz der Spannungen v_1 und v_p ist zu Beginn der Überlappungsperiode $2\,V\sin\pi/p\cdot\sin\theta_1$; die Spannung an der Anodendrossel ist durch Differentiation der ersten Gleichung von (94) zu erhalten. Aus den zwei erhaltenen Gleichungen bestimmt man

$$A = \left(\frac{2\sin\frac{\pi}{p}\operatorname{tg}\delta\sin\theta_1}{\operatorname{tg}\beta} + \cos\left(\frac{\pi}{p} + \theta_1\right)\right.$$
$$\left. - \cos\frac{\pi}{p}\cos\gamma\cos(\theta_1 - \gamma)\right)e^{\left(\left(\frac{1}{2} - \frac{1}{p}\right)\pi + \theta_1\right)\operatorname{ctg}\gamma} \tag{95a}$$

$$C = \left(\frac{2\sin\frac{\pi}{p}\,\delta\sin\theta_1}{\operatorname{tg}\beta} - \sin\delta\sin\left(\frac{\pi}{p} + \theta_1 - \delta\right)\right)e^{\left(\left(\frac{1}{2} + \frac{1}{p}\right)\pi + \theta_1\right)\operatorname{ctg}\gamma}. \tag{95b}$$

Die Konstanten B endlich erhält man aus der zweiten Anfangsbedingung. Man bekommt

$$B = \frac{2\sin\frac{p}{\pi}}{\operatorname{tg}\beta}\left(\operatorname{tg}\delta\sin\theta_1 - \cos\theta_2\right) + \cos\left(\frac{\pi}{p} + \theta_1\right). \tag{95c}$$

Nun sind alle Ströme bis auf die Konstanten θ_1 und θ_2 bestimmt, denn aus Gl. (93) hat man ohne weiteres die Anodenströme $i_p = \frac{1}{2}\left(i + (i_p - i_1)\right)$ und $i_1 = \frac{1}{2}\left(i - (i_p - i_1)\right)$. Für die Bestimmung der Konstanten θ_1 und θ_2 steht noch die dritte Anfangsbedingung zur Verfügung. Wir entnehmen den ablösenden Anodenstrom der Gl. (93), den diesem gleichen Gleichstrom der Gl. (94). Ferner sei wieder τ die in (84a) eingeführte Minimalstromgröße. Man erhält

$$\cos\frac{\pi}{p}\cos\gamma\cos(\gamma - \theta_2) + A\,e^{-\left(\left(\frac{1}{2} - \frac{1}{p}\right)\pi + \theta_2\right)\operatorname{ctg}\gamma}$$
$$= \cos\delta\cos\left(\frac{\pi}{p} + \delta - \theta_2\right) + Ce^{-\left(\left(\frac{1}{2} - \frac{1}{p}\right)\pi + \theta_2\right)\operatorname{ctg}\gamma} \tag{95d}$$

In ähnlicher Weise erhält man als Bedingung für das Abreißen des abklingenden Anodenstromes

$$\cos\frac{\pi}{p}\cos\gamma\cos(\gamma-\theta_2)+A\,e^{-\left(\left(\frac{1}{2}-\frac{1}{p}\right)\pi+\theta_2\right)\operatorname{ctg}\gamma}$$
$$+B+\frac{2\sin\frac{\pi}{p}\cos\theta_2}{\operatorname{tg}\beta}=2(\delta+\tau). \tag{95e}$$

Auf die nähere Untersuchung dieser Gleichungen, insbesondere auf die Berechnung des durch die Anodendrosseln bewirkten induktiven Spannungsabfalles im Gleichstromkreise kommen wir in dem dritten Abschnitt zurück[1]).

10. Beispiele für die primärseitige Sternschaltung.

Nachdem die Hauptgleichungen des Normalgleichrichters abgeleitet worden sind, soll nunmehr gezeigt werden, in welcher Weise die Reduktion einer gegebenen Gleichrichterschaltung auf die Normalform vor sich gehen kann. Wir beschränken uns dabei auf die Aufzählung einiger Beispiele. Zuerst beginnen wir mit einigen Fällen, in denen die Primärseite des Transformators in Stern geschaltet ist.

a) Der mehrphasige Gleichrichter mit Anodendrosseln mit einem verketteten Transformator ohne Streuung.

Hat man keine primärseitigen Drosselspulen, ist also das Wechselstromnetz direkt an die Primärseite des Transformators angeschlossen so werden die Verhältnisse sehr einfach.

1. Die Sekundärseite des Transformators sei zunächst in Stern geschaltet. Ist dann primärseitig ein belasteter Nulleiter vorhanden, so werden die sekundärseitigen Sternspannungen $e_{si}=ze_i$, worin e_i wie in Gl. (3) wieder die netzseitigen Sternspannungen bedeuten. Dann erhält man

$$e_{si}=zE'\sin\left(\vartheta-\frac{i-1}{p}2\pi\right),\qquad i=1,\ldots,p. \tag{96}$$

Hat man dagegen keinen primärseitigen Nulleiter, so wird zunächst die Summe aller primärseitigen Ströme gleich Null. Ferner hat man nach Abb. 21

$$e_{s1}-e_{s1}=ze_{12},$$
$$\cdot\quad\cdot\quad\cdot\quad\cdot\quad\cdot\quad\cdot\quad\cdot\quad\cdot$$
$$e_{s1}-e_{sp}=ze_{1p},$$

[1]) Eine mehr anschauliche und für die praktische Rechnung bestimmte graphische Lösung des vorliegenden Problems gibt Pflieger-Haertel an; vgl. Wiss. Veröff. a. d. Siemens-Konzern, 1923, 3, S. 61.

wenn $e_{12}, \ldots, e_{1p}$ die Spannungen zwischen den Netzleitern 1, 2 usw. bedeuten. Addiert man diese Gleichungen, so erhält man

$$p e_{s1} - \sum_{i=2}^{p} e_{si} = z \sum_{i=2}^{p} e_{si}.$$

Nach Kap. 1a ist aber

$$\sum_{i=2}^{p} e_{1i} = E' \sum_{i=2}^{p} \left(\sin \vartheta - \sin \left(\vartheta - \frac{i-1}{p} 2\pi \right) \right)$$
$$= p E' \sin \vartheta .$$

Ferner ist $\sum e_{si} = 0$. Folglich erhält man hier genau so wie vorhin, wenn man noch die gleiche Überlegung mit jeder der sekundären Sternspannungen durchgeführt denkt,

$$e_{si} = z E' \sin \left(\vartheta - \frac{i-1}{p} 2\pi \right), \qquad i = 1, \ldots, p .$$

Im übrigen hat man genau die gleichen Verhältnisse wie bei dem Normalgleichrichter, nur daß überall an die Stelle der dortigen Sternspannung V die jetzige zE' tritt.

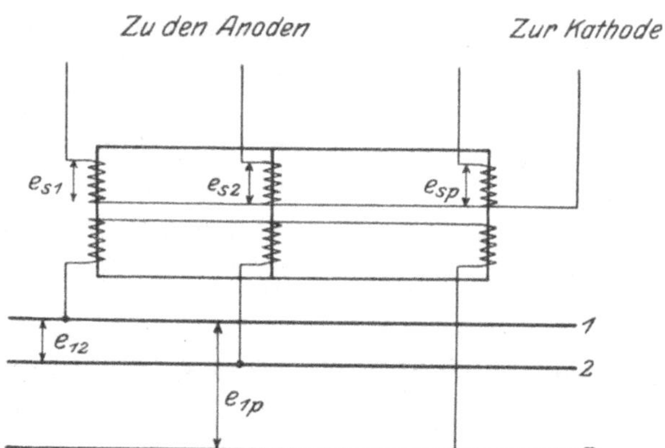

Abb. 21.

2. Die Sekundärseite des Transformators sei nunmehr in Zickzack geschaltet. Dann hat man zunächst wieder auf Grund ganz entsprechender Überlegungen wie vorhin, gleichgültig, ob man primärseitig einen belasteten Nulleiter hat oder nicht,

$$e_{pi} = E' \sin \left(\vartheta - \frac{i-1}{p} 2\pi \right).$$

Für die sekundärseitigen Sternspannungen $e_{si} = z(e_{pi} - e_{p,i-1})$ bekommt man daher

$$e_{si} = 2 z E' \sin \frac{\pi}{p} \cos \left(\vartheta - \frac{2i-3}{p} \pi \right),$$

wofür man nach Gl. (4b) schreiben kann

$$e_{si} = zE \sin\left(\theta - \frac{i-1}{p} 2\pi\right).$$

Man erhält also wieder die gleichen Verhältnisse wie bei dem Normalgleichrichter, es tritt nur an die Stelle von V die Größe zE und an die Stelle der Variablen ϑ die Variable θ.

b) Der mehrphasige Gleichrichter ohne Anodendrosseln mit unverkettetem Transformator.

Die Sekundärseite des Transformators sei in Stern geschaltet.

Hat man primärseitig einen belasteten Nulleiter, so bietet dieses Beispiel nichts Neues; man erhält genau dieselben gleichstromseitigen Verhältnisse wie die bei Absatz a) I beschriebenen.

Interessant ist dagegen der andere Fall, in dem man primärseitig keinen belasteten Nulleiter hat. In diesem Falle ruft nämlich die sekundärseitig unhomogene Belastung eine kathodendrosselartige Wirkung hervor.

Bedeuten zunächst

$$e_{12}, \ldots, e_{1p}$$

wieder die Spannungen zwischen den Netzleitern 1, 2 usw., so erkennt man aus der Abb. 22, daß $e_{12} = e_{p1} - e_{p2}$ ist, usw. Beachtet man ferner, daß man bei der Anwendung der Gl. (79a)

$$r = p \quad \text{und} \quad i_{p1} = i_{n1},$$
$$i_{p2} = -i_{n2}, \ldots,$$
$$\cdots\cdots\cdots$$
$$i_{pp} = -i_{np}$$

sowie $i_{s1} = i_g$,

$$i_{s2} = \cdots = i_{sp} = 0$$

zu setzen hat, so bekommt man

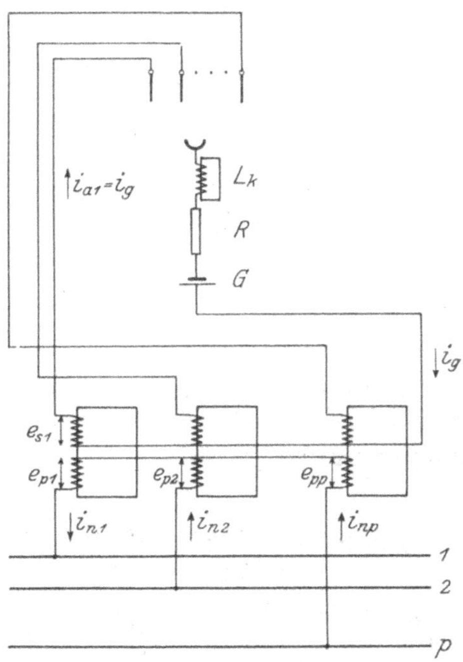

Abb. 22.

$$e_{12} = \omega L_t \frac{d}{d\vartheta}(i_{n1} + i_{n2} - z\, i_g),$$
$$\cdots\cdots\cdots\cdots\cdots$$
$$e_{1p} = \omega L_t \frac{d}{d\vartheta}(i_{n1} + i_{np} - z\, i_g).$$

Addiert man diese Gleichungen, so erhält man unter Beachtung dessen, daß wieder $\sum e_{1i} = pE'$ sin ϑ und daß ferner

$$i_{n2} + \cdots + i_{np} = i_{n1} \quad \text{ist,}$$

$$pE' \sin\vartheta = p\,\omega\,L_t \frac{d}{d\vartheta}(i_{n1} - z\,i_g) + z\,\omega\,L_t \frac{d i_g}{d\vartheta}.$$

Ferner ist die sekundärseitige Sternspannung e_{s1} gegeben durch

$$e_{s1} = z\,\omega\,L_t \frac{d}{d\vartheta}(i_{n1} - z\,i_g);$$

also ist

$$e_{s1} = z\,E' \sin\vartheta - \frac{z^2}{p}\,\omega\,L_t \frac{d\,i_g}{d\vartheta}.$$

Diese sekundärseitige Spannung e_{s1} ist aber auch gleich den gleichstromseitigen Spannungen $G + R\,i_g + \omega\,L_k \frac{d\,i_g}{d\,\vartheta}$, so daß man endlich die folgende Gleichung erhält,

$$\frac{z\,E'}{R}(\sin\vartheta - \tilde{\sigma}) = i_g + \operatorname{tg}\tilde{\alpha}\frac{d i_g}{d\vartheta},$$

worin wieder

$$\left(\frac{1}{2} - \frac{1}{p}\right)\pi \leqq \vartheta \leqq \left(\frac{1}{2} + \frac{1}{p}\right)\pi$$

ist. Ferner ist darin

$$\operatorname{tg}\tilde{\alpha} = \frac{\omega}{R}\left(L_k + \frac{z^2}{p}L_t\right)$$

und

$$\tilde{\sigma} = \frac{G}{z\,E'}. \tag{98}$$

Die Form der erhaltenen Gleichung ist die gleiche wie bei (86). Der Gleichrichter arbeitet so, als hätte er eine Kathodendrossel von der Induktivität $L_k + \frac{z^2}{p} L_t$.

c) Der mehrphasige Gleichrichter mit Anodendrosseln mit unverkettetem Transformator.

Wir untersuchen jetzt das sonst gleiche Problem wie bei b), nur mit dem Unterschied, daß jetzt in die Anodenleitungen (vgl. Abb. 22) Anodendrosseln eingefügt zu denken sind. Die mittlere Induktivität dieser Anodendrosseln sei L_a.

Man hat bei der Aufstellung der Spannungsgleichungen ähnlich wie bei Kap. 9 II wieder zwischen dem Überlappungsintervall und dem überlappungsfreien Intervall zu unterscheiden. Während des Überlappungsintervalles soll der p-te Anodenstrom i_{ap} abklingen und der erste Anodenstrom i_{a1} ansetzen. Im überlappungsfreien Intervall soll dann der erste Anodenstrom $i_{a1} = i_g$ allein fließen.

Während des Überlappungsintervalles hat man entsprechend wie vorhin, wenn man bei der Anwendung der Gl. (79a) beachtet, daß $i_{p1} = i_{n1}$, $i_{p2} = -i_{n2}, \cdots, i_{p,p-1} = -i_{n,p-1}$, $i_{pp} = i_{np}$ und $i_{s1} = i_{a1}$, $i_{s2} = \cdots = i_{s,p-1} = 0$, $i_{sp} = i_{ap}$ ist,

$$\left.\begin{aligned} e_{p2} &= \omega L_t \frac{d}{d\vartheta}(i_{np} + i_{n2} - z i_{ap}),\\ &\cdots\cdots\cdots\cdots\\ e_{p,p-1} &= \omega L_t \frac{d}{d\vartheta}(i_{np} - i_{n,p-1} - z i_{ap}) \end{aligned}\right\} \text{I}$$

und

$$\left.\begin{aligned} e_{12} &= \omega L_t \frac{d}{d\vartheta}(i_{n1} + i_{n2} - z i_{a1})\\ &\cdots\cdots\cdots\cdots\\ e_{1,p-1} &= \omega L_t \frac{d}{d\vartheta}(i_{n1} + i_{np} - z i_{a1}). \end{aligned}\right\} \text{II}$$

Beachtet man, daß $i_{n2} + \cdots + i_{n,p-1} = i_{np} + i_{n1}$ ist, so erhält man nach Addieren der Gleichungen I sowie der Gleichungen II

$$\sum_{i=1}^{p-1} e_{pi} = \omega L_t (p-2) \frac{d}{d\vartheta}(i_{np} - z i_{ap}) + \omega L_t \frac{d}{d\vartheta}(i_{np} + i_{n1}),$$

$$\sum_{i=1}^{p-1} e_{1i} = \omega L_t (p-2) \frac{d}{d\vartheta}(i_{n1} - z i_{a1}) + \omega L \frac{d}{d\vartheta}(i_{np} + i_{n1}).$$

Hierfür kann man unter Beachtung von $i_{ap} + i_{a1} = i_g$ nach einigen Umformungen schreiben

$$\sum_{i=1}^{p-1} e_{pi} = \frac{p}{z} e_{sp} + z \omega L_t \frac{d i_g}{d\vartheta},$$

$$\sum_{i=2}^{p} e_1 i = \frac{p}{z} e_{s1} + z \omega L_t \frac{d i_g}{d\vartheta}.$$

Da nun aber

$$\sum_{i=2}^{p-1} e_{pi} = p E' \sin\left(\vartheta + \frac{2\pi}{p}\right),$$

$$\sum_{i=2}^{p} e_{1i} = p E' \sin\vartheta$$

ist, so bekommt man sekundärseitig

$$e_{sp} = z E' \sin\left(\vartheta + \frac{2\pi}{p}\right) - \frac{z^2}{p} \omega L_t \frac{d i_g}{d\vartheta},$$

$$e_{s1} = z E \sin\vartheta - \frac{z^2}{p} \omega L_t \frac{d i_g}{d\vartheta}$$

und damit gleichstromseitig als Spannungsgleichgewicht

$$\frac{zE'}{R}\left(\sin\left(\vartheta+\frac{2\pi}{p}\right)-\tilde{\sigma}\right)=i_g+\operatorname{tg}\tilde{\alpha}\frac{di_g}{d\vartheta}+\operatorname{tg}\tilde{\beta}\frac{di_{ap}}{d\vartheta},$$

$$\frac{zE'}{R}\left(\sin\vartheta-\tilde{\sigma}\right)=i_g+\operatorname{tg}\tilde{\alpha}\frac{di_g}{d\vartheta}+\operatorname{tg}\tilde{\beta}\frac{di_{a1}}{d\vartheta},$$

worin

$$\left(\frac{1}{2}-\frac{1}{p}\right)\pi+\theta_1\leqq\vartheta\leqq\left(\frac{1}{2}-\frac{1}{p}\right)\pi+\theta_2$$

zu nehmen ist. Nach Kap. 9 II bleibt also $\tilde{\beta}=\beta$, die beiden anderen transformierten Größen $\tilde{\sigma}$ und $\tilde{\alpha}$ erhält man genau so wie vorhin bei b):

$$\left.\begin{aligned}\operatorname{tg}\tilde{\alpha}&=\frac{\omega}{R}\left(L_k+\frac{z^2}{p}L_a\right),\\ \tilde{\sigma}&=\frac{G}{zE'}.\end{aligned}\right\}\tag{99a}$$

Ferner bildet man

$$\operatorname{tg}\tilde{\gamma}=\operatorname{tg}\tilde{\alpha}+\frac{1}{2}\operatorname{tg}\tilde{\beta}=\frac{\omega}{2R}\left(2L_k+\frac{2z^2}{p}L_t+L_a\right).\tag{99b}$$

Außerhalb der Überlappungsperiode sind aber die Verhältnisse ganz entsprechende, wie sie bei b) vorlagen, nur daß an die Stelle von L_k eben L_k+L_a tritt. In der oben eingeführten Schreibweise bekommt man damit

$$\frac{zE'}{R}(\sin\vartheta-\tilde{\sigma})=i_g+\operatorname{tg}\tilde{\delta}\frac{di_g}{d\vartheta},$$

worin

$$\left(\frac{1}{2}-\frac{1}{p}\right)\pi+\theta_2\leqq\vartheta\leqq\left(\frac{1}{2}+\frac{1}{p}\right)\pi+\theta_1$$

zu nehmen ist und worin

$$\operatorname{tg}\tilde{\delta}=\operatorname{tg}\tilde{\alpha}+\operatorname{tg}\tilde{\beta}=\frac{\omega}{R}\left(L_k+\frac{z^2}{p}L_t+L_a\right)\tag{99c}$$

ist. Man erkennt, daß die vier Größen $\tilde{\alpha}$, $\tilde{\beta}$, $\tilde{\gamma}$, $\tilde{\delta}$ eine Klasse bilden, die Bedingung der Reduzierbarkeit ist also erfüllt.

Im übrigen ist das Ergebnis das gleiche wie bei b). Die unhomogene Belastung hat wieder die gleiche kathodendrosselartige Wirkung zur Folge.

d) Ein Beispiel für die Äquivalenz von Primärdrosseln und Anodendrosseln.

Wie die Abb. 23 andeutet, sollen jetzt an die Stelle von anodenseitigen Anodendrosseln primärseitige Primärdrosseln treten. Der Einfachheit wegen nehmen wir wieder einen unverketteten Transformator an und betrachten den Fall, bei dem man primärseitig einen belasteten Nulleiter hat.

Es ist wieder zwischen der Überlappungsperiode, während welcher der p-te Anodenstrom versiegt und der 1-te Anodenstrom ansetzt und zwischen der überlappungsfreien Periode, während der 1-te Anodenstrom als Gleichstrom allein fließt, zu unterscheiden.

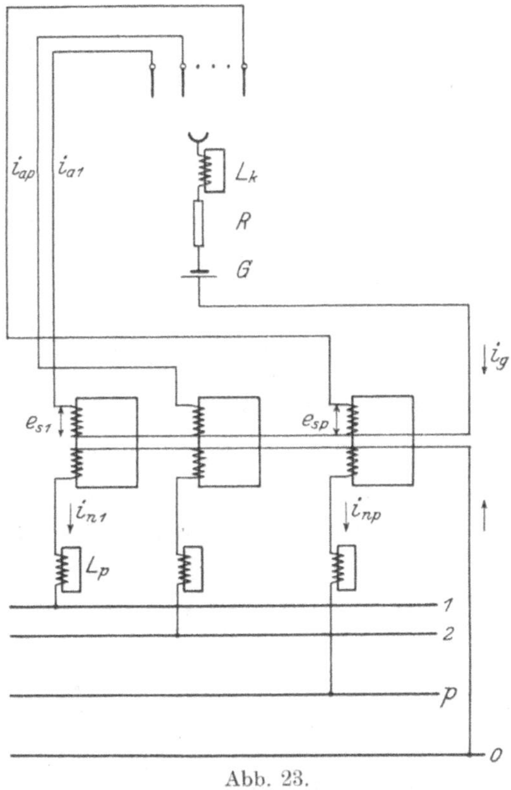

Abb. 23.

Während der Überlappungsperiode müssen bekanntlich die Potentiale an den beiden beteiligten Anoden wegen der Gleichheit der Spannungsabfälle der beiden Lichtbogen einander gleich sein. Nach der Abb. 23 hat man demnach, wenn L_p die mittlere Induktivität der Primärdrosseln ist,

$$\begin{aligned} e_{sp} &= z E' \sin\left(\vartheta + \frac{2\pi}{p}\right) - z\,\omega L_p \frac{d i_{np}}{d\vartheta} \\ = e_{s1} &= z E' \sin\vartheta \qquad\qquad - z\,\omega L_p \frac{d i_{n1}}{d\vartheta} \end{aligned} \tag{100}$$

Andererseits ist aber, wenn man bei der Anwendung der Gl. (79a) beachtet, daß hier $i_{p1} = i_{n1}$, $i_{p2} = \cdots = i_{p,p-1} = 0$, $i_{pp} = i_n$ und $i_{s1} = i_{a1}$, $i_{s2} = \cdots = i_{s,p-1} = 0$, $i_{sp} = i_{ap}$ ist,

$$e_{si} = z\omega L_t \frac{d}{d\vartheta}(i_{ni} - z i_{ai}), \qquad i = p,\ 1,$$

und damit auch

$$E' \sin\left(\vartheta - \frac{i-1}{p} 2\pi\right) - \omega L_p \frac{d i_{ni}}{d\vartheta} = \omega L_t \frac{d}{d\vartheta}(i_{ni} - z i_{ai}),$$

woraus folgt,

$$\begin{aligned} \omega L_p \frac{d i_{ni}}{d\vartheta} &= z\xi\omega L_p \frac{d i_{ai}}{d\vartheta} + (1-\xi) E' \sin\left(\vartheta + \frac{i-1}{p} 2\pi\right), \\ \xi &= \frac{L_t}{L_p + L_t}. \end{aligned} \tag{101}$$

Addiert man nun die beiden Ausgangsgleichungen und setzt darin die Stromwerte nach der letzten Gleichung ein und beachtet ferner, daß $i_{ap} + i_{a1} = i_g$ ist, so bekommt man

$$e_{sp} = e_{s1} = z\xi E' \cos\frac{\pi}{p} \sin\left(\vartheta + \frac{\pi}{p}\right) - \frac{z^2 \xi \omega L_p}{2} \frac{d i_g}{d\vartheta}.$$

Anderseits ist aber gleichstromseitig

$$e_{sp} = e_{si} = G + R i_g + \omega L_k \frac{d i_g}{d\vartheta}.$$

Setzt man daher die rechten Seiten dieser beiden Gleichungen einander gleich und nennt

$$\begin{aligned} \operatorname{tg}\tilde{\gamma} &= \frac{\omega}{2R}(2 L_k + z^2 \xi L_p), \\ \tilde{\sigma} &= \frac{G}{z\xi E'}, \end{aligned} \tag{102a}$$

so erhält man

$$\frac{z\xi E'}{R}\left(\cos\frac{\pi}{p} \sin\left(\vartheta + \frac{\pi}{p}\right) - \tilde{\sigma}\right) = i_g + \operatorname{tg}\tilde{\gamma} \frac{d i_g}{d\vartheta}$$

ganz analog wie Gl. (90).

Die Differenz der beiden Ausgangsgleichungen (100) unter gleicher Beachtung der Beziehungen (101) ergibt, wenn man wieder in entsprechender Weise

$$\operatorname{tg}\tilde{\beta} = \frac{z^2 \xi \omega L}{R} \tag{102b}$$

setzt,

$$\frac{z\xi E'}{R} \sin\frac{\pi}{p} \cos\left(\vartheta + \frac{\pi}{p}\right) = \frac{1}{2} \operatorname{tg}\tilde{\beta} \frac{d}{d\vartheta}(i_{ap} - i_{a1}),$$

also ganz das gleiche Ergebnis wie bei (90).

In ähnlicher Weise erhält man außerhalb der Überlappungsperiode oder während der überlappungsfreien Periode, wenn man beachtet, daß $i_{a1} = i_g$ ist,

$$e_{s1} = z\,\xi \sin\vartheta - z^2\,\xi\,\omega\,L_p \frac{d i_g}{d\vartheta}$$

$$= G + R i_g\,\omega\,L_k \frac{d i_g}{d\vartheta}.$$

Setzt man schließlich noch

$$\operatorname{tg}\tilde{\delta} = \frac{\omega}{R}(L_k + z^2\,\xi\,L_q), \tag{102c}$$

so entnimmt man daraus

$$\frac{z\xi E'}{R}(\sin\vartheta - \tilde{\sigma}) = i_g + \operatorname{tg}\tilde{\delta}\frac{d i_g}{d\vartheta}$$

in Übereinstimmung mit (92). Bedenkt man noch, daß der vierte Parameter $\tilde{\alpha} = \alpha$ bleibt, also $\operatorname{tg}\tilde{\alpha} = \omega L_k / R$ ist, so erkennt man, daß die Größen $\tilde{\alpha}, \tilde{\beta}, \tilde{\gamma}, \tilde{\delta}$ wieder eine Klasse bilden.

Der Gleichrichter verhält sich nach allem so, als hätte er Anodendrosseln von der Induktivität $z^2\,\xi\,L_p$; die Primärdrosseln wirken also wie Anodendrosseln, nur mit der Übersetzung $z^2\xi$. Außerdem bewirken die Primärdrosseln einen Spannungsabfall, es verhalten sich alle sekundärseitigen Spannungs- und Stromamplituden zu den sonstigen wie ξ zu 1.

Anmerkung 1: Hat man bei der sonst gleichen Schaltung primärseitig keinen belasteten Nulleiter, so superponieren sich die anodendrosselartige Wirkung der Primärdrosseln und die kathodendrosselartige Wirkung des Transformators. Der Gleichrichter verhält sich dann so, als hätte er eine Kathodendrossel von der Induktivität

$$\tilde{L}_k = L_k + \frac{z^2\,\xi}{p} L_t, \quad \left(\xi = \frac{L_t}{L_p + L_t}\right) \tag{103a}$$

und Anodendrosseln von der Induktivität

$$\tilde{L} = z^2\,\xi\,L_p. \tag{103b}$$

Anmerkung 2: Hat man bei sonst gleicher Schaltung wie oben einen verketteten Transformator an Stelle eines unverketteten, so ist eine Reduktion auf die Normalform nur bei theoretisch unendlich großer Induktivität L_t des Transformators, d. h. bei vernachlässigbaren Leerlaufströmen möglich. In diesem Falle wirken dann die Primärdrosseln wieder wie Anodendrosseln mit der Induktivität $z^2\,L_p$.

e) Ein Beispiel für eine kathodendrosselartige Wirkung der Transformatorstreuung.

Die Abb. 24 zeigt die Schaltung eines Gleichrichters ohne Drosselspulen, der einem Transformator mit nicht vernachlässigbarer Streuung besitzt. Der Streukoeffizient sei s. Die Wicklungen des Transforma-

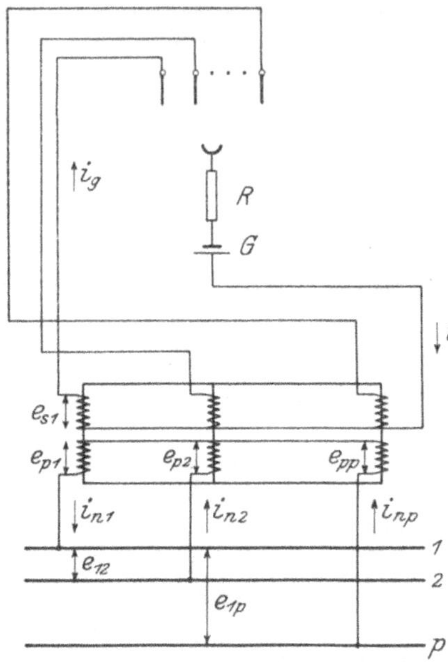

Abb. 24.

tors sind in Stern geschaltet, primärseitig sei jedoch kein Nullleiter vorhanden.

Es zeigt sich dann, daß sich die Streuung des Transformators in einer kathodendrosselartigen Wirkung äußert.

Für die Untersuchung greifen wir wie üblich dasjenige Intervall heraus, in welchem der Lichtbogen an der ersten Anode brennt, mithin der Gleichstrom i_g durch die erste Anodenleitung fließt. Ferner machen wir von der Gl. (81a) Gebrauch, in der in unserem Falle

$$i_{p1} = i_{n1},$$
$$i_{p2} = -i_{n2}, \ldots, i_{pp} = -i_{np}$$

und $i_{s1} = i_g$, $i_{s2} = \cdots = i_{sp} = 0$

ist $(r = p)$. Zunächst hat man für die primärseitigen Transformatorspannungen

$$e_{p1} = \omega L_t \frac{d}{d\vartheta}\left(i_{n1} - z\,i_g - \frac{1-s}{p-(p-1)s} z\,i_g\right) \tag{104a}$$

und

$$e_{pi} = -\omega L_t \frac{d}{d\vartheta}\left(i_{ni} + \frac{1-s}{p-(p-1)s} z\,i_g\right), \quad i = 2, 3, \ldots, p. \tag{104b}$$

Also erhält man für die Netzspannungen e_{12}, e_{13} usw., da $e_{12} = e_{p1} - e_{p2}$, $e_{13} = e_{p1} - e_{p3}$ usw. ist,

$$e_{12} = \omega L_t \frac{d}{d\vartheta}(i_{n1} + i_{n2} - z\,i_g),$$
$$\cdots\cdots\cdots\cdots$$
$$e_{1p} = \omega L_t \frac{d}{d\vartheta}(i_{n1} + i_{np} - z\,i_g).$$

Addiert man diese Gleichungen und beachtet man wieder, daß $\sum e_{1i} = pE' \sin\vartheta$ und $i_{n1} = i_{n2} + \cdots + i_{np}$ ist, so wird

$$pE' \sin\vartheta = \omega L_t \frac{d}{d\vartheta}[p i_{n1} - (p-1) z i_g]$$

oder

$$\omega L_t \frac{d}{d\vartheta}(i_{n1} - z i_g) = E' \sin\vartheta + \frac{z}{p} \omega L_t \frac{d i_g}{d\vartheta}. \tag{105}$$

Setzt man diese Gl. (105) in (104a) ein und bedenkt, daß die sekundärseitige Spannung $e_{s1} = z i_{p1}$ ist, so erhält man

$$e_{s1} = zE' \sin\vartheta - \frac{s z^2}{p[p-(p-1)]s} \omega L_t \frac{d\,i_g}{d\vartheta}.$$

Es ist aber noch gleichstromseitig

$$e_{s1} = G + R\, i_g\,.$$

Somit gelangt man, wenn man nur noch

$$\operatorname{tg}\tilde{\alpha} = \frac{s\, z^2}{p\,[p - (p-1)\, s]} \cdot \frac{\omega L_t}{R} \tag{106}$$

setzt, zu dem bekannten Typus der Differentialgleichung, in der wieder $\tilde{\sigma} = G/zE'$ bedeutet,

$$\frac{z\, E'}{R}(\sin\vartheta - \sigma) = i_g + \operatorname{tg}\tilde{\alpha}\,\frac{d\, i_g}{d\,\vartheta}\,.$$

Der Gleichrichter verhält sich demnach so, als hätte er eine Kathodendrossel[1]) von der Induktivität

$$\tilde{L}_k = \frac{s\, z^2}{p\,[p - (p-1)\, s]}\, L_t\,. \tag{106a}$$

Anmerkung 1: Besitzt der Gleichrichter an und für sich schon eine Kathodendrossel mit der Induktivität L_k, so addieren sich offenbar die Wirkungen, der Gleichrichter verhält sich also so, als hätte er eine Kathodendrossel von der Induktivität $L_k + \tilde{L}$.

Anmerkung 2: Man erkennt aus der Gl. (106a), daß die Kathodendrosselartige Wirkung der Streuung für $s = 0$ verschwindet, und daß man für den Fall ausschließlicher Streuung ($s = 1$) den Wert $\tilde{L}_k + \frac{z^2}{p} L_t$ erhält, also ganz den entsprechenden, der in Absatz 2 für den unverketteten Transformator abgeleitet wurde. Es bestätigt sich wieder, daß der Fall $s = 1$ mit dem Fall des unverketteten Transformators identisch wird.

11. Ein Beispiel für die Kopplung von Anodendrosseln.

Die Abb. 25 zeigt eine Gleichrichterschaltung, in der die p Anodendrosselspulen, welche der Gleichrichter besitzen soll, auf einen p-schenkligen verketteten Transformatorkern aufgebracht sind. Die Induktivität der Spulen sei L_a; die Streuung sei nicht vernachlässigbar, es sei s der Streukoeffizient.

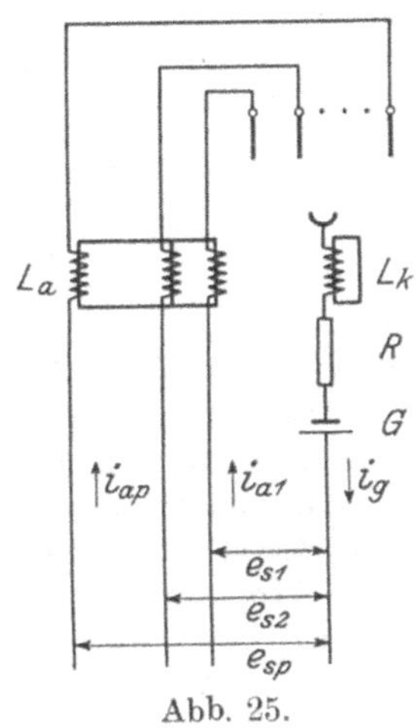

Abb. 25.

Die wirksamen Sekundärspannungen $e_{s1}, \cdots, e_{sp}$ sollen gegeben sein durch

$$e_{si} = E_s \sin\left(\vartheta - \frac{i-1}{p}\, 2\pi\right), \qquad i = 1, \cdots, p\,. \tag{107}$$

[1]) Auf die kathodendrosselartige Wirkung der Transformatorstreuung in einem Zweiphasen- und Dreiphasengleichrichter wird in den Arbeiten von Keller: ETZ 1909, S. 1185 f. und H. Nielsen: ETZ 1921, S. 1184 f. hingewiesen, jedoch ohne eine Begründung dafür anzugeben.

Es gibt offenbar wieder eine Überlappungsperiode und eine überlappungsfreie Periode. Während der ersteren soll wieder der p-te Anodenstrom versiegen und der erste ansetzen; während der letzteren dagegen soll der erste Anodenstrom als Gleichstrom allein fließen.

Während der Überlappungsperiode erhält man als Spannungsbedingungen über die beteiligten Anodenzweige p und 1, wenn man bei der Anwendung von (82) beachtet, daß $j_1 = i_{a1}, j_2 = \cdots = j_{p-1} = 0, j_p = i_{ap}$ und ferner $i_{a1} + i_{a2} = i_g$ ist,

$$E_s \sin\left(\vartheta + \frac{2\pi}{p}\right) = \omega L_a \frac{d}{d\vartheta}\left(i_{ap} - \frac{1-s}{p-(p-1)s} i_g\right) + G + R i_g + \omega L_k \frac{d i_g}{d v},$$

$$E_s \sin\vartheta \qquad = \omega L_a \frac{d}{d\vartheta}\left(i_{a1} - \frac{1-s}{p-(p-1)s} i_g\right) + G + R i_g + \omega L_k \frac{d i_g}{d v},$$

wofür man auch schreiben kann:

$$\mathrm{E}_s \sin\left(\vartheta + \frac{2\pi}{p}\right) - G = R i_g + \omega\left(L_k - \frac{1-s}{(p-(p-1)s} L_a\right)\frac{d i_g}{d\vartheta} + \omega L_a \frac{d i_{ap}}{d\vartheta},$$

$$\mathrm{E}_s \sin\vartheta - G = R i_g + \omega\left(L_k - \frac{1-s}{p-(p-1)s} L_a\right)\frac{d i_g}{d\vartheta} + \omega L_a \frac{d i_{a1}}{d\vartheta}.$$

Ganz analog erhält man während der überlappungsfreien Periode die folgende Spannungsgleichung

$$\mathrm{E}_s \sin\vartheta - G = R i_g + \omega\left(L_k - \frac{1-s}{p-(p-1)s} L_a + L_a\right)\frac{d i_g}{d\vartheta}.$$

Man erkennt schon jetzt nach Vergleich mit Kap. 9 II, ohne die Reduktion vollenden zu müssen, daß sich der Gleichrichter so verhält, als hätte er eine Kathodendrossel mit der Induktivität

$$\tilde{L}_k = L_k - \frac{1-s}{p-(p-1)s} L_a \tag{108}$$

und Anodendrosseln mit der Induktivität L_a.

Anmerkung: Die hier beschriebene Kopplung, bei der die Anodendrosseln alle in demselben Sinne gewickelt sind, heißt die Gegeneinander-Kopplung, da die Drosseln einander entgegenwirken. Im Gegensatz hierzu steht die Hintereinander-Kopplung, bei der der Wicklungssinn von Drossel zu Drossel wechselt ($p =$ gerade Zahl erforderlich) und bei der die Wirkung der Kathodendrossel unterstützt wird.

12. Die Reduktion der gleichstromseitigen Belastung.

Die gleichstromseitige Belastung des in Kap. 9 beschriebenen Normalgleichrichters wurde als eine Kette aus einer Drosselspule mit der Induktivität M, einem Ohmschen Widerstande R und ferner einer konstanten Gegenspannung G angenommen. Dabei war die eigentliche Kathodendrossel des Gleichrichters in der vorigen Selbstinduktion mit enthalten, ferner waren in dem Ohmschen Widerstande die einzelnen Widerstände eines sekundären Stromkreises enthalten und in der konstanten Gegenspannung die Lichtbogenspannung mit einbegriffen.

Die wirkliche Belastung eines Gleichrichters wird in der Regel eine sehr mannigfaltig zusammengesetzte sein; man braucht nur den Fall anzunehmen, daß der Gleichrichter ein Ortsnetz zu speisen hat. Es drängt sich damit die Frage auf, ob es nicht möglich wäre, die tatsächliche Gesamtbelastung elektrisch durch eine einfache Kette aus einer Selbstinduktion, einem rein Ohmschen Widerstand und einer konstanten Gegenspannung zu ersetzen [1]). Dann wäre es in der Tat erlaubt, den Gleichungen des Normalgleichrichters eine allgemeine Geltung zuzusprechen. Nun zeigt sich jedoch, daß die Möglichkeit einer Reduktion an die eine Bedingung gebunden ist, daß der pulsierende Gleichstrom rein sinusförmig pulsiert. Für die meisten praktischen Fälle bedeutet indessen diese Bedingung keine Einschränkung, bei kleinen Pulsationen ist es stets zulässig, für den Gleichstrom den näherungsweisen Ansatz

$$i_g = J_{gm}(1 + w_g \sin p x) \tag{109}$$

zu machen. Darin ist J_{gm} der arithmetische Mittelwert des wirklichen Gleichstromes, w_g dessen Welligkeit, welche bei diesem sinusförmigen Ansatze mit der relativen Pulsation γ zusammenfällt. Der durch (109) bestimmte Gleichstrom hat per definitionem denselben Formfaktor wie der wirkliche Gleichstrom (siehe Gl. (74)). Ferner ist p wieder die Anodenzahl des Gleichrichters und $x = \theta + r$, worin r eine Konstante bedeutet.

Die allgemeine Belastung des Gleichrichters können wir ohne Einschränkung der Allgemeinheit als ein Parallelsystem von n einfachen Belastungsketten

$$(L_i;\ R_i;\ E_i), \qquad i = 1\ ,\ldots,\ n,$$

annehmen. Denn läßt sich das Parallelsystem auf eine einzige Belastungskette reduzieren, so ist jede allgemeine complexe Belastung auf ein Parallelsystem zurückführbar, sodaß es genügt, das letztere allein zu betrachten. Aus der Reduktion des Parallelsystems gehe eine einzige Belastungskette

$$(\tilde{L};\tilde{R};\tilde{E})$$

mit der Induktivität $\tilde{L}$, dem rein Ohmschen Widerstande $\tilde{R}$ und der konstanten Gegenspannung $\tilde{E}$ hervor, welche im Verein mit der Kathodendrossel des Gleichrichters mit der mittleren Induktivität L_k, mit den restlichen Ohmschen Widerständen W der Anodenzuleitungen usw. und endlich mit der Lichtbogenspannung E_l die Normalbelastung

$$(M;\ R;\ G)$$

[1]) Hierauf machte mich Herr Dipl.-Ing. H. Grabow aufmerksam.

des Normalgleichrichters bildet. Es ist infolgedessen

$$\begin{aligned} M &= \tilde{L} + L_k, \\ R &= \tilde{R} + W, \\ G &= \tilde{E} + E_l. \end{aligned} \tag{110}$$

Gegebenenfalls ist L_k durch den aus der Reduktion der Primärseite hervorgehenden Reduktionswert $\tilde{L}_k$ zu ersetzen.

Wir nehmen zunächst an, der Gleichstrom i_g nach Gl. (109) sei gegeben, die Spannung

$$e_g = E_{gm}[1 + w_e \sin p(x + \varphi)]; \tag{111}$$

dagegen gesucht. Die in der Abb. 26 bezeichneten Einzelströme seien ferner

$$i_{gi} = J_i[1 + w_i \sin p(x + \psi_i)], \qquad i = 1, \ldots, n. \tag{112}$$

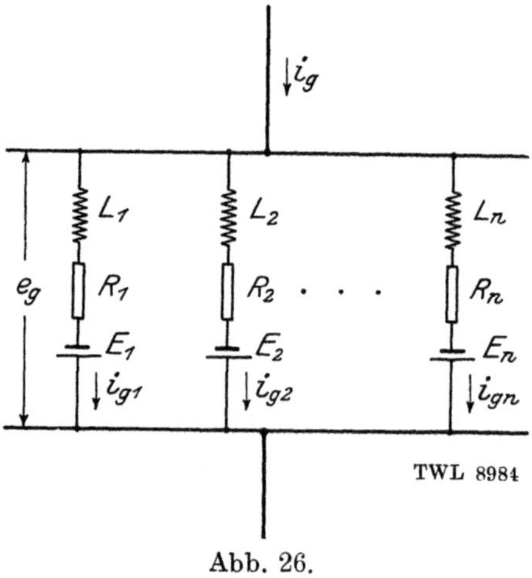

Abb. 26.

Dann hat man zunächst

$$\sum_i i_{gi} = i_g$$

und

$$\omega L i \frac{di_{gi}}{dx} + R i_{gi} + E_i = e_g.$$

Setzt man hierin die Werte für i_g, i_{gi} und e_g ein und setzt außerdem

$$\begin{aligned} \operatorname{tg} p\alpha_i &= \frac{p\omega L_i}{R_i}, \\ \sigma_i &= \frac{E_i}{E_{gm}}, \end{aligned} \tag{113}$$

so erhält man $n + 1$ Gleichungen, aus denen man die folgenden $3(n+1)$ Gleichungen schließt:

$$\begin{aligned} &\sum_i J_i = J_{gm}, \\ &\sum_i J_i w_i \cos p\psi_i = J_{gm} w, \\ &\sum_i J_i w_i \sin p\psi_i = 0, \\ &E_{gm} = E_i + R J_i, \\ &w_e \cos p\varphi = (1 - \sigma_i) w_i (\cos p\psi_i - \operatorname{tg} p\alpha_i \sin p\psi_i), \\ &w_e \sin p\varphi = (1 - \sigma_i) w_i (\sin p\psi_i + \operatorname{tg} p\alpha_i \cos p\psi_i). \end{aligned} \tag{114}$$

Da diese Gleichungen voneinander unabhängig sind, die Zahl der gesuchten Größen E_{gm}, w_e, φ und J_i, w_i, ψ_i gleichfalls $3(n+1)$ beträgt, so sind die Gleichungen (114) zu deren Bestimmung ausreichend. Die Auflösung ergibt:

$$\left.\begin{aligned}
&\text{a)} \quad E_{gm} = \frac{J_{gm} + \sum_i \frac{E_i}{R_i}}{\sum_i \frac{1}{R_i}}, \\
&\text{b)} \quad w_e = \frac{J_{gm} w_g}{E_{gm} \sum_i \frac{\cos p\alpha_i \cos p\psi_i}{R_i}}, \\
&\text{c)} \quad \operatorname{tg} p\varphi = \frac{\sum_i \frac{\sin p\alpha_i \cos p\alpha_i}{R_i}}{\sum_i \frac{\cos^2 p\alpha_i}{R_i}}, \\
&\text{d)} \quad J_i = \frac{E_{gm}}{R_i}(1-\sigma_i), \\
&\text{e)} \quad w_i = \frac{w_e \cos p\alpha_i}{1-\sigma_i}, \\
&\text{f)} \quad \psi_i = \varphi - \alpha_i .
\end{aligned}\right\} \tag{115}$$

Die Rechnung würde dann so erfolgen: Zuerst würde man E_{gm} aus a) und φ aus c) ermitteln, denn die α_i sind ja bekannt. Darauf würde man aus f) die ψ_i bestimmen und zur Berechnung von w_e aus b) schreiten. Die noch übrigen Größen J_i und W_i ergeben sich damit ohne weiteres.

Soweit die Vorüberlegung. Sie zeigt, daß in der Tat die Reduktion möglich und eindeutig ist. Unsere eigentliche Aufgabe bestand jedoch darin, die Elemente $\tilde{L}$, $\tilde{R}$, $\tilde{E}$ der reduzierten Belastungskette zu ermitteln, welches das Parallelsystem elektrisch ersetzt, welches also bei demselben Gleichstrom dieselbe Spannung $e_{gm} = E_{gm} [1 + w_e \sin p(x+\varphi)]$ liefert. Es stellt sich dabei heraus, daß die $3n$ gegebenen Größen L_i, R_i, E_i des Parallelsystems zur Bestimmung der reduzierten Größen $\tilde{L}$, $\tilde{R}$, $\tilde{E}$ nicht ausreichen, sondern daß noch die Kenntnis des Mittelwertes E_{gm} der Belastungsspannung erforderlich ist. Der Grund dafür liegt darin, daß es nicht auf die Werte der Gegenspannungen selbst, sondern auf ihren Quotienten mit der Belastungsspannung, nämlich auf die „relativen Gegenspannungen" σ_i ankommt. Bei den Grundgleichungen des Gleichrichters hatte man ja ganz das Entsprechende.

Das Einfachste ist jetzt, die linken Seiten der Gleichungen (115) durch die rechten Seiten dieser Gleichungen für $i=1$ und $L_1=\tilde{L}$, $R_1=\tilde{R}$, $E_1=\tilde{E}$ zu ersetzen. Die neuen Gleichungen lassen sich auflösen, man erhält:

$$\begin{aligned}
&\text{a)} && \frac{p\,w_g\,\tilde{L}}{\tilde{R}}=\frac{\sum_i \frac{\sin p\,\alpha_i \cos p\,\alpha_i}{R_i}}{\sum_i \frac{\cos^2 p\,\alpha_i}{R_i}}\\
&\text{b)} && \frac{p\,w_g\,\tilde{L}}{\tilde{R}}=\operatorname{tg} p\,\varphi,\\
&\text{c)} && \psi_i=\varphi-\alpha_i,\\
&\text{d)} && \tilde{R}=\frac{\cos p\,\varphi}{\sum_i \frac{\cos p\,\alpha_i \cos p\,\psi_i}{R_i}},\\
&\text{e)} && \tilde{E}=E_{gm}\left(1-\tilde{R}\sum_i \frac{1-\sigma_i}{R_i}\right).
\end{aligned} \tag{116}$$

Der Gang der Lösung ist folgender: Gegeben sind die $3n+1$ Größen $L_i, R_i, E_i\,(i=1,\ldots,n)$ und E_{gm}. Man bestimmt zuerst die Winkel α_i aus $\operatorname{tg} p\,\alpha_i = p\,\omega\,L_i\,/\,R_i$ und darauf nach Gl. (116), a) das Verhältnis $\tilde{L}/\tilde{R}$ und nach b) sofort die Größe von φ. Dann hat man mit Hilfe von c) die ψ_i und nach Gl. d) den Widerstand $\tilde{R}$. Aus e) folgt nach der Ausrechnung der $\sigma_i=E_i\,/\,E_{gm}$ die Größe der Gegenspannung. Die Induktivität $\tilde{L}$ ergibt sich endlich aus $\tilde{L}/\tilde{R}$ und $\tilde{R}$. Damit sind die drei gesuchten Reduktionswerte $\tilde{L}$, $\tilde{R}$, $\tilde{E}$ bekannt.

Sollte die mittlere Spannung E_{gm} nicht direkt gegeben sein, so gibt es im allgemeinen nur die Möglichkeit, sie zu schätzen. Bestimmte Regeln lassen sich jedoch für diese Abschätzung nicht angeben.

Dritter Abschnitt.

Der Normalgleichrichter.

Nach den Vorbereitungen des ersten und des zweiten Abschnittes soll nunmehr der p-anodige Normalgleichrichter näher untersucht werden. Die Bezeichnungen sind die schon in Kap. 8 eingeführten, welche von Fall zu Fall nur noch um wenige zu ergänzen sind.

13. Der p-anodige Normalgleichrichter ohne Anodendrosseln.

a) Der Gleichrichter ohne Kathodendrossel mit ständiger Hilfserregung.

Die gleichstromseitige Normalbelastung soll nur aus einem Ohmschen Widerstande R und einer Gegenspannung G bestehen. Da eine ständige Hilfserregung des Kathodenfleckes vorausgesetzt wird, so gibt es keine Minimalstromgrenze für den Gleichstrom mehr, der Gleichstrom kann also alle positiven Werte bis nahe an den Wert Null herab annehmen.

Der Gleichstrom setzt das erste Mal dann ein, wenn eine der Phasenspannungen, etwa v_1, den Wert G überschreitet. Dies geschieht zur Zeit $\vartheta = \arcsin \sigma$. Sinkt im Verlaufe der ersten Periode der Gleichstrom auf den Wert Null herab, so tritt eine Unterbrechung ein; es entsteht eine „Stromlücke". Der Gleichstrom setzt nachher wieder ein, wenn die nächste Phasenspannung v_2 den Wert G überschreitet usf. Eine Stromlücke tritt immer dann ein, wenn $G > V \cos \pi/p$ oder wenn $\sigma > \cos \pi/p$ ist. Für $\sigma \leqq \cos \pi/p$ hat man dagegen einen lückenlosen Gleichstrom zu erwarten. Die Anodenströme lösen einander ab, wenn die benachbarten jeweiligen Anodenpotentiale einander gleich sind, also in den „Äquipotentialpunkten" der Spannungen $v_1, v_2; \cdots; v_p, v_1$. Demgemäß erhält man, je nachdem der Gleichstrom nicht lückenlos oder lückenlos ist,

$$i = \frac{V}{R}(\sin \vartheta - \sigma),$$

worin für $\sigma > \cos \frac{\pi}{p}$

$$\arcsin \sigma \leqq \vartheta \leqq \pi - \arcsin \sigma \tag{117}$$

und für $\sigma \leqq \cos \frac{\pi}{p}$

$$\left(\frac{1}{2} - \frac{1}{p}\right)\pi \leqq \vartheta \leqq \left(\frac{1}{2} + \frac{1}{p}\right)\pi$$

ist. Der Gleichstrom setzt sich aus einzelnen Sinusbogen zusammen, welche je nach der Größe der Gegenspannung G mehr oder weniger gesenkt sind.

Der arithmetische Mittelwert J_m des Gleichstromes ist für $\sigma > \cos\frac{\pi}{p}$

$$J_m = \frac{V}{R} \cdot \frac{p}{\pi} \left(\sqrt{1-\sigma^2} - \sigma \arccos \sigma\right)$$

und für $\sigma \leqq \cos\frac{\pi}{p}$ (117a)

$$J_m = \frac{V}{R}\left(\frac{p}{\pi}\sin\frac{\pi}{p} - \sigma\right).$$

In entsprechender Weise ist der quadratische Mittelwert J_e des Gleichstromes für $\sigma > \cos\frac{\pi}{p}$

$$J_e = \frac{V}{R}\sqrt{\frac{p}{2\pi}\left((1+2\sigma^2)\arccos\sigma - 3\sigma\sqrt{1-\sigma^2}\right)}$$

und für $\sigma \leqq \cos\frac{\pi}{p}$ (117b)

$$J_e = \frac{V}{R}\sqrt{\frac{1}{2}\left(1+\frac{p}{2\pi}\sin\frac{2\pi}{p}\right) - 2\sigma\frac{p}{\pi}\sin\frac{\pi}{p} + \sigma^2}.$$

Anmerkung 1: Die in Kap. 7 a eingeführte Welligkeit w_g des Gleichstromes stellt sich für den Fall des lückenlosen Stromes durch einen einfachen Ausdruck dar, welcher darum hier wiedergegeben werden soll. Man findet für $\sigma \leqq \cos\frac{\pi}{p}$

$$w_g = \frac{\sqrt{1+\frac{p}{2\pi}\sin\frac{2\pi}{p} - 2\frac{p^2}{\pi^2}\sin^2\frac{\pi}{p}}}{\frac{p}{\pi}\sin\frac{\pi}{p} - \sigma}. \tag{118}$$

Der Ausdruck zeigt eine sehr einfache Abhängigkeit von der Gegenspannung. Man erkennt ferner, daß die Welligkeit mit wachsender Gegenspannung schnell zunimmt.

Anmerkung 2: Der Formfaktor des Gleichstromes, also das Verhältnis J_e/J_m und ebenso die Welligkeit nehmen den Wert Unendlich an, wenn σ gegen 1 geht. Diese sonst unwesentliche Tatsache hat ein gewisses mathematisches Interesse, da sie sich nach den gewöhnlichen Regeln nur sehr umständlich verifizieren läßt. Es empfiehlt sich, für den Grenzübergang in den Gleichungen (117a, b) $\sigma = 1 - \varepsilon$ zu setzen und von der Reihenentwicklung für kleine Werte von ε,

$$\arccos(1-\varepsilon) = \sqrt{2}\left(\sqrt{\varepsilon} + \frac{1}{4}\sqrt{\varepsilon}^3 + \cdots\right),$$

Gebrauch zu machen.

Anmerkung 3: Wir wollen noch den Leistungsfaktor λ des Normalgleichrichters in bezug auf die Außenleiter des Netzes bestimmen. Es sind wieder die Werte für $\sigma > \cos \pi/p$ und die für $\sigma \leqq \cos \pi/p$ zu unterscheiden. Je nachdem findet man

für $\sigma > \cos \frac{\pi}{p}$

$$\lambda = \frac{\arccos \sigma - \sigma \sqrt{1-\sigma^2}}{\sqrt{\pi \left((1+2\sigma^2) \arccos \sigma - 3\sigma \sqrt{1-\sigma^2}\right)}}$$

und für $\sigma \leqq \cos \frac{\pi}{p}$ (119)

$$\lambda = \frac{1 + \frac{p}{2\pi} \sin \frac{2\pi}{p} - 2\sigma \frac{p}{\pi} \sin \frac{\pi}{p}}{\sqrt{p\left(1 + \frac{p}{2\pi} \sin \frac{2\pi}{p} - 4\sigma \frac{p}{\pi} \sin \frac{\pi}{p} + 2\sigma^2\right)}}.$$

Die praktische Anwendung dieser Gleichungen hat mit großer Vorsicht zu geschehen; weil es bei dem Leistungsfaktor in entscheidender Weise auf die primärseitige Schaltung ankommt, welche in nur wenigen Fällen der das Normalgleichrichters gleicht. Der Leistungsfaktor nimmt eine Ausnahmestellung ein; es ist wahrscheinlich nicht möglich, die Ergebnisse des Reduktionsproblemes hier anzuwenden, so wie es für die Herleitung der gleichstromseitigen Vorgänge im Gleichrichter möglich war. Hier kann man nur von Fall zu Fall entscheiden. Das Nähere hierüber und für die Berechnung der Leistungsfaktoren der verschiedenen Gleichrichter Erforderliche bringt der vierte Abschnitt.

Wir wenden uns nur noch einer wichtigeren Aufgabe zu, welche den Einfluß des Gleichrichters auf den Leistungsfaktor eines schon mit sinusförmigem Strom belasteten Netzes angeht und die der Einfachheit wegen zunächst für den Normalgleichrichter behandelt werden soll.

Anmerkung 4: Ein Wechselstromnetz, dessen Sternspannungen v_h $(h = 1, \cdots, p)$ in gleicher Weise, wie bei Kap. 8 durch

$$v_h = V \sin\left(\vartheta - \frac{h-1}{p} 2\pi\right)$$

gegeben sind, soll durch einen Verbraucher symmetrisch belastet werden. Die Phasenströme, welche dabei auftreten, sollen rein sinusförmig sein und durch die Gleichungen

$$i_h = J' \sin\left(\vartheta - \frac{h-1}{p} 2\pi - \varphi\right)$$

bestimmt sein. Der Leistungsfaktor des Netzes ist dann bekanntermaßen gleich

$$\lambda_I = \cos \varphi.$$

Dem Netze werde jetzt ferner ein Normalgleichrichter mit der vorigen Belastung zugeschaltet; es soll dann festgestellt werden, ob der nunmehr herrschende resultierende Leistungsfaktor λ_{II} größer oder kleiner ausfällt als der vorige λ_I. Der Einfachheit wegen setzen wir $\sigma = 0$, sehen also von einer Gegenspannung ganz ab, so daß der Gleichstrom in einfacher Weise durch

$$i = \frac{V}{R}\sin\vartheta, \qquad \left(\frac{1}{2}-\frac{1}{p}\right)\pi \leqq \vartheta \leqq \left(\frac{1}{2}+\frac{1}{p}\right)\pi$$

gegeben ist. Der Eigen-Leistungsfaktor des Gleichrichters wird dann, wie man leicht erkennt, wenn man in (119) $\sigma = 0$ setzt,

$$\lambda = \sqrt{\frac{1}{p}\left(1+\frac{p}{2\pi}\sin\frac{2\pi}{p}\right)}. \tag{120a}$$

Schreibt man noch

$$\frac{V}{J'R} = \xi, \tag{120b}$$

so erhält man nach einiger Rechnung für den resultierenden Leistungsfaktor λ_{II} unter Benutzung der Gl. (120a), (120b):

$$\lambda_{II} = \frac{\cos\varphi + \xi\lambda^2}{\sqrt{1+(2\xi\cos\varphi+\xi^2)\lambda^2}}. \tag{121}$$

Das Interessante dieses Problems ist, daß nach Gl. (121) der resultierende Leistungsfaktor nie kleiner als der kleinste der beiden Einzel-Leistungsfaktoren, wohl aber größer als der größte unter diesen werden kann[1]).

In Kap. 16 bei der Behandlung des Zweiphasengleichrichters kommen wir hierauf noch näher zurück.

b) Die Anlaufvorgänge im Gleichrichter mit Kathodendrossel.

In Kap. 8 wurden die Stromgleichungen sofort für den stationären Endzustand aufgestellt. Den Übergang von dem Anfangszustand oder Einschaltmoment $i(\vartheta = 0) = 0$ aus bis zum stationären Zustand nennt man den Anlaufvorgang. Wir wollen diesen nur für den Gleichrichter ohne Anodendrosseln näher untersuchen.

Wir setzen zunächst voraus, daß der Kathodenfleck im Vakuumgefäß durch die Zündvorrichtung schon erregt oder eingeleitet ist. Der Gleichstromkreis, in welchem die Normalbelastung (M; R; G), bestehend aus der Kathodendrossel, dem Ohmschen Widerstande und der Gegenspannung, liegt, sei durch einen Ausschalter zunächst noch unterbrochen.

---

[1]) Hierauf hat zuerst L. P. Krijger hingewiesen. Vgl. ETZ 1923, S. 286; Arch. f. El. 1924, Heft 6.

Zur Zeit $\vartheta = \vartheta_1$ werde der Gleichstromkreis durch Schließen des Schalters geschlossen. Zur Zeit $\vartheta = \vartheta_2$ soll eine der Sternspannungen $v_h (h = 1, \ldots, p)$ den Wert G der Gegenspannung erreichen; angenommen, es sei die Spannung v_1. Dann ist

$$\vartheta_2 = \arcsin \sigma .$$

In diesem Zeitmomente setzt der Lichtbogen an der ersten Anode ein. Der Minimalstrom wird hier bedeutungslos, da ja der Kathodenfleck durch die Zündung fremderregt ist. Zwischen dem Einschaltmoment ϑ_1 und dem Zündmoment ϑ_2 vergeht eine Zeitspanne $\vartheta_2 - \vartheta_1$, welche nie größer $\pi/2$ sein kann. Sie wird Null, wenn der Schalter gerade im Augenblick ϑ_2 eingelegt wird; der Lichtbogen zündet dann sofort.

Nach der Zündung des Lichtbogens ist der einsetzende Gleichstrom bestimmt durch den Anfangswert $i(\vartheta = \vartheta_2) = 0$ und die Differentialgleichung

$$\frac{V}{R}(\sin \vartheta - \sigma) = i + \operatorname{tg} \alpha \frac{d i}{d \vartheta} .$$

Man erhält daraus

$$i = \frac{V}{R}\left[\cos \alpha \sin (\vartheta - \alpha) + Z_0 e^{-\vartheta \operatorname{ctg} \alpha} - \sigma\right], \tag{123a}$$

worin

$$Z_0 = \left[\cos \alpha \left(\sqrt{1 - \sigma^2} \sin \alpha - \sigma \cos \alpha\right) + \sigma\right] e^{\operatorname{ctg} \alpha \cdot \arcsin \sigma} \tag{123b}$$

und

$$\arcsin \sigma \leqq \vartheta \leqq \left(\frac{1}{2} + \frac{1}{p}\right) \pi$$

ist. Um die darauf folgenden Stromverläufe

$$i_r = \frac{V}{R}\left[\cos \alpha \sin (\vartheta - \alpha) + Z_r e^{-\vartheta \operatorname{ctg} \alpha} - \sigma\right], \qquad r = 1, 2, \ldots \text{ in inf.} \tag{124a}$$

zu erhalten, ist es nur nötig, die einzelnen Grenzbedingungen

$$i_r \Big|_{\vartheta = \left(\frac{1}{2} - \frac{1}{p}\right) \pi} = i_{r-1} \Big|_{\vartheta = \left(\frac{1}{2} + \frac{1}{p}\right) \pi}$$

auszuwerten. Man erhält so allgemein

$$Z_r = \left(Z_0 e^{-r\left(\frac{1}{2} - \frac{1}{p}\right) \pi \operatorname{ctg} \alpha} + \sin \frac{\pi}{p} \sin 2 \alpha \sum_{\nu = 1}^{r-1} e^{-\frac{2 \pi \nu}{p} \operatorname{ctg} \alpha}\right) e^{\left(\frac{1}{2} + \frac{1}{p}\right) \pi \operatorname{ctg} \alpha} \tag{124b}$$

Hieraus läßt sich sofort die Konstante Z für den stationären Zustand ermitteln. Da dieser stationäre Zustand asymptotisch erreicht wird, bilden wir den Grenzwert für $r \to \infty$. Es wird

$$\lim_{r \to \infty} Z_r = \sin\frac{\pi}{p}\sin 2\alpha \sum_{\nu=0}^{\infty} e^{-\frac{2\pi\nu}{p}\operatorname{ctg}\alpha} \cdot e^{\left(\frac{1}{2}+\frac{1}{p}\right)\pi\operatorname{ctg}\alpha}$$

$$= \frac{\sin\frac{\pi}{p}\sin 2\alpha}{1 - e^{-\frac{2\pi}{p}\operatorname{ctg}\alpha}} e^{\left(\frac{1}{2}+\frac{1}{p}\right)\pi\operatorname{ctg}\alpha}$$

$$= \frac{\sin\frac{\pi}{p}\sin 2\alpha}{2\,\mathfrak{Sin}\left(\frac{\pi}{p}\operatorname{ctg}\alpha\right)} e^{\frac{\pi}{2}\operatorname{ctg}\alpha}$$

Das ist aber der gleiche Wert wie der in Kap. 8 gefundene. Es handelt sich jetzt noch darum, zu wissen, wann der Anlaufvorgang möglich ist und wann nicht.

Die Bedingung dafür lautet, daß der Gleichstrom stets positiv bleibt. Diese Bedingung ist offenbar immer erfüllt, wenn $\sigma < \cos\pi/p$ ist. Ist dagegen $\sigma \geqq \cos\pi/p$, so hängt die Möglichkeit des Anlaufes von der Größe der Kathodendrossel, resp. von α ab. Der Anlauf wird mit wachsender Gegenspannung G, also mit wachsendem σ immer unsicherer und schließlich unmöglich. Da jedoch die Unmöglichkeit des Anlaufes, also das Abreißen des Lichtbogens während des Anlaufvorganges durchaus nicht die Unmöglichkeit eines lückenlosen Gleichstromes im stationären Endzustand einschließt, so hilft man sich bei Gleichrichtern, welche etwa eine Batterie aufladen sollen, dadurch, daß man zur Inbetriebsetzung des Gleichrichters zuerst „auf Widerstand schaltet". Wie Abb. 27 zeigt, legt man einen Umschalter, der gestattet, dem Gleichrichter wahlweise mit einem „Anlaufwiderstand" oder mit der Batterie zu belasten, zur Inbetriebsetzung des Gleichrichters zunächst „auf Widerstand" und schaltet nach erfolgter Zündung des Lichtbogens „auf Batterie" um. Der Umschalter muß dabei so arbeiten, daß der Gleichstrom während der Umschaltung nicht unterbrochen wird.

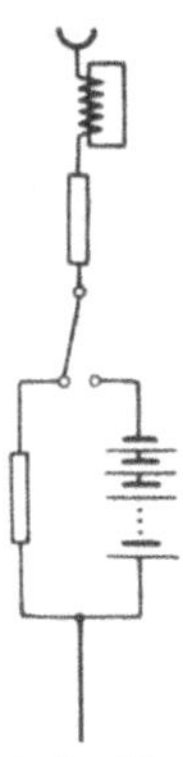

Abb. 27.

Auf die Anlaufvorgänge im Gleichrichter mit Anodendrosseln soll hier nicht eingegangen werden[1]).

Die Zündung wird man übrigens nach dem ersten Ansprechen des Lichtbogens in der Regel ausschalten. Das Ausschalten selbst besorgt in vielen Fällen ein im Gleichstromkreis liegendes Ruhestromrelais, das bei einsetzendem Gleichstrom sofort anspricht und ebenso bei irgendwie aussetzendem Gleichstrom die Zündung wieder einschaltet und den Gleichrichter in die erforderliche Zündbereitschaft versetzt.

---

[1]) Der Leser findet darüber einige geometrische Veranschaulichungen auch über ungleichförmige Anlaufvorgänge, in der Arbeit von Kleeberg (l. c.).

c) Die Mittelwerte und Welligkeit des Gleichstromes im Gleichrichter mit Kathodendrossel.

In Kap. 9 hatten wir für den Gleichstrom des Normalgleichrichters mit Kathodendrossel die für den stationären Zustand gültige Gleichung

$$i = \frac{V}{R}\left(\cos\alpha\sin(\vartheta-\alpha) + \frac{\sin\frac{\pi}{p}\sin 2\alpha}{2\,\mathfrak{Sin}\left(\frac{\pi}{p}\operatorname{ctg}\alpha\right)}\cdot e^{\left(\frac{\pi}{2}-\vartheta\right)\operatorname{ctg}\alpha} - \sigma\right).$$

$$\left(\frac{1}{2}-\frac{1}{p}\right)\pi \leqq \vartheta \leqq \left(\frac{1}{2}+\frac{1}{p}\right)\pi$$

gefunden. Wie zu erwarten ist, erhält man für den daraus errechneten arithmetischen Mittelwert J_m des Gleichstromes einen von der Größe der Kathodendrossel unabhängigen Wert, da der arithmetische Mittelwert der in der Kathodendrossel induzierten Spannung verschwindet. Man erhält in Übereinstimmung mit (85b)

$$J_m = \frac{V}{R}\left(\frac{p}{\pi}\sin\frac{\pi}{p} - \sigma\right). \tag{125}$$

Sehr viel verwickelter wird jedoch der Ausdruck für den quadratischen Mittelwert J_e des Gleichstromes. Der quadratische Mittelwert ist stark von der Größe der Kathodendrossel abhängig. Mit wachsender Größe der Kathodendrossel nähert sich dieser Wert dem arithmetischen Mittelwerte J_m. Man erhält

$$J_e = \frac{V}{R}\sqrt{\begin{aligned}&\frac{\cos^2\alpha}{2}\left(1+\frac{p}{2\pi}\sin\frac{2\pi}{p}\cos 2\alpha\right) - 2\sigma\frac{p}{\pi}\sin\frac{\pi}{p}\\ &+\sigma^2+\frac{p}{4\pi}\sin\frac{2\pi}{p}\sin^2 2\alpha + \frac{p\sin^2\frac{\pi}{p}\sin 2\alpha\sin^2\alpha}{2\pi\,\mathfrak{Tg}\left(\frac{\pi}{p}\operatorname{ctg}\alpha\right)}\end{aligned}}. \tag{126}$$

Mit wachsender Anodenzahl p nähern sich beide Mittelwerte (125) und (126) dem leicht verständlichen Maximalwerte

$$J_m \rightarrow J_e \rightarrow \frac{V}{R}(1-\sigma).$$

Nachdem nunmehr die Mittelwerte des Gleichstromes bekannt sind, ist es sofort möglich, die Welligkeit w_g des Gleichstromes zu ermitteln. Es ist $w_g = \sqrt{2(J_e^2 - J_m^2)}/J_m$ und damit

$$w_g = \frac{1}{\frac{p}{\pi}\sin\frac{\pi}{p}-\sigma}\sqrt{\begin{aligned}&\cos^2\alpha\left(1+\frac{p}{2\pi}\sin\frac{2\pi}{p}\cos 2\alpha\right) - \frac{2p^2}{\pi^2}\sin^2\frac{\pi}{p}\\ &+\frac{p}{2\pi}\sin\frac{2\pi}{p}\sin^2 2\alpha + \frac{p\sin^2\frac{\pi}{p}\sin 2\alpha\sin^2\alpha}{\pi\,\mathfrak{Tg}\left(\frac{\pi}{p}\operatorname{ctg}\alpha\right)}\end{aligned}}. \tag{127}$$

Die Welligkeit zeigt eine sehr einfache Abhängigkeit von der Gegenspannungsgröße σ. Man erkennt ferner, daß die Welligkeit mit wachsender Größe der Kathodendrossel verschwindet. Von der bemerkenswerten Tatsache, daß $J_e^2 - J_m^2$ von der Gegenspannung unabhängig ist, werden wir nachher noch Gebrauch machen.

Anmerkung: Die Diskussion des Gleichstromes und vor allem die nachfolgenden Näherungsrechnungen werden bedeutend durchsichtiger und klarer, wenn man an Stelle der bisherigen Zeitvariablen ϑ eine neue Variable ζ durch die Substitution

$$\zeta = p\left(\vartheta - \frac{\pi}{2}\right) \tag{128}$$

einführt. Man erkennt, daß für $\vartheta = \frac{\pi}{2}$ die Variable $\zeta = 0$ ist und daß einander entsprechen

$$\left(\frac{1}{2} - \frac{1}{p}\right)\pi \leqq \vartheta \leqq \left(\frac{1}{2} + \frac{1}{p}\right)\pi$$

und

$$-\pi \leqq \zeta \leqq +\pi .$$

Da wir ferner die Form des Gleichstromes für große Werte der Induktivität der Kathodendrossel untersuchen wollen, so empfiehlt es sich, an Stelle des Winkels α sein Komplement $\varepsilon = \pi/2 - \alpha$ durch

$$\operatorname{tg} \varepsilon = \frac{R}{\omega L} \tag{129}$$

einzuführen und nachher für kleine Werte von $R/\omega L$ einfach $\varepsilon = R/\omega L$ zu setzen. Wir machen nachher dauernd davon Gebrauch.

Nach Einführung von (128) und (129) in die alte Stromgleichung erhält man die neue Gleichung für den Gleichstrom

$$i = \frac{V}{R}\left(\sin\varepsilon \sin\left(\frac{\zeta}{p} + \varepsilon\right) + \frac{\sin\frac{\pi}{p}\sin 2\varepsilon}{2\,\mathfrak{Sin}\left(\frac{\pi}{p}\operatorname{tg}\varepsilon\right)}\, e^{-\frac{\zeta}{p}\operatorname{tg}\varepsilon} - \sigma\right), \tag{130}$$

$$-\pi \leqq \zeta \leqq +\pi .$$

d) Die in der Kathodendrossel induzierte Spannung.

Die induzierte Spannung soll e_d heißen. Es ist

$$e_d = M\,di/dt = \omega M\,di/d\vartheta = R \operatorname{tg}\alpha\, di/d\vartheta .$$

Unter Verwendung der ursprünglichen Stromgleichung erhält man

$$e_d = V\left(\sin\alpha\cos(\vartheta - \alpha) - \frac{\sin\frac{\pi}{p}\sin 2\alpha}{2\,\mathfrak{Sin}\left(\frac{\pi}{p}\operatorname{ctg}\alpha\right)}\, e^{\left(\frac{\pi}{2} - \vartheta\right)\operatorname{ctg}\alpha}\right). \tag{131}$$

Der arithmetische Mittelwert dieser Spannung ist gleich Null. Der quadratische Mittelwert E_{de} wird

$$E_{de} = V\sqrt{\frac{1}{2}\left(1 - \frac{p}{2\pi}\sin\frac{2\pi}{p}\cos 2\alpha\right) - \frac{p\sin^2\frac{\pi}{p}\cdot\sin 2\alpha}{2\pi\,\mathfrak{Tg}\left(\frac{\pi}{p}\operatorname{ctg}\alpha\right)}}. \tag{132}$$

Für den Fall einer sehr großen Kathodendrossel $\left(\alpha \rightarrow \frac{\pi}{2}\right)$ wird dieser Mittelwert

$$E_{de} = V\sqrt{\frac{1}{2}\left(1 + \frac{p}{2\pi}\sin\frac{2\pi}{p}\right) - \frac{p^2}{\pi^2}\sin^2\frac{\pi}{p}}; \tag{132a}$$

für den Momentanwert erhält man dagegen

$$e_d = V\left(\sin\vartheta - \frac{p}{\pi}\sin\frac{\pi}{p}\right).$$

Die Spannung behält also einen endlichen Wert. Der Gleichstrom, welcher diese Spannung induziert, hat zwar eine verschwindende Pulsation, vermag aber dennoch in der sehr großen Kathodendrossel eine endlich große Spannung zu induzieren. Wie man erkennt, ist diese induzierte Spannung in Größe und Phase gleich der betreffenden Sternspannung v_1, jedoch um den Betrag gesenkt, der den auf das betreffende Intervall $2\pi/p$ bezogenen arithmetischen Mittelwert von v_1 ausmacht.

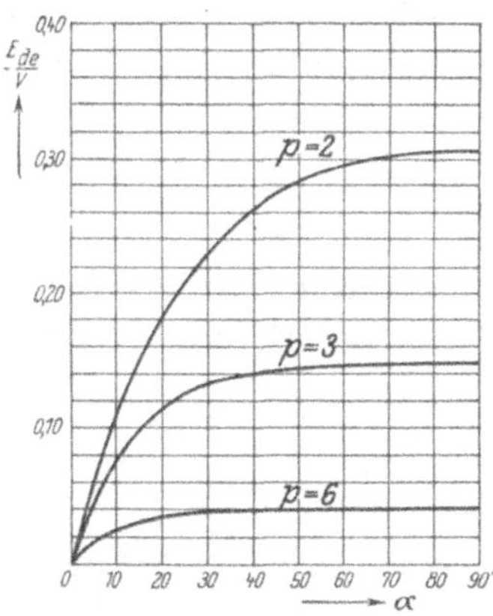

Abb. 28. TWL 8985

Anmerkung: Die Gl. (132) eröffnet eine einfache Methode, aus der gemessenen Spannung E_{de} und der bekannten Sternspannung den Winkel α und damit das Verhältnis $\omega M/R$ zu ermitteln. Ist dann der Ohmsche Widerstand R bekannt, so hat man die Größe der Induktivität M.

Die aus Gl. (132) errechneten Werte E_{de}/V sind in der Abb. 28 für die Fälle $p = 2$, $p = 3$ und $p = 6$ aufgetragen.

e) Eine einfache Näherungsgleichung für den Gleichstrom bei großer Kathodendrossel.

Für viele praktische Zwecke ist es sehr erwünscht, einen einfacheren, aber noch hinreichend genauen Ansatz für den Gleichstrom zur Verfügung zu haben. Es handelt sich dabei besonders um den Gleichstrom mit geringer Pulsation.

Das Nächstliegende ist, einen Ansatz zu machen, der den Gleichstrom bei kleinen Pulsationen als angenähert rein sinusförmig pulsierend voraussetzt. Der jeweilige Wert des Gleichstromes wäre dann gleich der Summe aus einem konstanten Anteil $\mathfrak{A}$, der gleichzeitig den arithmetischen Mittelwert J_m des Stromes darstellt und aus einem Sinusgliede, das die in Gl. (71) mit $f(\vartheta)$ bezeichnete Zeitfunktion vertritt. Die Amplitude dieses Sinusgliedes sei $\mathfrak{K}$. Die Periode der Sinusfunktion muß gleich der Periode des Gleichstromes, also gleich $2\pi/p$ werden. Bedeutet schließlich r eine Konstante, welche die Verfügung über die Phase des Sinusgliedes noch offen lassen soll, so müßte dieses in der Form $\mathfrak{K} \sin p(\vartheta + r)$ geschrieben werden. Für den Normalgleichrichter ohne Anodendrosseln wird der Wert von r, wie wir nachher sehen werden, gleich $\frac{\varepsilon}{p} - \frac{\pi}{2}$, worin in der schon eingeführten Bezeichnungsweise $\operatorname{tg} \varepsilon = R/\omega M$ bedeutet.

Führt man außerdem wieder die durch (128) gegebene Variable ζ ein, so erhält unser Ansatz für den Gleichstrom die Form

$$i = \mathfrak{A} + \mathfrak{K} \sin(\zeta + \varepsilon). \tag{133}$$

Zur Nachprüfung der Richtigkeit des Ansatzes (133) entwickeln wir den Ausdruck für den Gleichstrom in eine Fouriersche Reihe

$$i = \mathfrak{A} + \sum_{\nu=1}^{\infty} (b_\nu \sin \nu\zeta + c_\nu \cos \nu\zeta).$$

Das einzige Glied, welches die Größe σ für die Gegenspannung enthält, ist das konstante Glied

$$\mathfrak{A} = \frac{V}{R}\left(\frac{p}{\pi} \sin\frac{\pi}{p} - \sigma\right). \tag{133a}$$

Alle übrigen Glieder der Reihe sind von der Gegenspannung unabhängig. Für die Koeffizienten b_ν und c_ν der Reihe erhält man unter Benutzung der Gl. (130) die Werte

$$b_\nu = \frac{V}{R\pi} \int_{-\pi}^{+\pi} \left(\sin\varepsilon \sin\left(\frac{\zeta}{p} + \varepsilon\right) + \frac{\sin\frac{\pi}{p} \sin 2\varepsilon}{2 \operatorname{Sin}\left(\frac{\pi}{p} \operatorname{tg}\varepsilon\right)} e^{-\frac{\zeta}{p}\operatorname{tg}\varepsilon} - \sigma \right) \sin\nu\zeta \, d\zeta$$

$$= (-1)^{\nu+1} \cdot \frac{V}{R} \frac{2p^2\nu \sin\frac{\pi}{p} \operatorname{tg}\varepsilon}{\pi(p^2\nu^2 - 1)(\operatorname{tg}^2\varepsilon + p^2\nu^2)}$$

und

$$c_\nu = \frac{V}{R\pi}\int_{-\pi}^{+\pi}\left(\sin\varepsilon\sin\left(\frac{\zeta}{p}+\varepsilon\right)+\frac{\sin\frac{\pi}{p}\sin 2\varepsilon}{2\,\mathfrak{Sin}\left(\frac{\pi}{p}\operatorname{tg}\varepsilon\right)}e^{-\frac{\zeta}{p}\operatorname{tg}\varepsilon}-\sigma\right)\cos\nu\zeta\,d\zeta$$

$$= -\frac{V}{R}\cdot\frac{2p\sin\frac{\pi}{p}\operatorname{tg}^2\varepsilon}{\pi(p^2\nu^2-1)(\operatorname{tg}^2\varepsilon+p^2\nu^2)}.$$

Beschränkt man sich auf die Beachtung der ersten beiden Koeffizienten b_1 und c_1, so erhält man für die obige Fouriersche Reihe

$$i = \mathfrak{A} + b_1\sin\zeta + c_1\cos\zeta$$
$$= \mathfrak{A} + \sqrt{b_1^2+c_1^2}\sin\left(\zeta+\operatorname{arctg}\frac{c_1}{b_1}\right),$$

worin nach den gefundenen Gleichungen für b_ν und c_ν

$$\sqrt{b_1^2+c_1^2} = \frac{V}{R}\frac{2p\sin\frac{\pi}{p}\operatorname{tg}\varepsilon}{\pi(p^2-1)\sqrt{\operatorname{tg}^2\varepsilon+p^2}}$$

und

$$\operatorname{arctg}\frac{c_1}{b_1} = \varepsilon$$

wird[1]). Also ist der Ansatz (133) richtig.

Für die Bestimmung der Amplitude $\mathfrak{K}$ in (133) gibt es im ganzen vier verschiedene Möglichkeiten. Die vier Werte, welche diese vier Bestimmungsmöglichkeiten ergeben, nennen wir $\mathfrak{K}_1$, $\mathfrak{K}_2$, $\mathfrak{K}_3$ und $\mathfrak{K}_4$. Für einen rein sinusförmig pulsierenden Gleichstrom fallen diese vier Größen gleich aus. Für unseren Gleichstrom dagegen ergeben sich vier verschiedene Werte. Die numerischen Abweichungen derselben seien ein Maß für die Genauigkeit des obigen Ansatzes.

I. Die erste der vier Bestimmungsmöglichkeiten ist die, $\mathfrak{K}$ gleich der Pulsation P des Gleichstromes zu machen. Die Werte der Variablen ζ, für die der Strom nach Gl. (130) ein Minimum resp. ein Maximum hat, seien ζ_1 und ζ_2; entsprechend sei $J_1 = i(\zeta_1)$ und $J_2 = i(\zeta_2)$. Ist die Induktivität der Kathodendrossel groß, so wird ungefähr $\zeta_1 = -\frac{\pi}{2}$ und $\zeta_2 = +\frac{\pi}{2}$. Setzt man diese Werte in (130) ein, so erhält man für die Pulsation $P = \frac{1}{2}(J_2 - J_1)$ den Ausdruck

$$P = \mathfrak{K}_1 = \frac{V}{R}\,\frac{\sin 2\varepsilon\sin\frac{\pi}{2p}}{2}\left(1-\frac{\cos\frac{\pi}{2p}}{\mathfrak{Cof}\left(\frac{\pi}{2p}\operatorname{tg}\varepsilon\right)}\right).$$

[1]) Zu dem gleichen Ergebnis gelangt auch L. P. Krijger. Vgl. Arch. f. El. Bd. 13, S. 448. 1924.

Vernachlässigt man darin $\operatorname{tg}^2\varepsilon = (R/\omega M)^2$ gegen 1, so erhält man

$$\mathfrak{K}_1 = \frac{V}{\omega M}\left(1 - \cos\frac{\pi}{2p}\right)\sin\frac{\pi}{2p}. \tag{133b}$$

II. Die zweite Möglichkeit besteht darin, $\mathfrak{K}$ gleich der mit der Welligkeit w_g zusammenhängenden Größe $\sqrt{J_e^2 - J_m^2}$ zu setzen, worin J_e wieder den quadratischen und J_m den arithmetischen Mittelwert des Gleichstromes bedeutet. Diese Größe ist nichts anderes als $J_m \cdot w_g$. Setzt man in dem obigen Wurzelausdruck die Werte von J_e und J_m nach den Gl. (126) und (125) ein, so bekommt man

$$\mathfrak{K}_2 = \frac{V}{R}\sqrt{\begin{aligned}&\sin^2\varepsilon\left(1 - \frac{p}{2\pi}\sin\frac{2\pi}{p}\cos 2\varepsilon\right) + \frac{p}{2\pi}\sin\frac{2\pi}{p}\sin^2 2\varepsilon \\ &+ \frac{p\sin^2\frac{\pi}{p}\sin 2\varepsilon\cos^2\varepsilon}{\pi\,\mathfrak{Tg}\left(\frac{\pi}{p}\operatorname{tg}\varepsilon\right)} - \frac{2p^2}{\pi^2}\sin^2\frac{\pi}{p}\end{aligned}}.$$

Hierfür kann man unter Vernachlässigung von $\operatorname{tg}^2\varepsilon$ gegen 1 schreiben

$$\mathfrak{K}_2 = \frac{V}{\omega M}\sqrt{1 + \frac{3p}{2\pi}\sin\frac{2\pi}{p} - \frac{p^2}{\pi^2}\sin^2\frac{\pi}{p}\left(4 - \frac{2\pi^2}{3p^2}\right)}. \tag{133c}$$

III. Wir bilden in Gl. (133) die erste Ableitung nach ζ. Der quadratische Mittelwert dieser Ableitung $i' = di/d\vartheta$ ist gleich $\mathfrak{K}/\sqrt{2}$. Wir bilden ebenfalls in Gl. (130) die erste Ableitung und von dieser den quadratischen Mittelwert. Er ist gleich der rechten Seite von (132), multipliziert mit $1/pR\operatorname{tg}\alpha$. Setzt man die beiden so berechneten quadratischen Mittelwerte einander gleich und löst nach $\mathfrak{K}$ auf, so erhält man nach Ersatz von α durch $\pi/2 - \varepsilon$.

$$\mathfrak{K}_3 = \frac{V}{R}\sin\varepsilon\sqrt{\frac{1}{2}\left(1 + \frac{p}{2\pi}\sin\frac{2\pi}{p}\cos 2\varepsilon\right) - \frac{p\sin^2\frac{\pi}{p}\sin 2\varepsilon}{2\pi\,\mathfrak{Tg}\left(\frac{\pi}{p}\operatorname{tg}\varepsilon\right)}}.$$

Für kleine Werte von $\operatorname{tg}\varepsilon$ kann man dafür schreiben

$$\mathfrak{K}_3 = \frac{V}{\omega M}\cdot\frac{1}{p}\sqrt{1 + \frac{p}{2\pi}\sin\frac{2\pi}{p} - \frac{2p^2}{\pi^2}\sin^2\frac{\pi}{p}}. \tag{133d}$$

IV. Die vierte Bestimmungsmöglichkeit endlich besteht einfach darin, in der Fourierschen Reihe, von der wir ausgingen, den berechneten Wert $\sqrt{b_1^2 + c_1^2} = \mathfrak{K}$ zu setzen. Also ist

$$\mathfrak{K}_4 = \frac{V}{R}\,\frac{2p\sin\frac{\pi}{p}\operatorname{tg}\varepsilon}{\pi(p^2-1)\sqrt{\operatorname{tg}^2\varepsilon + p^2}},$$

wofür man für kleine Werte von $\operatorname{tg}\varepsilon$ auch schreiben kann

$$\mathfrak{K}_4 = \frac{V}{\omega M} \frac{2 \sin \frac{\pi}{p}}{\pi (p^2 - 1)} \tag{133e}$$

Im vierten Abschnitte werden wir sehen, daß die Abweichungen der vier Größen $\mathfrak{K}_1$, $\mathfrak{K}_2$, $\mathfrak{K}_3$, $\mathfrak{K}_4$ voneinander nur geringfügig sind.

f) Nochmals die Zündspannungsspitze.

Um die in Kap. 6 abgeleitete Gleichung für den durch die Zündspannungsspitze im Gleichstromkreise hervorgerufenen mittleren Spannungsabfall an Hand des Beispieles des Normalgleichrichters mit Kathodendrossel zu erläutern, gehen wir noch einmal auf die Differentialgleichung (82) zurück. Ihre allgemeine Lösung lautet

$$i = \frac{V}{R}\left[\cos\alpha \sin(\vartheta - \alpha) + Z e^{-\vartheta \operatorname{ctg}\alpha} - \sigma\right].$$

Unter Berücksichtigung der Zündspannungsspitze δE und der damit zusammenhängenden Verspätung $\delta\theta$ der Ablösungszeiten hat man als Anfangsbedingung für den Gleichstrom

$$i\,\Big|_{\vartheta = \left(\frac{1}{2} - \frac{1}{p}\right)\pi + \delta\theta} = i\,\Big|_{\vartheta = \left(\frac{1}{2} + \frac{1}{p}\right)\pi + \delta\theta}.$$

Setzt man die allgemeine Lösungsgleichung in diese Anfangsbedingung ein, so erhält man

$$Z = -\frac{\sin\frac{\pi}{p}\cos\alpha\sin(\alpha - \delta\theta)}{\mathfrak{Sin}\left(\frac{\pi}{p}\operatorname{ctg}\alpha\right)} e^{\left(\frac{\pi}{2} + \delta\theta\right)\operatorname{ctg}\alpha}$$

Für den arithmetischen Mittelwert J_m des Gleichstromes erhält man damit angenähert

$$J_m = \frac{V}{R}\left[\frac{p}{\pi}\sin\frac{\pi}{p}\left(1 - \frac{1}{2}\delta\theta^2\right) - \sigma\right].$$

Der Vergleich mit (125) läßt auf einen mittleren Spannungsabfall im Gleichstromkreis von der Größe $Vp / 2\pi \cdot \sin\pi / p \cdot \delta\theta^2$ schließen. Der Wert $V \sin\pi / p \cdot \delta\theta$ hat eine einfache Bedeutung. Im Augenblick der Ablösung des Lichtbogens an der einen Anode durch den an der nächsten Anode ist die Differenz der Anodenpotentiale gleich der Zündspannungsspitze δE. Sie ist aber ferner gleich der Differenz der an den beiden Anoden beteiligten Phasenspannungen. Da diese Differenz sich auf den Zeitwert bezieht, der um die Verspätungszeit $\delta\theta$ hinter dem Äquipotentialpunkt liegt, sich also auf den Zeitwert $\vartheta = \left(\frac{1}{2} - \frac{1}{p}\right)\pi + \delta\theta$ bezieht, so ist der Wert dieser Differenz nach Gl. (79) eben $2\,V\sin\frac{\pi}{p}\cdot\delta\theta$. Man erhält also für den durch die Zündspannungsspitze hervorgerufenen Spannungsabfall den einfachen Wert $\frac{p}{2\pi}\cdot\delta E\cdot\delta\theta\,/\,2$, wie in Kap. 6.

14. Der p-anodige Normalgleichrichter mit Anodendrosseln.

In Kap. 8 wurden die Gleichungen für den Gleichstrom und für die Anodenströme des Normalgleichrichters mit Anodendrosseln abgeleitet und die fünf Bedingungen aufgestellt, die für die Bestimmung der drei Integrationskonstanten der Stromgleichungen und der beiden Überlappungszeiten θ_1 und θ_2 erforderlich sind. Diese erhaltenen Bedingungen (91) sind jedoch nach den gesuchten fünf Größen nicht allgemein formelmäßig auflösbar. Man muß sich daher nach passenden Mäherungsgleichungen umsehen. Es bieten sich dafür verschiedene Möglichkeiten, deren zweckmäßige Wahl von Fall zu Fall zu entscheiden ist.

a) Der Gleichrichter mit sehr großer Kathodendrossel.

Eine der möglichen und mitunter zulässigen Vereinfachungen besteht darin, daß man die Annahme einer sehr großen Kathodendrossel macht. Für die Rechnung gehen wir dann gleich zu dem Extrem über und setzen $\operatorname{tg}\alpha\to\infty$, also $\alpha=\gamma=\delta\to\frac{\pi}{2}$ an. Aus der ersten Bedingung (91a) ergibt sich dann zunächst

$$A=\frac{2\sin\frac{\pi}{p}}{\operatorname{tg}\beta}\cdot\lim_{\delta\to\frac{\pi}{p}}(\sin\theta_1\operatorname{tg}\delta)+\cos\frac{\pi}{p}\,. \tag{135}$$

Aus dieser Gleichung erkennt man zunächst, daß die erste Überlappungszeit θ_1 verschwindet. Es wird also die Überlappungslänge θ_0 gleich der zweiten Zündzeit θ_2. Aus den Bedingungen (91b) und (91c) ergibt sich

$$A=C=B+\frac{2\sin\frac{\pi}{p}}{\operatorname{tg}\beta}\,.$$

Die Bedingungsgleichung (91d) wird für den Grenzfall trivial. Dagegen liefert die letzte Bedingung (91e) unter Verwendung der vorigen Beziehung

$$A=\sin\frac{\pi}{p}\,\frac{1-\cos\theta_0}{\operatorname{tg}\beta}+\sigma\,.$$

Setzt man die so gewonnenen Werte von A, B, C in die allgemeinen

Stromgleichungen (89) und (90) ein, so ergibt sich für die gesamte Periode 2π

$$i = \frac{V}{R} \sin\frac{\pi}{p} \frac{1 - \cos\theta_0}{\operatorname{tg}\beta} = \text{konst.},$$

dagegen für die Überlappungsdauer

$$i_p - i_1 = \frac{V}{R} \sin\frac{\pi}{p} \frac{2\sin\left(\vartheta + \frac{\pi}{p}\right) - \cos\theta_0 - 1}{\operatorname{tg}\beta},$$

woraus folgt:

$$i_p = \frac{V}{R} \sin\frac{\pi}{p} \frac{\sin\left(\vartheta + \frac{\pi}{p}\right) - \cos\theta_0}{\operatorname{tg}\beta}$$

$$i_1 = \frac{V}{R} \sin\frac{\pi}{p} \frac{1 - \sin\left(\vartheta + \frac{\pi}{p}\right)}{\operatorname{tg}\beta}$$

$$\left(\frac{1}{2} - \frac{1}{p}\right)\pi \leqq \vartheta \leqq \left(\frac{1}{2} - \frac{1}{p}\right)\pi + \theta_0$$

Jetzt handelt es sich noch darum, die Überlappungsdauer θ_0 zu ermitteln. Als Ersatz für die Bedingung (91d) verwenden wir dazu die Energiegleichung: Die auf der Gleichstromseite verbrauchte Energie, die sich aus dem Anteil der Ohmschen Verluste und der durch die Gegenspannung verbrauchten Energie zusammensetzt, hat für die Periode 2π die Größe

$$\frac{2\pi V^2}{R}\left(\sin\frac{2\pi}{p}\frac{(1 - \cos\theta_0)^2}{\operatorname{tg}^2\beta} + \sin\frac{\pi}{p}\frac{1 - \cos\theta_0}{\operatorname{tg}\beta}\sigma\right).$$

Dieser Betrag muß gleich der in derselben Periode 2π von dem Netze abgegebenen Energie sein. Diese ist gleich der p-fachen Phasenenergie, also unter Verwendung der vorigen Stromgleichungen gleich

$$\frac{p V^2 \sin\frac{\pi}{p}}{R \operatorname{tg}\beta}\left(\int\limits_{\left(\frac{1}{2} - \frac{1}{p}\right)\pi}^{\left(\frac{1}{2} - \frac{1}{p}\right)\pi + \theta_0} \left[1 - \sin\left(\vartheta + \frac{\pi}{p}\right)\right] \sin\vartheta \, d\vartheta \right.$$

$$- \int\limits_{\left(\frac{1}{2} + \frac{1}{p}\right)\pi}^{\left(\frac{1}{2} + \frac{1}{p}\right)\pi + \theta_0} \left[1 - \sin\left(\vartheta - \frac{\pi}{p}\right)\right] \sin\vartheta \, d\vartheta$$

$$\left. + (1 - \cos\theta_0) \int\limits_{\left(\frac{1}{2} - \frac{1}{p}\right)\pi + \theta_0}^{\left(\frac{1}{2} + \frac{1}{p}\right)\pi + \theta_0} \sin\vartheta \, d\vartheta \right) = \frac{p V^2 \sin\frac{\pi}{p}}{R \operatorname{tg}\beta} \sin\frac{\pi}{p} \sin^2\theta_0 .$$

Das Gleichsetzen der beiden Energiebeträge ergibt die Gleichung

$$\sin\frac{\pi}{p}\,\frac{(1-\cos\theta_0)^2}{\operatorname{tg}\beta}+(1-\cos\theta_0)\,\sigma=\frac{p}{2\pi}\sin\frac{\pi}{p}\sin^2\theta_0,$$

woraus folgt

$$1-\cos\theta_0=\frac{\frac{p}{\pi}-\frac{\pi}{p}-\sigma}{1+\frac{p}{2\pi}\sin\frac{\pi}{p}\operatorname{tg}\beta}\cdot\frac{\operatorname{tg}\beta}{\sin\frac{\pi}{p}} \tag{136}$$

Setzt man diesen erhaltenen Wert in die vorige Gleichung des Gleichstromes i ein, so erhält man in einfacher Weise

$$i=\frac{V}{R}\,\frac{\frac{p}{\pi}\sin\frac{\pi}{p}-\sigma}{1+\frac{p}{2\pi}\sin\frac{\pi}{p}\operatorname{tg}\beta}. \tag{137}$$

Vergleicht man den Wert mit dem oben gefundenen Werte (89b) für den Gleichrichter ohne Anodendrosseln, so bemerkt man, daß der Gleichstrom unter dem Einfluß der Anodendrosseln eine bestimmte Senkung erfahren hat. Die Anodendrosseln erzeugen also im Gleichstromkreise einen induktiven Spannungsabfall, der ΔV heißen soll und den wir folgendermaßen kennzeichnen wollen: Der induktive Spannungsabfall ΔV ist derjenige Betrag, um den man in der Stromgleichung (89b) des Gleichrichters mit Anodendrosseln den Scheitelwert V vermindern muß, um den Stromwert (137) des Gleichrichters mit Anodendrosseln zu kommen. Dieser Spannungsabfall ist dann

$$\Delta V=\frac{\frac{p}{2\pi}\sin\frac{\pi}{p}\operatorname{tg}\beta}{1+\frac{p}{2\pi}\sin\frac{\pi}{p}\operatorname{tg}\beta}\,V. \tag{138}$$

Die Gleichung (137) läßt sich noch etwas anschaulicher schreiben, wenn man daran erinnert, daß $\operatorname{tg}\beta=\omega N/R$ war. Dann wird nämlich

$$i=\frac{V\left(\frac{p}{\pi}\sin\frac{\pi}{p}-\sigma\right)}{R+\omega N\frac{p}{2\pi}\sin\frac{\pi}{p}}.$$

Die während der Überlappungsperiode fließenden Anodenströme i_p und i_1 lassen sich endlich nach den vorigen Gleichungen unter Verwendung von (136) und (137) so schreiben:

$$\left.\begin{aligned} i_p&=\frac{\sin\left(\vartheta+\frac{\pi}{p}\right)-\cos\theta_0}{1-\cos\theta_0}\,i,\\ i_1&=\frac{1-\sin\left(\vartheta+\frac{\pi}{p}\right)}{1-\cos\theta_0}\,i.\end{aligned}\right\} \tag{139}$$

b) Die Gleichrichter mit kleinen Anodendrosseln.

Wir wollen uns nur auf ein Beispiel beschränken. Wir nehmen an, der Gleichrichter habe eine beliebige Kathodendrossel und Anodendrosseln, deren Induktivität klein sei in bezug auf die der Kathodendrossel. Dann ist β klein gegen α und $\gamma = \delta \rightarrow \alpha$. Wir gehen jetzt davon aus, daß mit kleiner werdender Anodendrosselgröße die Gleichungen des Gleichrichters ohne Anodendrosseln erreicht werden müssen. Dieses kommt offenbar darauf hinaus, daß die Stromgleichung (90) in die Stromgleichung (83) übergehen muß. Es muß also, wie man durch Vergleich dieser Gleichungen findet, bei $\gamma = \delta \rightarrow \alpha$ sein:

$$\frac{\sin\frac{\pi}{p}\sin 2\alpha}{2\,\mathfrak{Sin}\frac{\pi}{p}(\operatorname{ctg}\alpha)}\,e^{\frac{\pi}{2}\operatorname{ctg}\alpha}$$

$$=\left[\frac{2\sin\frac{\pi}{p}\operatorname{tg}\alpha}{\operatorname{tg}\beta}\,\theta_1 - \sin\alpha\sin\left(\frac{\pi}{p}-\alpha\right)\right]e^{\left(\frac{1}{2}+\frac{1}{p}\right)\pi\operatorname{ctg}\alpha}$$

Die höheren Potenzen von θ_1 wurden dabei unterdrückt. Die Auflösung der Gleichung ergibt

$$\theta_1 = \frac{\cos^2\alpha}{2}\left[\frac{1}{\mathfrak{Tg}\left(\frac{\pi}{p}\operatorname{ctg}\alpha\right)} - \frac{\operatorname{tg}\alpha}{\operatorname{tg}\frac{\pi}{p}}\right]\operatorname{tg}\beta\,. \tag{140}$$

Die erste Überlappungszeit θ_1 ist also für kleine Werte von $\operatorname{tg}\beta = \omega N/R$ von dieser Größe linear abhängig. Die zweite Überlappungszeit θ_2 läßt sich aus den Bedingungen (91d) und (91e) berechnen. Bequemer ist jedoch, da man θ_1 und damit nach den Gl. (91a), (91b) und (91c) auch A, B, C, also auch die Ströme nach (89) und (90) kennt, auf dem graphischen Wege vorzugehen.

Anmerkung: Wir wollen jetzt annehmen, daß die Kathodendrossel mit ihrer Induktivität M sehr groß ist. Es sei wie oben $\varepsilon = \frac{\pi}{2} - \alpha$; bei großen Werten von $\operatorname{tg}\alpha = \omega M/R$ wird dann angenähert $\varepsilon = R/\omega M$. Dann erhält man für die Gl. (140), wenn man die höheren Potenzen von ε gegen ε vernachlässigt und bedenkt, daß $\operatorname{tg}\beta = \omega N/R$ war,

$$\theta_1 = \frac{1}{2}\left(\frac{p}{\pi} - \operatorname{ctg}\frac{\pi}{p}\right)\frac{N}{M}. \tag{141}$$

Es ist jetzt zur Nachprüfung des Ansatzes wertvoll, zu verfolgen, ob auch die in Absatz a) für den Gleichrichter mit großer Kathodendrossel durchgeführte Rechnung auf das gleiche Ergebnis führt. Nach

Gl. (135) hat man dort bei der gleichen Annäherung und der gleichen Bezeichnung

$$A = \frac{2\sin\frac{\pi}{p}}{\operatorname{tg}\beta}\,\frac{\theta_1}{\varepsilon} + \cos\frac{\pi}{p}$$

$$= \frac{2\sin\frac{\pi}{p}M}{N}\,\theta_1 + \cos\frac{\pi}{p}\,.$$

Bedenkt man noch, daß außerdem $A = \frac{p}{\pi}\sin\frac{\pi}{p}$ wird, so gelangt man nach der Auflösung nach θ_1 tatsächlich wieder zu der Gl. (141).

c) Der Gleichrichter mit verschwindend kleinem Ohmschen Widerstand.

Die Vernachlässigbarkeit des Ohmschen Widerstandes R führt immer zu erheblichen Vereinfachungen. Wir wollen hier einen Fall herausgreifen, nämlich den Fall des Gleichrichters mit vernachlässigbarem Ohmschen Widerstande und ohne Kathodendrossel, jedoch mit Anodendrosseln und mit Gegenspannung. Da im Gleichstromkreise keine von dem Strome abhängigen Spannungsabfälle auftreten, so erkennt man, daß während der Überlappungsperiode eine Beeinflussung der Anodenströme zueinander nicht vorliegen kann. Jeder Anodenstrom fließt also zu jeder Zeit so, als sei der andere nicht vorhanden. Wir schreiben demnach die Gleichung nur eines Anodenstromes, etwa des Stromes i_1 hin, da die anderen Stromgleichungen leicht ergänzt werden können. Der Gleichstrom ist dann einfach die Summe der Anodenströme; auf den Grad der Überlappung braucht man keine Rücksicht zu nehmen, er ergibt sich aus der Summation von selbst. Der erste Anodenstrom i_1 setzt zur Zeit $\left(\frac{1}{2} - \frac{1}{p}\right)\pi + \theta_1$ ein; dabei ist

$$\theta_1 = \frac{\pi}{p} - \arccos\sigma\,. \tag{142}$$

Er ist im übrigen durch die Spannungsgleiehung

$$V(\sin\vartheta - \sigma) = \omega N \frac{d i_1}{d\vartheta}$$

gegeben, zu der die Anfangsbedingung

$$i\Big|_{\vartheta = \left(\frac{1}{2} - \frac{1}{p}\right)\pi + \theta_1} = i\Big|_{\vartheta = \arcsin\sigma} = 0$$

hinzutritt. Man erhält damit aus der obigen Differentialgleichung und der Anfangsbedingung die folgende Stromgleichung

$$i = \frac{V}{\omega N}\left[\sqrt{1 - \sigma^2} - \cos\vartheta - (\vartheta - \arcsin\sigma)\,\sigma\right]. \tag{143}$$

Der Wert $\vartheta = \arcsin \sigma$ ist der kleinste Wert, der die Gleichung

$$\sqrt{1-\sigma^2} - \cos\vartheta - (\vartheta - \arcsin\sigma)\,\sigma = 0$$

befriedigt. Die nächst größere Wurzel dieser Gleichung ist diejenige Zeit, zu der der Anodenstrom erlischt. Diese Zeit ist $\left(\frac{1}{2}+\frac{1}{p}\right)\pi + \theta_2$, worin θ_2 die zweite Überlappungszeit war. Für diese gilt also die Gleichung

$$\sqrt{1-\sigma^2} + \sin\left(\frac{\pi}{p}+\theta_2\right) - \left(\frac{\pi}{p} - \arccos\sigma + \theta_2\right)\sigma = 0 \qquad (144)$$

Die Überlappungszeiten θ_1 und θ_2 sind also von der Größe der Anodendrossel unabhängig und lediglich durch die Größe der Gegenspannung gegeben.

Anmerkung: Interessant ist der Fall des Gleichrichters ohne Gegenspannung $(\sigma = 0)$. Dann wird nämlich nach den Gleichungen (142) und (143) einfach $\theta_1 = -\left(\frac{1}{2}-\frac{1}{p}\right)\pi$, $\theta_2 = \pi + \left(\frac{1}{2}-\frac{1}{p}\right)\pi$ und nach Gleichung (144)

$$i_1 = \frac{V}{\omega N}(1-\cos\vartheta)$$

Der Anodenstrom verläuft also vollkommen lückenlos, er erreicht den Wert Null nie für längere Zeit, sondern fließt continuierlich, zwischen den Werten $2\,V/R$ und 0 sinusförmig pulsierend. In der gleichen Weise fließen alle Anodenströme. Sie folgen den Gleichungen

$$i_h = \frac{V}{\omega N}\left[1-\cos\left(\vartheta - \frac{h-1}{p}\,2\pi\right)\right], \qquad h = 1, \ldots, p.$$

Man hat also eine $p-1$ fache Überlappung der Anodenströme ohne gegenseitige Beeinflussung der Ströme. Der Gleichstrom i ergibt sich dann zu

$$i = \frac{V}{\omega N}\sum_{h=1}^{p}\left[1-\cos\left(\vartheta - \frac{h-1}{p}\,2\pi\right)\right]$$

$$= \frac{p\,V}{\omega N}.$$

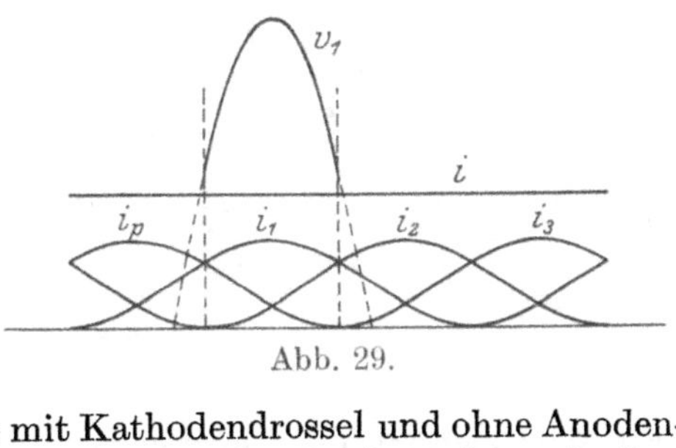

Abb. 29.

Der Gleichstrom ist also konstant. Dieses Ergebnis, das durch die nebenstehende Abb. 29 illustriert wird, läßt schließen, daß die Rolle von der den konstanten Gleichstrom hervorrufenden unendlichen Größe $\omega\,M/R$ des Gleichrichters mit Kathodendrossel und ohne Anodendrosseln jetzt bei dem Gleichrichter mit Anodendrosseln und ohne Kathodendrossel durch die unendliche Größe von $\omega\,N/R$ vertreten wird. Nur tritt im letzteren Falle die Einschränkung $\sigma = 0$ für das Fehlen der Gegenspannung hinzu.

d) Über die mehrfache Überlappung.

Die mehrfache Überlappung tritt nur in solchen Fällen auf, in welchen der Wert von $\omega N/R$ sehr groß ist. In dem vorigen wurde in der Anmerkung eine solche mehrfache Überlappung geschildert, allerdings für den einfachen Fall, daß die Anodenströme sich gegenseitig nicht beeinflussen.

Wir wollen diese Annahme hier fallen lassen und zeigen, daß auch für den allgemeinsten Fall die Form der entstehenden Gleichungen nichts prinzipiell Neues bietet. Über die mehrfache Überlappung wurde in dem Kap. 1 schon das eine gesagt, daß während des ersten Intervalles mit

$$\left(\frac{1}{2}-\frac{1}{p}\right)\pi+\theta_1 \leqq \vartheta \leqq \left(\frac{1}{2}+\frac{1}{p}\right)\pi+\theta_2\,, \tag{145a}$$

welches für den Fall einer bloß einfachen Überlappung das Überlappungsintervall genannt wurde, die $k+1$ Anodenströme

$$i_{p-k+1},\; i_{p-k+2},\; \ldots,\; i_1\,,$$

dagegen während des zweiten Intervalles mit

$$\left(\frac{1}{2}-\frac{1}{p}\right)\pi+\theta_2 \leqq \vartheta \leqq \left(\frac{1}{2}-\frac{1}{p}\right)\pi+\theta_1 \tag{145b}$$

welches für den Fall einer bloß einfachen Überlappung das überlappungsfreie Intervall genannt wurde, die k Anodenströme

$$i_{p-k+2},\; \ldots,\; i_1$$

gemeinsam fließen. Die Überlappung war dann eine k-fache. Nach der Abb. (18a) gilt dann bei den üblichen Bezeichnungen für das gleichstromseitige Gleichgewicht der Spannungen folgendes.

Im ersten Intervall (145a) verlangt das Gleichgewicht der Spannungen die gleichzeitige Geltung der $k+1$ Gleichungen

$$\frac{V}{R}\left[\sin\left(\vartheta-\frac{h-1}{p}\,2\,\pi\right)-\sigma\right]=i+\operatorname{tg}\alpha\,\frac{d\,i}{d\,\vartheta}+\operatorname{tg}\beta\,\frac{d\,i_h}{d\,\vartheta}\,.$$

$$h=p-k+1\,,\; p-k+2\,,\; \cdots,\; 1\,,$$

aus denen durch Summieren die einzige Gleichung hervorgeht:

$$\frac{V}{R}\left[\frac{1}{k+1}\sum_{h=p-k+1}^{1}\sin\left(\vartheta-\frac{h-1}{p}\,2\,\pi\right)-\sigma\right]$$

$$=i+\operatorname{tg}\alpha\,\frac{d\,i}{d\,\vartheta}+\frac{1}{k+1}\operatorname{tg}\beta\,\frac{d\,i}{d\,\vartheta}\,.$$

Ein Vergleich mit der Gleichung (86) läßt erkennen, daß der Winkel γ hier durch

$$\operatorname{tg}\gamma=\operatorname{tg}\alpha+\frac{1}{k+1}\operatorname{tg}\beta=\frac{\omega\,[(k+1)\,M+N]}{(k+1)\,R} \tag{146}$$

gegeben ist.

In dem zweiten Intervall (145b) verlangt das Gleichgewicht der Spannungen die gleichzeitige Geltung der folgenden k Gleichungen

$$\frac{V}{R}\left[\sin\left(\vartheta - \frac{h-1}{p}\,2\,\pi\right) - \sigma\right] = i + \operatorname{tg}\alpha\,\frac{d\,i}{d\,\vartheta} + \operatorname{tg}\beta\,\frac{d\,i_h}{d\,\vartheta}$$

$$h = p - k + 2\,,\ \cdots,\ 1\,,$$

aus denen durch Summieren die folgende hervorgeht:

$$\frac{V}{R}\left[\frac{1}{k}\sum_{h=p-k+2}^{1}\sin\left(\vartheta - \frac{h-1}{p}\,2\,\pi\right) - \sigma\right] = i + \operatorname{tg}\alpha\,\frac{d\,i}{d\vartheta} + \frac{1}{k}\frac{d\,i}{d\vartheta}\,.$$

Hieraus ergibt sich nach Vergleich dieser Gleichung mit der Gleichung (88), daß der Winkel δ durch

$$\operatorname{tg}\delta = \operatorname{tg}\alpha + \frac{1}{k}\operatorname{tg}\beta = \frac{\omega(k\,M + N)}{k\,R} \tag{147}$$

gegeben ist. Auch hier ergibt sich ein einfaches Schema für die vier Winkel α, β, γ, δ, wie die Abb. 30 erkennen läßt. Aus dieser Abb. geht deutlich hervor, in welcher Weise die obige Abb. 20c in der allgemeinen für k-fache Überlappung enthalten ist.

Eine weitere Untersuchung der mehrfachen Überlappung, insbesondere die Aufstellung eines Kriteriums für den Grad der auftretenden Überlappung ist unlohnend und würde hier zu weit führen.

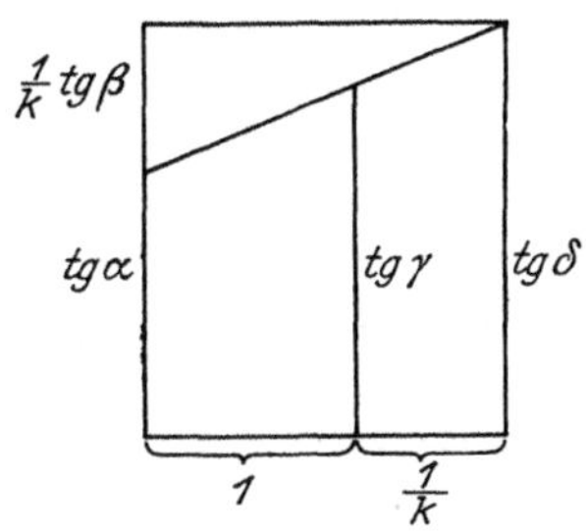

Abb. 30.

15. Genauere Untersuchung des p-phasigen Normalgleichrichters ohne Anodendrosseln bei nicht konstanter Induktivität der Kathodendrossel.

In den bisherigen Ableitungen des zweiten und dritten Abschnittes wurden die Induktivitäten der Kathodendrossel, der Anodendrosseln und übrigen Magnetsysteme als zeitlich konstant vorausgesetzt. Zur Berücksichtigung der Abhängigkeit dieser Induktivitäten von den Momentanwerten der Ströme wurden in Kap. 4 die Mittelwerte von Induktivitäten eingeführt, die eine Abhängigkeit der Induktivität von dem mittleren Strome resp. von dessen oberen und unteren Wert offen ließen und im übrigen wie zeitlich konstante Größen behandelt werden konnten. Für Rechnungen von nur praktischer Genauigkeit erscheint dieses Vorgehen als durchaus ausreichend.

Es mag jedoch von Interesse sein, zu einer späteren Nachprüfung auf die tatsächliche zeitliche Veränderlichkeit der Induktivitäten und deren Einfluß näher einzugehen. Für die quantitative Rechnung muß dazu die Abhängigkeit der momentanen Induktivität von dem jeweiligen Momentanstrome formelmäßig gegeben sein. Dazu verhelfen aber die empirischen Magnetisierungsgleichungen (27a) und (27b). Wir wollen hier nur ein Beispiel behandeln, nämlich den p-phasigen Normalgleichrichter ohne Anodendrosseln, aber mit einer Kathodendrossel. Im Gleichstromkreise liege außerdem wieder ein Ohmscher Widerstand sowie eine konstante Gegenspannung.

a) Herleitung der allgemeinen Gleichung des Gleichstromes.

Wie schon vorhin gesagt, stellt die gleichstromseitige Belastung des Gleichrichters eine Kette aus einer Kathodendrossel, einem Ohmschen Widerstand und einer Gegenspannung dar, in der jedoch die Induktivität der Kathodendrossel einen nicht mehr zeitlich konstanten Wert besitzt.

Wir bezeichnen den Wert der Induktivität der Kathodendrossel mit m, den des Ohmschen Widerstandes mit R, den der Gegenspannung endlich mit G. Für die Abhängigkeit $m(i)$ der Induktivität m der Kathodendrossel von dem momentanen Gleichstrom i machen wir den Ansatz

$$m = \frac{1}{S + Ti} \tag{148}$$

worin S und T Konstanten darstellen[1]).

Für die Aufstellung der Gleichung für das Gleichgewicht der Spannungen in dem Gleichrichter legen wir wieder wie früher das Zeitintervall

$$\left(\frac{1}{2} - \frac{1}{p}\right)\pi, \quad \left(\frac{1}{2} + \frac{1}{p}\right)\pi$$

zugrunde, so daß die Netzspannung gleich $V \sin \vartheta$ ist. Dann hat man als Gleichgewicht der Spannungen im Gegensatz zu Gl. (82)

$$V \sin \vartheta - G = Ri + \frac{\omega}{S + Ti} \frac{di}{d\vartheta}. \tag{149}$$

Zur Lösung dieser nicht linearen Differentialgleichung setzen wir

$$\frac{1}{S + Ti} = PQ,$$

also

$$i = \frac{1}{T}\left(\frac{1}{PQ} - S\right), \tag{150}$$

---

[1]) Will man den Ansatz (148) z. B. auf die Gleichung (31) für die momentane Induktivität einer einfachen eisengeschlossenen Spule anwenden, und zwar unter Verwendung des empirischen Ansatzes (27a) resp. (27b) für die Ergiebigkeit χ, so hat man

$$S = 0, \qquad T = \frac{10^8}{n q a}$$

resp.

$$S = \frac{h\, 10^8}{n^2 q d}, \qquad T = \frac{10^8}{n q c}$$

zu setzen.

worin P und Q zwei vorläufig unbekannte Funktionen von ϑ sind, von denen eine nach Belieben passend gewählt werden kann.

Aus (150) folgt zunächst

$$\frac{di}{d\vartheta} = -\frac{1}{TP^2Q^2}\left(P\frac{dQ}{d\vartheta} + Q\frac{dP}{d\vartheta}\right).$$

Setzt man diesen Wert und (150) in (149) ein, so bekommt man nach einiger Umformung

$$PQ(V\sin\vartheta + H) - \frac{R}{T} + \frac{\omega}{T}\left(P\frac{dQ}{d\vartheta} + Q\frac{dP}{d\vartheta}\right) = 0; \qquad (151)$$

darin bedeutet

$$H = \frac{RS}{T} - G. \qquad (151\text{a})$$

Wir wollen jetzt die Funktion $Q(\vartheta)$ so wählen, daß in (151) der Teil

$$PQ(V\sin\vartheta + H) + \frac{\omega}{T}P\frac{dQ}{d\vartheta}$$

verschwindet. Dann hat man

$$\frac{T}{\omega}(V\sin\vartheta + H)\,d\vartheta = -\frac{dQ}{Q},$$

und somit, wenn $\mathfrak{Q}$ eine Integrationskonstante vorstellt,

$$Q = \mathfrak{Q}\, e^{\frac{T}{\omega}(V\cos\vartheta - H\vartheta)}. \qquad (152)$$

In (151) verbleibt nunmehr

$$-\frac{R}{T} + \frac{\omega}{T}Q\frac{dP}{d\vartheta} = 0.$$

Daraus folgt nach Einführung von (152)

$$P = \frac{R}{\omega\mathfrak{Q}}\int e^{-\frac{T}{\omega}(V\cos\vartheta - H\vartheta)}\,d\vartheta$$

$$= \frac{R}{\omega\mathfrak{Q}}\int e^{\lambda\vartheta}\, e^{-\mu\cos\vartheta}\,d\vartheta. \qquad (153)$$

wenn

$$\left.\begin{aligned} \lambda &= \frac{TH}{\omega}, \\ \mu &= \frac{TV}{\omega} \end{aligned}\right\} \qquad (153\text{a})$$

bedeutet.

Zur Lösung des Integrales (153) entwickeln wir $e^{-\mu\cos\vartheta}$ in eine Fouriersche Reihe. Da $e^{-\mu\cos\vartheta}$ eine gerade Funktion von ϑ ist, so kann die Reihe keine Sinusglieder enthalten. Es ist somit

$$e^{-\mu\cos\vartheta} = \frac{b_0}{2} + \sum_{\nu=1}^{\infty} b_\nu \cos\nu\vartheta. \qquad (154)$$

In bekannter Weise bekommt man für die Koeffizienten dieser Reihe

$$b_\nu = \frac{2}{\pi}\int_0^\pi e^{-\mu\cos\vartheta}\cos\nu\vartheta\, d\vartheta, \qquad \nu = 0,\ 1,\ \ldots$$

$$= 2\, j^\nu J_\nu(j\mu), \qquad j = \sqrt{-1} \tag{154a}$$

Darin ist J_ν die Besselsche Funktion erster Art ν-ter Ordnung[1]).

Nunmehr erhält man nach Einführung von (154) in (153)

$$P = \frac{R}{\omega\mathfrak{Q}}\int e^{\lambda\vartheta}\left(\frac{b_0}{2} + \sum_{\nu=1}^{\infty} b_\nu \cos\nu\vartheta\right) d\vartheta$$

$$= \frac{R}{\omega\mathfrak{Q}}\left(\frac{b_0}{2\lambda} e^{\lambda\vartheta} + \sum_{\nu=1}^{\infty} b_\nu \int e^{\lambda\vartheta}\cos\nu\vartheta\, d\vartheta\right)$$

$$= \frac{R}{\omega\mathfrak{Q}}\left(\frac{b_0}{2\lambda} e^{\lambda\vartheta} + \sum_{\nu=1}^{\infty} \frac{b_\nu \sin\alpha_\nu}{\nu} e^{\lambda\vartheta}\cos(\nu\vartheta - \alpha_\nu) + \mathfrak{P}\right) \tag{155}$$

Darin ist $\mathfrak{P}$ eine Integrationskonstante und

$$\operatorname{tg}\alpha_\nu = \frac{\nu}{\lambda} = \frac{\nu\omega}{RS - GT}. \tag{155a}$$

Setzt man nunmehr die gefundenen Werte (152) und (155) der Funktionen Q und P unter Beachtung von (153a) und (154a) in die Ausgangsgleichung (150) ein, so erhält man unter Verwendung von (80) nach einiger Umformung für den entstehenden Gleichstrom die folgende Gleichung:

$$i = \tag{156}$$

$$\frac{V}{R}\left(\frac{\frac{1}{\mu} e^{-\mu\cos\vartheta}}{\frac{J_0(j\mu)}{\lambda} + \sum_{\nu=1}^{\infty} \frac{2\, j^\nu J_\nu(j\mu)\sin\alpha_\nu}{\nu}\cos(\nu\vartheta - \alpha_\nu) + \mathfrak{P} e^{-\lambda\vartheta}} - \frac{\lambda}{\mu} - \sigma\right);$$

$$\left(\frac{1}{2} - \frac{1}{p}\right)\pi \leqq \vartheta \leqq \left(\frac{1}{2} + \frac{1}{p}\right)\pi.$$

Um jetzt noch die einzig übrig gebliebene Konstante $\mathfrak{P}$ zu ermitteln, gehen wir von der Anfangsbedingung

$$i\Big|_{\vartheta = \left(\frac{1}{2} - \frac{1}{p}\right)\pi} = i\Big|_{\vartheta = \left(\frac{1}{2} + \frac{1}{p}\right)\pi}$$

aus, welche der Gleichstrom zu erfüllen hat. Mit Hilfe von Gl. (152) entnimmt man daraus

---

[1]) Vgl. Riemann - Weber: Die partiellen Differentialgleichungen d. math. Phys. (F. Vieweg) 6. Aufl. Bd. 1, S. 165. 1919.

$$e^{\mu \sin\frac{\pi}{p}}\left(\frac{J_0(j\mu)}{\lambda}+\sum_{\nu=1}^{\infty}\frac{2\,j^\nu J_\nu(j\mu)\sin\alpha_\nu}{\nu}\cos\left[\left(\frac{1}{2}-\frac{1}{p}\right)\nu\pi-\alpha_\nu\right]\right.$$
$$\left.+\mathfrak{P}\,e^{-\lambda\left(\frac{1}{2}-\frac{1}{p}\right)\pi}\right)$$
$$=e^{-\mu \sin\frac{\pi}{p}}\left(\frac{J_0(j\mu)}{\lambda}+\sum_{\nu=1}^{\infty}\frac{2\,j^\nu J_\nu(j\mu)\sin\alpha_\nu}{\nu}\cos\left[\left(\frac{1}{2}+\frac{1}{p}\right)\nu\pi-\alpha_\nu\right]\right.$$
$$\left.+\mathfrak{P}\,e^{-\lambda\left(\frac{1}{2}+\frac{1}{p}\right)\pi}\right),$$

woraus folgt:

$$\mathfrak{P}=\frac{\dfrac{J_0(j\mu)\,\mathfrak{Sin}\left(\mu\sin\dfrac{\pi}{p}\right)}{\lambda}+\displaystyle\sum_{\nu=1}^{\infty}\frac{j^\nu J_\nu(j\mu)\sin\alpha_\nu}{\nu}\left(\begin{array}{l}e^{\mu\sin\frac{\pi}{p}}\cos\left[\left(\frac{1}{2}-\frac{1}{p}\right)\nu\pi-\alpha_\nu\right]\\ -e^{-\mu\sin\frac{\pi}{p}}\cos\left[\left(\frac{1}{2}+\frac{1}{p}\right)\nu\pi-\alpha_\nu\right]\end{array}\right)}{e^{-\frac{\lambda\pi}{2}}\,\mathfrak{Sin}\left(\lambda\dfrac{\pi}{p}+\mu\sin\dfrac{\pi}{p}\right)}.$$

Damit ist unsere Aufgabe gelöst.

b) Diskussion einiger Sonderfälle.

Um in der Stromgleichung (156) die quantitative Beteiligung der verschiedenen Größen etwas übersehen zu können, ist es nützlich, einige Spezialfälle aus der allgemeinen Gleichung abzuleiten.

I. Der Fall $T=0$.

Dieser Fall entspricht einer konstanten Induktivität der Kathodendrossel. Wir setzen zunächst $m=M$, also $S=1/M$.

Ferner setzen wir vorerst $T=\delta T$ und entsprechend $\mu=\delta\mu$ und lassen nachher $\delta\mu$ mit δT gegen Null gehen.

Bedeutet wie bei Gl. (81a)

$$\operatorname{tg}\alpha=\frac{\omega M}{R},$$

so erhält man dann für Gl. (153a) und (155a)

$$\lambda=\operatorname{ctg}\alpha-\sigma\delta\mu,$$
$$\operatorname{tg}\alpha_\nu=\nu(\operatorname{tg}\alpha+\sigma\operatorname{tg}^2\alpha\,\delta\mu).$$

In (157) wird damit der erste Term im Zähler bis auf Glieder von der Größenordnung $\delta\mu^3$

$$\operatorname{tg}\alpha\sin\frac{\pi}{p}\cdot\delta\mu.$$

In dem zweiten Term des Zählers kommt offenbar nur das erste Glied für $\nu=1$ in Frage, denn wie aus der Entwicklung

$$J_\nu(j\delta\mu)=\frac{(j\delta\mu)^\nu}{2\cdot 4\ldots 2\nu}(1-\cdots)\;^{1)}$$

[1]) Vgl. Riemann-Weber, S. 165.

hervorgeht, verschwinden die Koeffizienten mit $J_\nu(j\,\delta\mu)$ für $\nu > 1$ von höherer als der ersten Ordnung. Infolgedessen erhält man für diesen zweiten Term des Zählers bis auf Glieder von der Ordnung $\delta\mu^2$ den Wert

$$-\sin\alpha\cos\alpha\sin\frac{\pi}{p}\cdot\delta\mu,$$

denn nach dem vorigen wird ja α_1 in erster Ordnung gleich α. Der ganze Zähler wird somit

$$\sin\frac{\pi}{p}(\operatorname{tg}\alpha-\sin\alpha\cos\alpha)\,\delta\mu,$$

wofür man auch schreiben kann

$$\frac{1}{2}\operatorname{tg}^2\alpha\sin 2\alpha\sin\frac{\pi}{p}\cdot\delta\mu.$$

Beachtet man jetzt nur noch, daß die Nenner von (157) gleich

$$e^{-\frac{\pi}{2}\operatorname{ctg}\alpha}\,\mathfrak{Sin}\left(\frac{\pi}{p}\operatorname{ctg}\alpha\right)$$

wird, so erhält man endlich

$$\mathfrak{P}=-\operatorname{tg}^2\alpha\,\delta\mu\cdot\frac{\sin\frac{\pi}{p}\sin 2\alpha}{2\,\mathfrak{Sin}\left(\frac{\pi}{p}\operatorname{ctg}2\alpha\right)}\,e^{\frac{\pi}{2}\operatorname{tg}\alpha}$$

In ganz ähnlicher Weise durchläuft die Stromgleichung (156) die verschiedenen Wandlungen:

$$i=\frac{V}{R}\cdot\frac{1}{\delta\mu}\left(\frac{1-\cos\vartheta\cdot\delta\mu}{\frac{1}{\operatorname{ctg}\alpha-\sigma\,\delta\mu}-\sin\alpha\cos(\vartheta-\alpha)\cdot\delta\mu+\mathfrak{P}\,e^{-\lambda\vartheta}}-\operatorname{ctg}\alpha\right)$$

$$=\frac{V}{R}\cdot\frac{\operatorname{ctg}\alpha}{\delta\mu}\left(\frac{1-\cos\vartheta\cdot\delta\mu}{1+\operatorname{tg}\alpha\,\sigma\,\delta\mu-\cos\alpha\cos(\vartheta-\alpha)\cdot\delta\mu+\mathfrak{P}\operatorname{ctg}\alpha\,e^{-\lambda\vartheta}}-1\right)$$

$$=\frac{V}{R}\cdot\frac{\operatorname{ctg}\alpha}{\delta\mu}\times$$

$$\left(\frac{1-\cos\vartheta\cdot\delta\mu}{1-\left(\cos\alpha\cos(\vartheta-\alpha)+\operatorname{tg}\alpha\frac{\sin\frac{\pi}{p}\sin 2\alpha}{2\,\mathfrak{Sin}\left(\frac{\pi}{p}\operatorname{ctg}\alpha\right)}\,e^{\left(\frac{\pi}{2}-\vartheta\right)\operatorname{ctg}\alpha}-\sigma\operatorname{tg}\alpha\right)\delta\mu}-1\right)$$

$$=\frac{V}{R}\left(\operatorname{ctg}\alpha\cos\alpha\cos(\vartheta-\alpha)-\operatorname{ctg}\alpha\cos\vartheta+\frac{\sin\frac{\pi}{p}\sin 2\alpha}{2\,\mathfrak{Sin}\left(\frac{\pi}{p}\operatorname{ctg}\alpha\right)}\,e^{\left(\frac{\pi}{2}-\vartheta\right)\operatorname{ctg}\alpha}-\sigma\right),$$

woraus folgt

$$i = \frac{V}{R}\left(\cos\alpha\sin(\vartheta-\alpha) + \frac{\sin\frac{\pi}{p}\sin 2\alpha}{2\,\mathfrak{Sin}\left(\frac{\pi}{p}\operatorname{ctg}\alpha\right)}\, e^{\left(\frac{\pi}{2}-\vartheta\right)\operatorname{ctg}\alpha} - \sigma\right),$$

in Übereinstimmung mit Gl. (83).

II. Der Fall $S = 0$. Die Induktivität der Kathodendrossel ist dann nach (148) einfach durch

$$\frac{1}{T\,i}$$

gegeben. Dies entspricht den praktisch häufigeren Verhältnissen, welche auch schon in Gl. (31) in Verbindung mit (27a) realisiert sind.

Nach Gl (153a), (155a) und (151a) bekommt man

$$\lambda = -\frac{T\,G}{\omega},$$

$$\mu = \frac{T\,V}{\omega}$$

und

$$\operatorname{tg}\alpha_\nu = -\frac{\nu\,\omega}{G\,T}.$$

Es wird dann nach Gl. (156)

$$i = \frac{V}{R}\,\frac{\frac{1}{\mu}\,e^{-\mu\cos\vartheta}}{\frac{J_0(j\,\mu)}{\lambda} + \sum_{\nu=1}^{\infty}\frac{2\,j^{\,\nu} J_\nu(j\,\mu)\sin\alpha_\nu}{\nu}\cos(\nu\,\vartheta-\alpha_\nu) + \mathfrak{P}\,e^{-\lambda\vartheta}}, \tag{158}$$

$$\left(\frac{1}{2}-\frac{1}{p}\right)\pi \leqq \vartheta \leqq \left(\frac{1}{2}+\frac{1}{p}\right)\pi;$$

die Gl. (157) für $\mathfrak{P}$ behält ihre Form unverändert bei.

Anmerkung: Bis jetzt wurde das etwaige Vorhandensein einer konstanten Gegenspannung G stets mit in Rechnung gezogen. Wir wollen jetzt nachholen, festzustellen, welche Verhältnisse eintreten, wenn diese Gegenspannung fehlt.

Im allgemeinen hat man dazu nur nötig, in den betreffenden Gleichungen (151a) und (155a) $G = 0$ zu setzen. Ist jedoch wie hier $S = 0$ und damit auch $\lambda = 0$, so gelangt man nach diesem Prozeß auf unbestimmte Formen, weshalb hier eine gesonderte Überlegung notwendig wird.

Wir setzen vorerst $\lambda = \delta\,\lambda$ und bestimmen in (158) den Wert von

$$\frac{J_0(j\,\mu)}{\lambda} + \mathfrak{P}\,e^{-\lambda\vartheta}.$$

Die rechte Seite von (157) stellt die Summe von zwei Größen dar; die zweite davon, und zwar die mit dem Summenzeichen behaftete wollen wir $\mathfrak{P}'$ nennen. Durch Nullsetzen von λ und unter Beachtung dessen, daß nach obiger Gleichung für die α_ν diese $=\frac{\pi}{2}$ werden, erhält man

$$\mathfrak{P}' = \frac{\sum_{\nu=1}^{\infty} \frac{j^\nu J_\nu(j\mu)}{\nu}\left[e^{\mu\sin\frac{\pi}{p}}\sin\left(\frac{1}{2}-\frac{1}{p}\right)\nu\pi - e^{-\mu\sin\frac{\pi}{p}}\sin\left(\frac{1}{2}+\frac{1}{p}\right)\nu\pi\right]}{\mathfrak{Sin}\left(\mu\sin\frac{\pi}{p}\right)}. \tag{159}$$

Unter Benutzung dieses Wertes bekommt man für den vorigen Ausdruck für $\lambda=\delta\lambda$ unter Vernachlässigung der Glieder von der Ordnung $\delta\lambda^2$ gegen $\delta\lambda$

$$\frac{J_0(\gamma\mu)}{\delta\lambda}\left[1-\frac{\mathfrak{Sin}\left(\mu\sin\frac{\pi}{p}\right)(1-\delta\lambda\vartheta)\left(1+\frac{\pi}{2}\delta\lambda\right)}{\mathfrak{Sin}\left(\mu\sin\frac{\pi}{p}\right)+\mathfrak{Cof}\left(\mu\sin\frac{\pi}{p}\right)\cdot\frac{\pi}{p}\delta\lambda}\right]+\mathfrak{P}'$$

$$=\frac{J_0(\gamma\mu)\pi}{2}\left[\frac{2}{p}\mathfrak{Ctg}\left(\mu\sin\frac{\pi}{p}\right)+\frac{2}{\pi}\vartheta-1\right]+\mathfrak{P}'.$$

Setzt man noch diesen gefundenen Wert in die Stromgleichung (158) ein, so erhält man endlich für diese, wenn man auch dort noch $\alpha_\nu=\frac{\pi}{2}$ einführt,

$$i=\frac{V}{R}\,\frac{\frac{1}{\mu}e^{-\mu\cos\vartheta}}{\frac{J_0(j\mu)\pi}{2}\left[\frac{2}{p}\mathfrak{Ctg}\left(\mu\sin\frac{\pi}{p}\right)+\frac{2}{\pi}\vartheta-1\right]+\sum_{\nu=1}^{\infty}\frac{2j^\nu J_\nu(j\mu)}{\nu}\sin\nu\vartheta+\mathfrak{P}'}, \tag{160}$$

$$\left(\frac{1}{2}-\frac{1}{p}\right)\pi\leqq\vartheta\leqq\left(\frac{1}{2}+\frac{1}{p}\right)\pi.$$

Ein Beispiel: Besonders einfach werden die Verhältnisse für den Fall des zweiphasigen Gleichrichters ($p=2$). Für diesen Fall hat nämlich die Konstante $\mathfrak{P}'$ nach (159) den Wert Null. Außerdem hat man für $p=2$

$$\frac{2}{p}\mathfrak{Ctg}\left(\mu\sin\frac{\pi}{p}\right)-1=\frac{2}{e^{2\mu}-1},$$

so daß man für den Gleichstrom die folgende Gleichung erhält:

$$i=\frac{V}{R}\,\frac{\frac{1}{\mu}e^{-\mu\cos\vartheta}}{J_0(j\mu)\left(\frac{\pi}{e^{2\mu}-1}+\vartheta\right)+\sum_{\nu=1}^{\infty}\frac{2j^\nu J_\nu(j\mu)}{\nu}\sin\nu\vartheta}, \tag{161}$$

$$0\leqq\vartheta\leqq\pi.$$

Diese Gleichung wollen wir jetzt einem Zahlenbeispiel zugrunde legen.

Der Zweck dieses Zahlenbeispieles soll der sein, für einen herausgegriffenen Fall nachzuprüfen, wie sich der Einfluß der zeitlichen Veränderlichkeit der Induktivität der Kathodendrossel in dem Verlaufe des Gleichstromes bemerkbar macht. Je nach der Größe dieses Einflusses wäre dann der Fehler zu bewerten, den man begeht, wenn man anstatt mit der veränderlichen Induktivität mit der konstanten auf einen mittleren Gleichstrom bezogenen Induktivität rechnet.

Für die Wahl der mittleren Induktivität stehen nach Kap. 4 verschiedene Möglichkeiten zur Verfügung. Entweder man entscheidet sich für den arithmetischen Mittelwert der mit dem Strome veränderlichen Induktivität oder für deren quadratischen Mittelwert; oder aber, was am einfachsten ist und in praxi wohl in der Regel geschehen wird, man wählt als konstante mittlere Induktivität denjenigen Wert der momentanen Induktivität, welcher dem arithmetischen Mittelwerte des Gleichstromes zukommt. Oder anders ausgedrückt: Ist $m(i)$ die mit dem Gleichstrome i veränderliche momentane Induktivität der Kathodendrossel und M der zu nehmende konstante mittlere Wert derselben, so wählt man, wenn J_m der arithmetische Mittelwert des Gleichstromes ist,

$$M = m(J_m).$$

In unserem Beispiele ist $m(i) = 1/Ti$. Ferner ist der arithmetische Mittelwert J_m des Gleichstromes, der offenbar von der Veränderlichkeit der Induktivität $m(i)$ der Kathodendrossel unabhängig ist und daher aus den früheren Gleichungen entnommen werden kann, nach Gl. (125) durch $2/\pi \cdot V/R$ gegeben ($p = 2$, $\sigma = 0$). Setzt man diesen Wert in die vorige Gleichung für $m(i)$ ein und setzt den so erhaltenen Betrag für $m(J_m)$ gleich M, so bekommt man $M = \pi R/2\,TV$ und daraus, da $mM/R = \operatorname{tg}\alpha$ und $TV/\omega = \mu$ ist, die Beziehung

$$\mu = \frac{\pi}{2} \operatorname{ctg} \alpha. \tag{162}$$

Nunmehr ist der Verlauf des Gleichstromes nach der Gl. (161) unter Verwendung von (162) zu vergleichen mit dem Verlauf dieses Stromes nach der elementaren Gl. (87), welche in diesem Falle ($p = 2$, $\sigma = 0$) lautet

$$i = \frac{V}{R}\left(\cos\alpha \sin(\vartheta - \alpha) + \frac{\sin 2\alpha}{1 - e^{-\pi \operatorname{ctg}\alpha}} \cdot e^{-\vartheta \operatorname{ctg}\alpha}\right).$$

Angenommen, es sei $\operatorname{tg}\alpha = 1$, also $\alpha = \pi/4$; ferner sei $V/R = 1$. Dann ergibt die Ausrechnung der Stromkurve nach der ersten Gleichung (161) mit $\mu = \pi/2 = 1{,}57$ die in Abb. 31 ausgezogene Kurve, dagegen die Auswertung der letzteren elementaren Gleichung die gestrichelt gezeichnete Kurve.

Der Unterschied beider Kurven ist nur ein geringer; die elementaren Gleichungen geben also offenbar die wahren Verhältnisse ziemlich genau wieder.

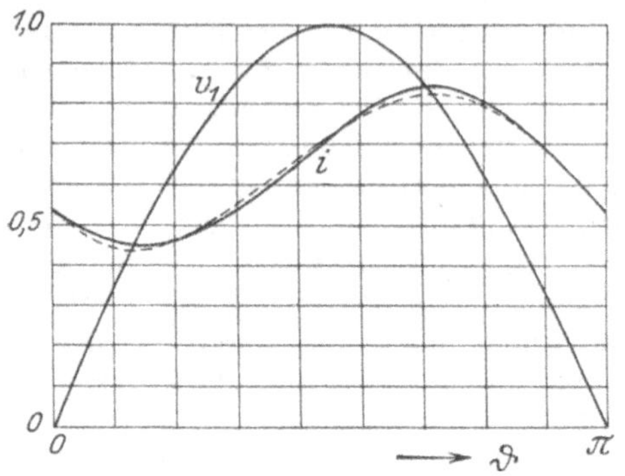

Abb. 31. TWL 8986

Vierter Abschnitt.

Einige Anwendungen auf spezielle Gleichrichterformen.

Die bisherigen Aussagen über das Verhalten des Quecksilberdampfgleichrichters waren bis auf wenige Ausnahmen zunächst ganz allgemein gehalten. Die in dem ersten Abschnitte aufgestellten Sätze und Regeln galten im allgemeinen für jeden Gleichrichter beliebiger Schaltung. In dem zweiten Abschnitte über das Reduktionsproblem und in dem dritten Abschnitte über die Theorie des Normalgleichrichters wurden dann zwar spezielle Schaltungen der Reihe nach untersucht und verschiedene Fälle unterschieden, aber es wurde im allgemeinen nichts Beschränkendes über die Phasenzahl p des Gleichrichters ausgesagt; vielmehr wurde diese, um die Ableitungen allgemein erscheinen zu lassen und einer gewissen Übersichtlichkeit zu genügen, ganz beliebig gelassen.

Im folgenden soll es sich jetzt darum handeln, von diesen früheren allgemeinen Aussagen spezielle Anwendungen auf eine Reihe wirklicher Gleichrichterformen zu machen. Der Zweck dieser Anwendungen ist ein dreifacher. Erstens sollen diese Anwendungsbeispiele zur näheren Erläuterung der früheren Aussagen dienen und dadurch diese anschaulicher machen, zweitens sollen die folgenden Gleichungen eine mehr oder weniger vollständige Formelsammlung bilden, auf die man bei Bedarf sofort zurückgreifen kann und drittens endlich sollen einige der folgenden Gleichungen eine Vorbereitung auf die am Schluß stehenden Tabellen der Gleichrichter, Tafeln II und III, welche dem Gebrauche in der Praxis zugedacht sind, sein.

Besonders ausführlich soll der Zweiphasengleichrichter behandelt werden, bei welchem die Verhältnisse immer besonders durchsichtig sind. Dafür kann die Darstellungsweise bei dem Dreiphasen- und Sechsphasengleichrichter um so kürzer ausfallen.

In den früheren allgemeinen Aussagen haben wir stets $p = 2, 3, \ldots$ angenommen. Den Fall $p = 1$ haben wir stets ausgeschlossen, teils weil die meisten Gleichungen für diesen Fall ungültig werden, teils aber, weil dieser Fall mit nur einer Anode resp. einer Ventilröhre in praxi kaum vorkommt. Um aber trotzdem einer gewissen Vollständigkeit zu genügen, wurde in der Tafel II in der Tabelle der Normalgleichrichter der Fall $p = 1$ mit aufgenommen. Die allgemeinen Rechnungen hat man für diesen Fall getrennt zu führen, da die Anfangsbedingungen hier andere und zwar einfachere werden und viele sonst vorliegende Probleme, etwa das Problem der Anodendrosseln, hier ganz gegenstandslos werden.

16. Über den Zweiphasengleichrichter.

Die Spannung zwischen den beiden Netzleitern 1 und 2 eines einphasigen Wechselstromnetzes sei

$$e_{12} = E \sin \theta, \tag{163}$$

worin wieder $\theta = \omega t$ bedeutet. An dieses Wechselstromnetz sei die primäre Wicklung eines Transformators angeschlossen. Die sekundäre Wicklung sei als Spannungsteiler ausgebildet, ihr Mittelpunkt als Sternnullpunkt herausgeführt. Die sekundären Spannungen zwischen je einem Wicklungsende und dem Nullpunkt (Abb. 32), welche wir wieder als Sternspannungen bezeichnen, sind dann gegeben durch

$$\left.\begin{aligned} e_{s1} &= E_s \sin\theta \\ e_{s2} &= -E_s \sin\theta \end{aligned}\right\}. \tag{164}$$

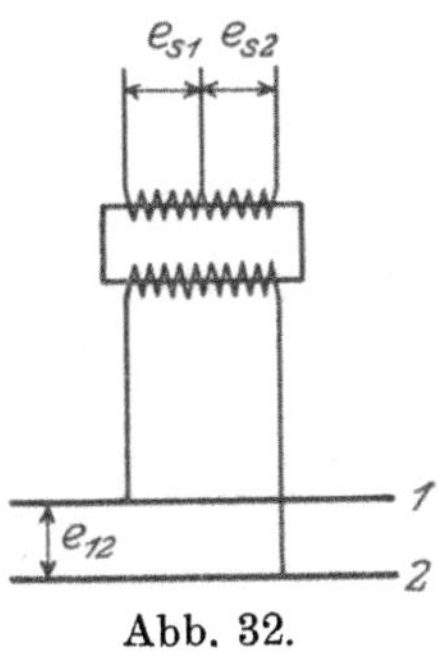

Abb. 32.

Darin ist $E_s = z E$ und z das Übersetzungsverhältnis des Transformators. Da wir vorerst von den Streuungsverhältnissen und den Ohmschen Spannungsabfällen im Transformator absehen, so ist es für das folgende gleichgültig, ob man es mit getrennten Wicklungen oder mit einer Sparschaltung zu tun hat.

Alle folgenden Überlegungen sind aus den früheren zu erhalten, indem man dort $p = 2$ setzt. Ferner ist $q = 2$, also $\vartheta = \theta$.

1. Der Zweiphasengleichrichter mit Widerstands- und Batteriebelastung und mit Hilfserregung. Wir betrachten zunächst die einfachste durch Abb. 33 dargestellte Schaltung eines Zweiphasengleichrichters. Der Gleichrichter habe keine Drosselspulen, seine Belastung bestehe nur aus einem Ohmschen Widerstande R und einer konstanten Gegenspannung G. Da in einem solchen Gleich-

richter der Gleichstrom nicht lückenlos verläuft, sondern während gewisser Zeitintervalle, deren Größe von dem Betrage der Gegenspannung abhängt, den Wert Null besitzt, so hat man hier eine ständig wirkende Hilfserregung des Lichtbogens nötig, welche die fortgesetzten Neuzündungen ermöglicht.

α) Innerhalb des ganzen Intervalles 2π entsteht der Gleichstrom i_g zweimal, einmal unter der Spannung e_{s1}, das zweite Mal unter der Spannung e_{s2}. Wie man der Abb. 33 entnimmt, hat man nämlich während des ersten Intervalles

$$i_g = \frac{E_s}{R}(\sin\theta - \sigma) \qquad (165)$$

$$\arcsin\sigma \leqq \theta \leqq \pi - \arcsin\sigma$$

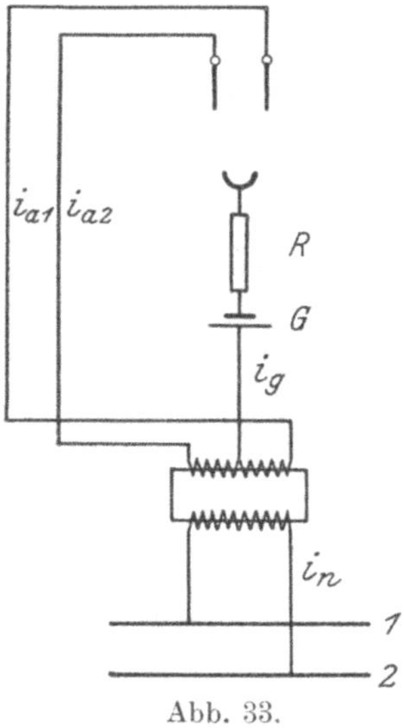

Abb. 33.

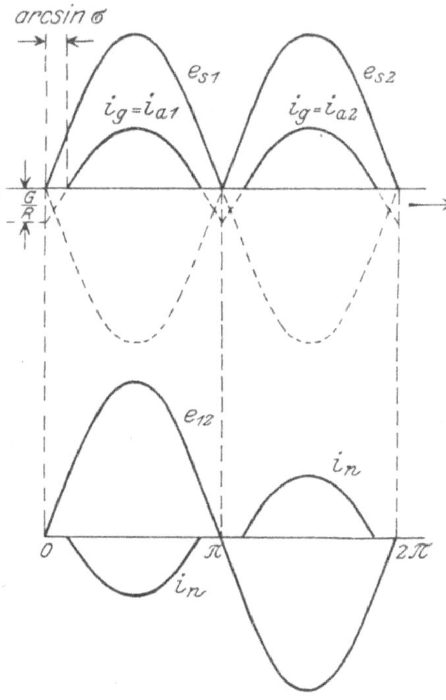

Abb. 34.

und während des nächsten Intervalles

$$i_g = \frac{E_s}{R}(-\sin\theta - \sigma)$$

$$\pi + \arcsin\sigma \leqq \theta \leqq 2\pi + \arcsin\sigma,$$

was offenbar dasselbe wie (165) bedeutet. Dabei ist wie stets $\sigma = G/E_s$. In der Abb. 34 ist der Verlauf des Gleichstromes veranschaulicht. Vernachlässigt man den Leerlaufstrom des Transformators, so erhält man für den Primärstrom i_n ganz entsprechende Kurvenformen wie (165); so ist der Primärstrom in Abb. 34 eingetragen. Würde man den Leerlaufstrom dagegen nicht vernachlässigen, so erhielte man bei einer mittleren Induktivität L_t des Transformators

$$i_n = \mp z\, i_g - \frac{E}{\omega L_t}\cos\theta \begin{cases} (-) \text{ im ersten Intervall } (0,\ \pi) \\ (+) \text{ im zweiten Intervall } (\pi,\ 2\pi). \end{cases}$$

β) Der arithmetische Mittelwert des Gleichstromes errechnet sich aus (165) zu

$$J_{gm} = \frac{E_s}{R} \cdot \frac{2}{\pi}\left(\sqrt{1-\sigma^2} - \sigma \arccos \sigma\right), \tag{166a}$$

für den quadratischen Mittelwert erhält man dagegen

$$J_{ge} = \frac{E_s}{R}\sqrt{\frac{1}{\pi}\left((1+2\sigma^2)\arccos\sigma - 3\sigma\sqrt{1-\sigma^2}\right)}. \tag{166b}$$

Die Verschiedenheit dieser beiden Mittelwerte pflegt man bekanntlich zur Beurteilung der Form des Gleichstromes heranzuziehen. Ein brauchbares Maß dafür ist die Welligkeit $w_q = \sqrt{2(J_{ge}^2 - J_{gm}^2)}/J_{gm}$, welche mit dem Formfaktor f_g zu der Beziehung $w_g = \sqrt{2(f_g^2 - 1)}$, welche nur eine andere Schreibweise der vorigen Gleichung darstellt, verknüpft ist. Man erhält

$$w_g = \frac{\sqrt{\frac{2}{\pi}\left((1+2\sigma^2)\arccos\sigma - 3\sigma\sqrt{1-\sigma^2}\right) - \frac{8}{\pi^2}\left(\sqrt{1-\sigma^2} - \sigma\arccos\sigma\right)^2}}{\frac{2}{\pi}\left(\sqrt{1-\sigma^2} - \sigma\arccos\sigma\right)}. \tag{166c}$$

Für den Fall des Fehlens der Gegenspannung ($\sigma = 0$) nimmt diese Welligkeit ihren kleinsten Wert

$$\frac{\pi}{2}\sqrt{1-\frac{8}{\pi^2}} = 0{,}685$$

an; sie wächst mit wachsendem σ und wird im Grenzfalle $\sigma = 1$ unendlich groß.

γ) Der Leistungsfaktor auf der Wechselstromseite des Gleichrichters, welchen man den Leistungsfaktor des Gleichrichters schlechthin nennt, ist, wenn man den Leerlaufstrom des Transformators vernachlässigt, was wir übrigens, wenn nicht das Gegenteil besonders gesagt wird, stets stillschweigend tun wollen, offenbar der Quotient aus der primären Leistung

$$\frac{1}{\pi}\int_0^{\pi} e_{12}\, i_n \, d\theta = \frac{z E^2}{R\pi}\int_{\arcsin\sigma}^{\pi - \arcsin\sigma} \sin\theta\,(\sin\theta - \sigma)\, d\theta$$

$$= \frac{z E^2}{R\pi}\left(\arccos\sigma - \sigma\sqrt{1-\sigma^2}\right)$$

und aus dem Produkt aus der effektiven Spannung $\frac{1}{\sqrt{2}}E$ und dem effektivem Strome $z J_{ge}$. Man erhält somit für diesen Leistungsfaktor den Wert

$$\lambda = \frac{\arccos\sigma - \sigma\sqrt{1-\sigma^2}}{\sqrt{\frac{1}{\pi}\left((1+2\sigma^2)\arccos\sigma - 3\sigma\sqrt{1-\sigma^2}\right)}}. \tag{167}$$

Für den Fall einer fehlenden Gegenspannung ist dieser Leistungsfaktor gleich 1, den weiteren Verlauf des Leistungsfaktors in Abhängigkeit von σ zeigt die Abb. 35. Sie zeigt, daß der Leistungsfaktor um so schlechter wird, je größer die Gegenspannung ist.

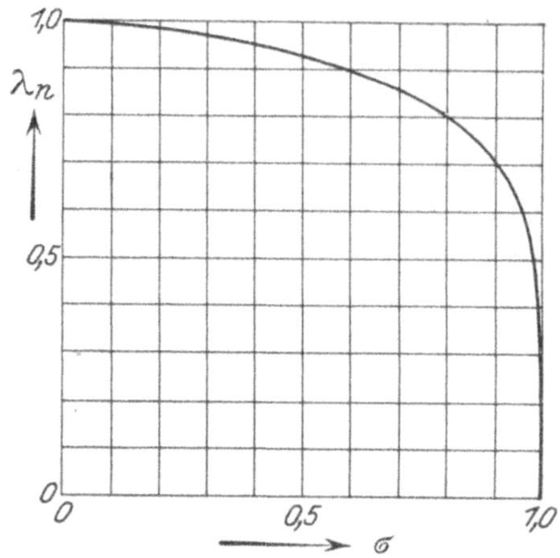

Abb. 35. TWL 8987

δ) Der Wirkungsgrad des Gleichrichters ist der Quotient aus der gleichstromseitig abgegebenen Gleichstromleistung und der primärseitig entnommenen Wechselstromleistung. Die letztere ist, wenn man wieder von den Leerlaufverlusten des Transformators absieht, durch den vorigen Integralwert gegeben; die erstere ist verschieden, je nachdem es sich um einen Gleichrichter handelt, welcher eine Batterie ladet und dessen Belastung die Gegenspannung darstellt oder ob es sich um einen solchen handelt, dessen Belastung eine rein Ohmsche ist. Von dem gemischten Fall, bei dem die Belastung eine gemischte ist, sehen wir ab, da sich hierbei nichts Neues gegenüber den vorigen Fällen zeigt.

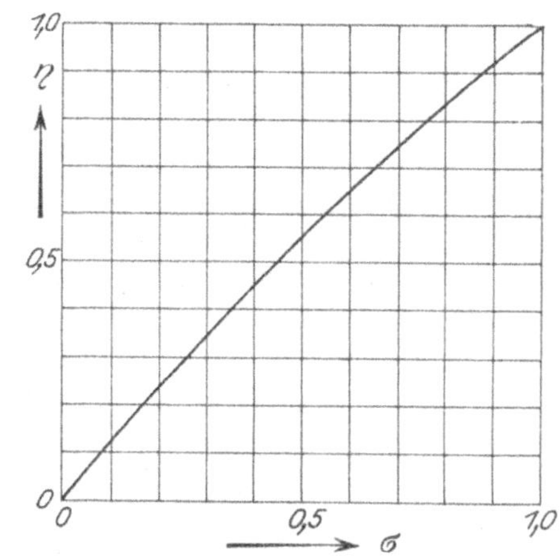

Abb. 36.

Im ersteren Falle, bei welchem die Gegenspannung die Belastung darstellt, erhält man für den Leistungswert derselben, wenn man die Batteriespannung $E_b = G$ setzt und von der Lichtbogenspannung E_l absieht, den Betrag $z\,E\,\sigma\,J_{gm}$. Unter Beachtung von (166a) bekommt man damit für den gesuchten Wirkungsgrad den Wert.

$$\eta = \frac{2\,z\,\sigma\left(\sqrt{1-\sigma^2} - \sigma \arccos \sigma\right)}{\arccos \sigma - \sigma\sqrt{1-\sigma^2}} \qquad (158\,a)$$

Die Abhängigkeit dieses Wirkungsgrades von σ zeigt die Abb. 36, dabei ist $z = 1$ angenommen.

Im zweiten Falle, bei welchem die Belastung eine rein Ohmsche ist, und zwar die des Widerstandes R, und bei dem die Verlustquelle bei Vernachlässigung sonstiger Ohmscher Verluste nunmehr die Gegenspannung G sein soll in der Weise, daß etwa G die Lichtbogenspannung E_l darstellt, erhält man für den Leistungswert der Belastung den Betrag RJ_{ge}^2. Unter Beachtung von (166b) bekommt man damit für den gesuchten Wirkungsgrad den Wert

$$\eta = \frac{(1 + 2\sigma^2)\arccos\sigma - 3\sigma\sqrt{1-\sigma^2}}{\arccos\sigma - \sigma\sqrt{1-\sigma^2}} \tag{168b}$$

ε) Zum Schluß wollen wir noch diejenigen Größen berechnen, welche die Ausnutzung des Transformators und seiner Teile charakterisieren (vgl. Kap. 7c). Wir beschränken uns dabei auf den einfachen Fall einer Ohmschen Belastung bei fehlender Gegenspannung ($\sigma = 0$) und unter Vernachlässigung sonstiger Verluste ($\eta = \lambda = 1$), so daß die besagten Größen feste Zahlenwerte annehmen.

Die erste Größe C_p, welche die Ausnutzung der Primärwicklung des Transformators charakterisiert, ist bekanntlich das Verhältnis der primärseitigen Scheinleistung zur Gleichstromleistung $E_{gm} J_{gm}$. Die primärseitige Scheinleistung ist wegen $\lambda = 1$ gleich der gleichstromseitigen Leistung $R J_{ge}^2 = E_s^2/R \cdot 1/2$. Die Gleichstromleistung $E_{gm} J_{gm}$ ist aber, da $E_{gm} = R J_{gm}$ ist, durch $E_s^2/R \cdot 4/\pi^2$ gegeben. Also erhält man

$$C_p = \frac{\pi^2}{8} = 1{,}23\,.$$

Die zweite Größe C_s, welche die Ausnutzung der Sekundärwicklung des Transformators charakterisiert, ist das Verhältnis der sekundärseitigen Scheinleistung zur Gleichstromleistung. Die erstere ist offenbar $2 \cdot E_s/\sqrt{2} \cdot E_s/R \cdot 1/2 = E_s^2/R \cdot 1/\sqrt{2}$. Somit wird

$$C_s = \frac{\pi^2}{4\sqrt{2}} = 1{,}74\,.$$

Die dritte Größe C_t zur Gesamtbeurteilung des Transformators ist das arithmetische Mittel der beiden ersteren Größen. Also ist

$$C_t = \frac{1{,}23 + 1{,}74}{2} = 1{,}48.$$

Die vierte Größe C_n zur Beurteilung der Netzzuleitungen ist wegen der Gleichheit der Scheinleistung des Netzes und der Primärseite des Transformators gleich C_p, so daß man hat

$$C_n = 1{,}23\,.$$

Für die weiteren Größen $C_i = J_{ae}/J_{gm}$ und $C_e = E_{se}/E_{gm}$ findet man endlich die Zahlenwerte

$$C_i = \frac{\pi}{4} = 0{,}785\,,$$

$$C_e = \frac{\pi}{2\sqrt{2}} = 1{,}11\,.$$

Schließlich sei noch daran erinnert, daß sich der arithmetische Mittelwert des Anodenstromes, J_{am} zu dem des Gleichstromes, J_{gm} verhält wie 1 : 2 und der entsprechende Effektivwert J_{ae} zu dem anderen J_{ge} wie $1:\sqrt{2}=1:1{,}41$.

2. Der Zweiphasengleichrichter mit Kathodendrossel. Zur Verminderung der Schwankungen des Gleichstromes wurde in den Gleichstromkreis des Gleichrichters eine Drosselspule, eine Kathodendrossel eingefügt, so daß nunmehr die Belastung aus der Kette einer Kathodendrossel, eines Ohmschen Widerstandes und einer konstanten Gegenspannung besteht (vgl. Abb. 37). Die mittlere Induktivität der Kathodendrossel sei L_k. Sie sei so groß, daß die Lücken des Gleichstromes ganz verschwinden, so daß der Gleichstrom in seinem zeitlichen Verlaufe nie den Wert Null erreicht, also kontinuierlich verläuft. Unter dieser Voraussetzung würde die oben angenommene Hilfserregung des Gleichrichters entbehrlich werden, wenn der Gleichstrom die Minimalstromgrenze $J_{\min}$ nicht unterschreiten würde. Ungeachtet dessen wollen wir der Einfachheit wegen den Minimalstrom vernachlässigen, so daß es bei Eintreten des vorausgesetzten lückenlosen Gleichstromes gleichgültig ist, ob der Gleichrichter eine Hilfserregung besitzt oder nicht.

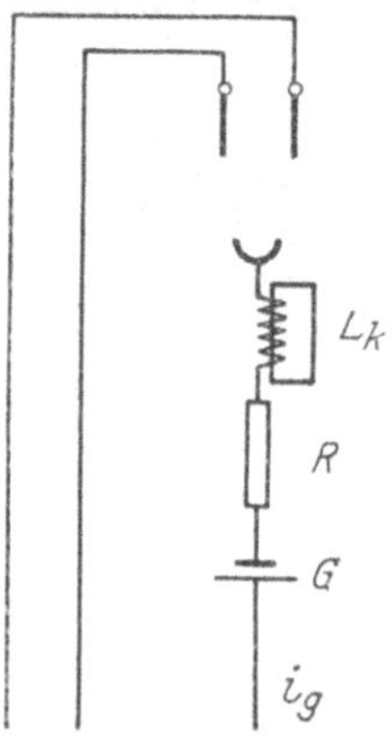

Abb. 37.

α) Zunächst der Anlaufvorgang. Nach der ersten Erregung des Kathodenfleckes durch den Zündlichtbogen setzt der Hauptlichtbogen zwischen der Kathode und einer Hauptanode dann an, wenn die zu dieser Anode gehörige Transformatorspannung den Wert der Gegenspannung G überschreitet. Dabei wurde stillschweigend von der Zündspannungsspitze abgesehen. Die fragliche Anode numerieren wir mit 1; dann ist die zugehörige Transformatorspannung e_{s1} und das Ansprechen des Hauptlichtbogens erfolgt zur Zeit $\operatorname{arc}\sin\sigma$. Zu dieser Zeit ist der Gleichstrom i_g noch gleich Null, in der darauffolgenden Zeit bis zu $\theta=\pi$ folgt er der aus der leicht zu erkennenden Spannungsbedingung folgenden Differentialgleichung

$$\frac{E_s}{R}(\sin\theta-\sigma)=i_g+\operatorname{tg}\alpha\,\frac{d\,i_g}{d\,\theta}; \qquad \operatorname{tg}\alpha=\frac{\omega\,L_k}{R}.$$

Im Verein mit der angegebenen Anfangsbedingung $i_g(\theta=\operatorname{arc}\sin\sigma)=0$ erhält man daraus für den Gleichstrom während der ersten Halbperiode

$$i_g=\frac{E_s}{R}\left(\cos\alpha\sin(\theta-\alpha)+H_0\,e^{-\theta\operatorname{ctg}\alpha}-\sigma\right),$$
$$\operatorname{arc}\sin\sigma<\theta\leqq\pi. \tag{169a}$$

Darin ist

$$H_0=\left(\cos\alpha\left(\sqrt{1-\sigma^2}\sin\alpha-\sigma\cos\alpha\right)+\sigma\right)e^{\operatorname{arc}\sin\sigma\cdot\operatorname{ctg}\alpha}$$

Während der folgenden Halbperioden gelten ganz entsprechende Stromgleichungen, nur daß an Stelle der Integrationskonstanten H_0 andere treten und fortan die Variable θ nicht mehr von arc sin σ bis π, sondern jeweils von 0 bis π läuft. Die weiteren Konstanten erhält man unter Beachtung des Umstandes, daß zu Beginn jeder neuen Halbperiode der Wert des Gleichstromes gleich dem am Ende der vorangegangenen Halbperiode sein muß. In dieser Weise erhält man, indem man seinen Ausgang von (169a) nimmt und von den nacheinander bestimmten Konstanten $H_1, H_2, \ldots$ auf die n-te H_n schließt, für diese einen Wert, welcher mit wachsendem n dem Grenzwerte

$$H_\infty = \frac{\sin 2\alpha}{1 - e^{-\pi \operatorname{ctg} \alpha}}, \tag{169b}$$

der Konstanten für den stationären Zustand des Gleichrichters, zustrebt. Führt man in die gewonnene Gleichung für H_n die Schreibweise H_∞ für die Konstante für den stationären Zustand ein, so gewinnt man nach einiger Umformung für sie die sehr anschauliche Form

$$H_n = H_\infty - (H_\infty - H_0)\, e^{-n\pi \operatorname{ctg} \alpha}; \quad n = 1, 2, \cdots. \tag{170}$$

Wir brauchen hier wie auch künftighin nicht weiter zu erwähnen, daß man die gewonnenen Gleichungen auch direkt aus den im dritten Abschnitt abgeleiteten allgemeinen Gleichungen entnehmen kann.

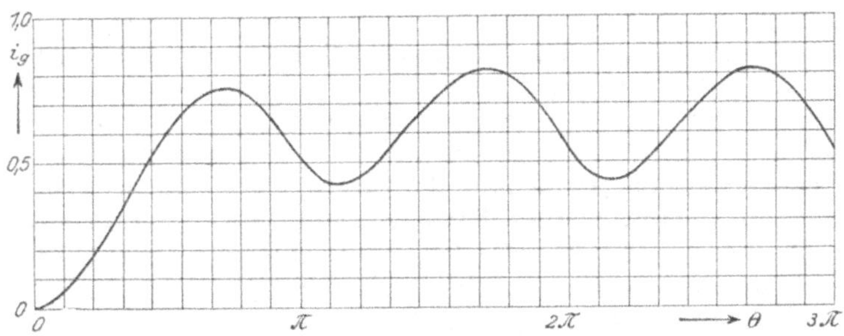

Abb. 38.

Ein Beispiel: Um sich von dem Vorstehenden ein anschauliches Bild machen zu können, wurde der Verlauf des Gleichstromes für einen angenommenen Fall durchgerechnet und in Abb. 38 aufgetragen. Es wurde der Einfachheit wegen $\sigma = 0$ angenommen, so daß $H_0 = \sin\alpha \cos\alpha$ wird. Ferner wurde $\operatorname{tg}\alpha = 1$, also $\alpha = \pi/4$ gewählt und $E_s/R = 1$ gesetzt.

β) Nach Erreichung des stationären Endzustandes verläuft der Gleichstrom innerhalb jeder Halbperiode nach derselben Gleichung

$$i_g = \frac{E_s}{R}\left(\cos\alpha \sin(\theta - \alpha) + \frac{\sin 2\alpha}{1 - e^{-\pi \operatorname{ctg}\alpha}}\, e^{-\theta \operatorname{ctg}\alpha} - \sigma\right) \tag{171}$$

$$0 \leqq \theta \leqq \pi.$$

Die beiden Extreme, welche diese Gleichung enthält, entsprechen dem Fall einer fehlenden Kathodendrossel ($\alpha = 0$) und dem Fall einer theoretisch unendlich großen Kathodendrossel ($\alpha = \pi/2$). Im ersteren Falle bekommt man einen rein sinusförmigen Strom, wenn gleichzeitig $\sigma = 0$ ist, nämlich $i_g = E_s/R \cdot \sin\theta$; im zweiten Falle wird der Gleichstrom vollkommen konstant, es wird $i_g = E_s/R \cdot \left(\frac{2}{\pi} - \sigma\right)$.

Ein Beispiel: Um die Gestalt des Gleichstromes für verschiedene Werte der Induktivität der Kathodendrossel verfolgen zu können, wurde die Gleichung (171) für verschiedene Werte von $\operatorname{tg}\alpha = \omega E_k/R$ ausgewertet. Dabei wurde der Einfachheit wegen die bloß additiv beteiligte Größe $\sigma = 0$ angenommen und wieder $E_s/R = 1$ gesetzt.

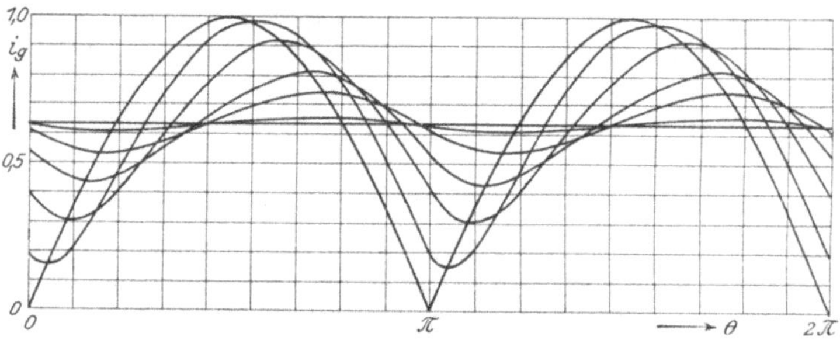

Abb. 39. TWL 8989

Die sieben in Abb. 39 eingezeichneten Stromkurven entsprechen den Werten $\operatorname{tg}\alpha = 0$ ($\alpha = 0$), $\operatorname{tg}\alpha = 0{,}2$ ($\alpha = 11^0\,20'$), $\operatorname{tg}\alpha = 0{,}5$ ($\alpha = 26^0\,30'$), $\operatorname{tg}\alpha = 1$ ($\alpha = 45^0$), $\operatorname{tg}\alpha = 2$ ($\alpha = 63^0\,30'$), $\operatorname{tg}\alpha = 10$ ($\alpha = 84^0\,20'$) und $\operatorname{tg}\alpha = \infty$ ($\alpha = 90^0$). Man bemerkt, daß mit wachsender Induktivität nicht nur eine Abflachung der Stromkurve, sondern gleichzeitig eine seitliche Verschiebung derselben stattfindet, derart, daß bei großen Werten der Induktivität der Wendepunkt der Stromkurve mehr und mehr in die Mitte des Intervalles rückt[1]).

γ) Der arithmetische Mittelwert des stationären Gleichstromes nach (171) ist naturgemäß von der Induktivität der Kathodendrossel unabhängig. Er beträgt

$$J_{g\,m} = \frac{E_s}{R}\left(\frac{2}{\pi} - \sigma\right). \tag{172a}$$

Dagegen findet man für den quadratischen Mittelwert des Gleichstromes den von α abhängigen Ausdruck

$$J_{g\,e} = \frac{E_s}{R}\sqrt{\frac{\cos^2\alpha}{2} + \frac{\sin 2\alpha \sin^2\alpha}{\pi\,\mathfrak{Tg}\left(\frac{\pi}{2}\operatorname{ctg}\alpha\right)} - \frac{4}{\pi}\sigma + \sigma^2}. \tag{172b}$$

[1]) In der Literatur findet man diesen Stromverlauf zuweilen unrichtig gezeichnet, indem man von der Sinuswelle ausgeht und vermeint, es würden durch die Kathodendrossel nur die Lücken und Berge der Welle ausgeglichen.

Den Quotienten dieser beiden Mittelwerte, den sogenannten Formfaktor $f_g = J_{ge}/J_{gm}$, findet man in der Abb. 40 für den Fall $\sigma = 0$ in seiner Abhängigkeit von α aufgetragen. Seine Abweichung von 1 ist bekanntlich ein Maß für die Beurteilung der Schwankungen des Gleichstromes[1]).

Ein zweckmäßigeres Maß für die Beurteilung der Schwankungen des Gleichstromes ist ferner diejenige Meßgröße, welche wir die Welligkeit nannten, welche mit f_g in der Relation $w_g = \sqrt{2(f_g^2 - 1)}$ steht und das Verhältnis des $\sqrt{2}$-fachen des quadratischen Mittelwertes

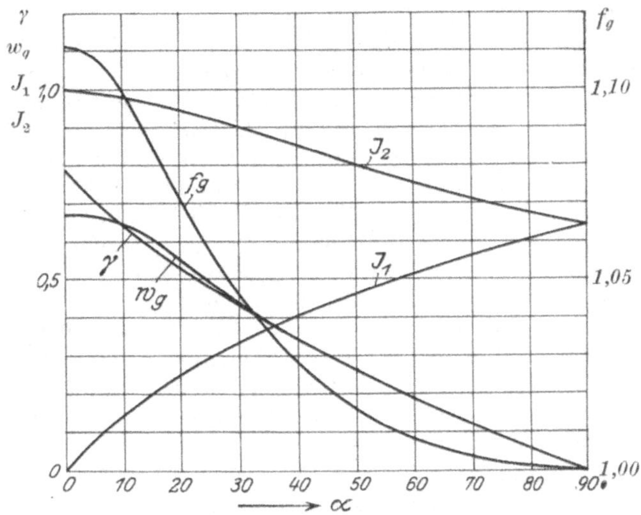

Abb. 40. TWL 8990

der Oberwelle des Gleichstromes und des arithmetischen Mittelwertes des Gleichstromes darstellt. Die Rechnung ergibt

---

[1]) In Kap. 4 b wurde durch Gl. (34) eine Größe definiert, welche wir die induktive Wirksamkeit einer Drosselspule nannten und welche das Produkt aus der Induktivität der Drosselspule und dem als wenig pulsierenden Gleichstrom vorausgesetzten mittleren Strome in dieser Spule darstellte. Wir wollen zeigen, was diese Wirksamkeit mit dem Parameter α zu tun hat:

Es ist $\operatorname{tg}\alpha = \omega L_k/R$. Für R kann man nach Gl. (172a) $E_s/J_{gm} \cdot (2/\pi - \sigma)$ schreiben. Setzt man diesen Wert ein, so erhält man

$$\operatorname{tg}\alpha = \frac{\omega\left(\frac{2}{\pi} - \sigma\right)}{E_s} \cdot L_k J_{gm} = \frac{\omega\left(\frac{2}{\pi} - \sigma\right)}{E_s} \mathfrak{W}.$$

Es ist also $\operatorname{tg}\alpha$ der induktiven Wirksamkeit proportional, wenn ω, σ und E_s konstant sind und nur der Gleichstrom mit der Belastung variiert wird.

Die obige Beziehung, welche sich natürlich auch für andersphasige Gleichrichter herstellen läßt, ist für die Vorausberechnung von Belastungscharakteristiken des Gleichrichters unentbehrlich.

$$w_g = \frac{\sqrt{\cos^2\alpha + \dfrac{2\sin 2\alpha \sin^2\alpha}{\pi\,\mathfrak{Tg}\left(\dfrac{\pi}{2}\operatorname{ctg}\alpha\right)} - \dfrac{8}{\pi^2}}}{\dfrac{2}{\pi} - \sigma}\,. \tag{173}$$

Auch diese Größe ist für $\sigma = 0$ in Abb. 40 eingezeichnet. Wir bemerken übrigens, daß die Differenz $J_{ge}^2 - J_{gm}^2$ von σ, also von der Größe der Gegenspannung wieder unabhängig ist. Aus diesem Grunde ist die Größe σ in dem Zähler der rechten Seite von (173) verschwunden.

Den höchsten Stromwert des pulsierenden Gleichstromes hatten wir im ersten Abschnitt mit J_2, den niedrigsten mit J_1 bezeichnet. Die Berechnung dieser beiden aus Gl. (171) ist in strenger Form nicht möglich, da es dabei auf die Lösung transzendenter Gleichungen ankäme. Wohl aber ist es für den speziellen Fall $\sigma = 0$ möglich, diese Werte aus den durchgerechneten Kurven der Abb. 39 abzugreifen. Tut man dieses, so erhält man die beiden in Abb. 40 eingezeichneten Kurven. Für den Grenzfall $\alpha = \pi/2$ treffen sich beide Kurven naturgemäß in dem Endwerte $2/\pi = 0{,}637$.

Aus den so gewonnenen Werten für J_1 und J_2 kann man nunmehr die relative Pulsation $\gamma = (J_2 - J_1)/2\,J_{gm}$ des Gleichstromes für den gegebenen Fall $\sigma = 0$ in deren Abhängigkeit von α errechnen. Die erhaltenen Werte sind gleichfalls in Abb. 40 aufgetragen. Man erkennt deutlich, in welcher Weise die Welligkeit w_g und die Pulsation γ miteinander verschmelzen.

δ) Für viele Fälle ist es nützlich, zu wissen, daß man den bei Vorhandensein einer Kathodendrossel großer Induktivität wenig pulsierenden Gleichstrom durch eine einfache Sinuswelle annähern kann. Schon in Kap. 12 wurde zur Reduktion der gleichstromseitigen Belastung von dieser Tatsache Gebrauch gemacht.

Der Form des Gleichstroms und der Lage der Wendetangente der Stromkurve entsprechen wir durch den Ansatz $i_g = J_{gm} - \mathfrak{K}\sin(2\theta + \varepsilon)$. Es ist J_{gm} wieder der arithmetische Mittelwert $E_s/R\cdot(2/\pi - \sigma)$ des Gleichstromes und ε der durch $\operatorname{tg}\varepsilon = R/\omega L_k$ definierte Winkel; die Amplitude $\mathfrak{K}$ der Oberwelle kann man auf vier verschiedene Arten ermitteln: Wie schon in Kap. 13e allgemein gezeigt wurde, kann man $\mathfrak{K}$ gleich der Pulsation $(J_2 - J_1)/2$ setzen oder aber gleich der Größe $\sqrt{2(J_{ge}^2 - J_{gm}^2)}$. Ferner kann man die Größe von $\mathfrak{K}$ annähern durch das $1/\sqrt{2}$-fache des quadratischen Mittelwertes von $di_g/d\theta$. Die letzte Möglichkeit ist schließlich die, daß man i_g in eine Fouriersche Reihe entwickelt und den Koeffizienten von $\sin(2\theta + \varepsilon)$ als $\mathfrak{K}$ interpretiert. Die vier so gewonnenen Größen $\mathfrak{K}$ wollen wir mit $\mathfrak{K}_1$, $\mathfrak{K}_2$, $\mathfrak{K}_3$ und $\mathfrak{K}_4$ bezeichnen; sie würden miteinander identisch werden, wenn i_g eine reine Sinuswelle wäre. Tatsächlich erhält man, wenn man in dem ersten Falle $J_1 = i_g\,(\theta = \pi/4)$, $J_2 = i_g\,(\theta = 3\,\pi/4)$ annimmt und $\operatorname{ctg}\alpha = R/\omega L = \operatorname{tg}\varepsilon$ setzt, die einzelnen Werte

$$\mathfrak{K}_1 = \frac{\sin 2\varepsilon}{2\sqrt{2}}\left(1 - \frac{1}{\sqrt{2}\,\mathfrak{Cof}\left(\frac{\pi}{4}\operatorname{tg}\varepsilon\right)}\right)\cdot\frac{E_s}{R}$$

$$\mathfrak{K}_2 = \sqrt{\sin^2\varepsilon + \frac{2\sin 2\varepsilon\cos^2\varepsilon}{\pi\,\mathfrak{Tg}\left(\frac{\pi}{2}\operatorname{tg}\varepsilon\right)} - \frac{8}{\pi^2}}\cdot\frac{E_s}{R}$$

$$\mathfrak{K}_3 = \frac{\sin\varepsilon}{2}\sqrt{1 - \frac{2\sin 2\varepsilon}{\pi\,\mathfrak{Tg}\left(\frac{\pi}{2}\operatorname{tg}\varepsilon\right)}}\cdot\frac{E_s}{R}$$

$$\mathfrak{K}_4 = \frac{4\operatorname{tg}\varepsilon}{3\pi\sqrt{\operatorname{tg}^2\varepsilon + 4}}\cdot\frac{E_s}{R}.$$

Entwickelt man die rechten Seiten dieser Gleichungen nach Potenzen von ε und unterdrückt die Glieder mit ε^2 usw. gegen ε, so bekommt man, wenn man für ε einfach $R/\omega L$ setzt,

$$\mathfrak{K}_1 = \left(1 - \frac{1}{\sqrt{2}}\right)\frac{1}{\sqrt{2}}\cdot\frac{E_s}{\omega L} = 0{,}207\,\frac{E_s}{\omega L},$$

$$\mathfrak{K}_2 = \sqrt{1 - \frac{8}{3\pi^2}\left(6 - \frac{\pi^2}{4}\right)}\cdot\frac{E_s}{\omega L} = 0{,}226\,\frac{E_s}{\omega L},$$

$$\mathfrak{K}_3 = \frac{1}{2}\sqrt{1 - \frac{8}{\pi^2}}\cdot\frac{E_s}{\omega L} = 0{,}218\,\frac{E_s}{\omega L},$$

$$\mathfrak{K}_4 = \frac{2}{3\pi}\cdot\frac{E_s}{\omega L} = 0{,}212\,\frac{E_s}{\omega L}.$$

Die Übereinstimmung der Werte ist eine recht gute, wir entscheiden uns für den Wert 0,220. Führt man diesen Wert in den obigen Ansatz ein, so bekommt man, da $2/\pi = 0{,}637$ ist, die bequeme Form

$$i_g = E_s\left(\frac{0{,}637 - \sigma}{R} - \frac{0{,}220}{\omega L}\sin(2\,\theta + \varepsilon)\right). \qquad (174)$$

Diese Gleichung gilt um so genauer, je größer das Verhältnis $\omega L/R$ ist und wird für kleine Werte desselben ungültig.

ε) Nunmehr soll der wechselstromseitige Leistungsfaktor des Gleichrichters berechnet werden. Die primärseitig vom Transformator entnommene Leistung ist nach Gl. (171) offenbar gegeben durch

$$\frac{z E^2}{\pi R}\int_0^\pi\left(\cos\alpha\sin(\theta - \alpha) + \frac{\sin 2\alpha}{1 - e^{-\pi\operatorname{ctg}\alpha}}\,e^{-\theta\operatorname{ctg}\alpha} - \sigma\right)\sin\theta\,d\theta$$

$$= \frac{z E^2}{R}\left(\frac{\cos^2\alpha}{2} + \frac{\sin 2\alpha\sin^2\alpha}{\pi\,\mathfrak{Tg}\left(\frac{\pi}{2}\operatorname{ctg}\alpha\right)} - \frac{2}{\pi}\sigma\right).$$

Ferner ist die primärseitige Scheinleistung das Produkt der effektiven Spannung $\frac{1}{\sqrt{2}} E$ und des effektiven Stromes $z J_{ge}$. Daraus erhält man den Leistungsfaktor des Gleichrichters[1]) als Quotient der beiden Leistungsbeträge

$$\lambda = \frac{\left(\frac{\cos^2\alpha}{2} + \frac{\sin 2\alpha \sin^2\alpha}{\pi \,\mathfrak{Tg}\left(\frac{\pi}{2}\operatorname{ctg}\alpha\right)} - \frac{2}{\pi}\sigma\right)\sqrt{2}}{\sqrt{\frac{\cos^2\alpha}{2} + \frac{\sin 2\alpha \sin^2\alpha}{\pi \,\mathfrak{Tg}\left(\frac{\pi}{2}\operatorname{ctg}\alpha\right)} - \frac{4}{\pi}\sigma + \sigma^2}}. \tag{175}$$

Man kann dieser Gleichung noch eine erheblich einfachere Form geben, wenn man den Formfaktor $f_g = J_{ge}/J_{gm}$ des Gleichstromes einführt. Wie man sich unter Zuhilfenahme von (172a) und (172b) leicht überzeugt, kann man nämlich dann für (175) schreiben

$$\lambda = \frac{2\sqrt{2} f_g}{\pi} - \frac{\sqrt{2}(f_g^2 - 1)}{f_g}\sigma \tag{175a}$$

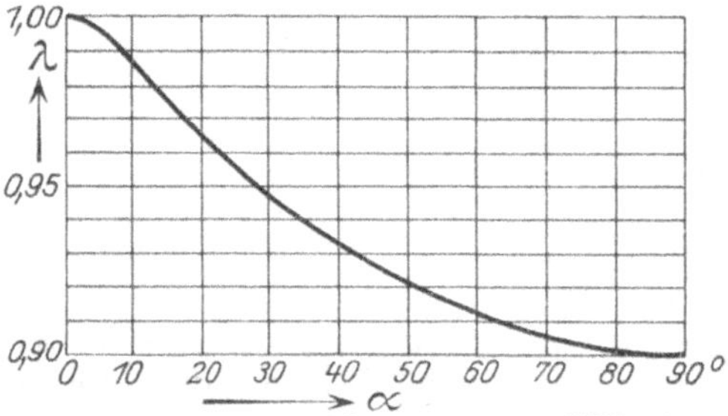

Abb. 41.

Der Leistungsfaktor ist von der Größe der Kathodendrossel und von der der Gegenspannung abhängig, und zwar sinkt sein Wert mit wachsendem α, also mit wachsender Induktivität, und ferner sinkt dieser mit wachsendem σ oder mit wachsender Gegenspannung. Sowohl die Kathodendrossel als auch die Gegenspannung beeinflussen den Leistungsfaktor des Gleichrichters ungünstig.

Für den angenommenen Fall $\sigma = 0$ wurde der Leistungsfaktor für eine Reihe von Werten von α ausgewertet und in Abb. 41 als Kurve aufgetragen.

3. **Der Einfluß des Gleichrichters auf den resultierenden Leistungsfaktor des Netzes.** Durch ein gemeinsames Netz soll ein Gleichrichter und außerdem ein reiner Wechselstromverbraucher gespeist werden. Der letztere gelte als die vorher schon vorhandene Grundbelastung des Netzes, zu dem später der Gleichrichter hinzugeschaltet wird. Es ist festzustellen, in welcher Weise sich der Leistungsfaktor des Netzes durch das Zuschalten des Gleichrichters ändert.

---

[1]) Vgl. ETZ 1924, S. 1360.

Die Spannung zwischen den Leitern 1 und 2 des Netzes (vgl. Abb. 42) sei wieder $e_{12} = E \sin\theta$. Der Strom in den Zuleitungen des Wechselstromverbrauchers sei $i_w = J \sin(\theta - \varphi)$, so daß der Leistungsfaktor des Netzes vor Einschalten des Gleichrichters gleich $\cos\varphi$ ist.

Beschränkt man sich auf zwei Fälle, nämlich auf den Fall eines Gleichrichters ohne Kathodendrossel und ohne Gegenspannung sowie auf den anderen extremen Fall eines Gleichrichters mit theoretisch unendlich großer Kathodendrossel und ohne Gegenspannung, so kann man den resultierenden Leistungsfaktor λ_r des Netzes mit zugeschaltetem Gleichrichter durch eine einfache Gleichung darstellen, welche nur den ursprünglichen Leistungsfaktor $\cos\varphi$ des Netzes, den Eigen-Leistungsfaktor λ des Gleichrichters und eine Größe ξ, welche das Verhältnis der Amplitude zE/R des primären Gleichrichterstromes zur Amplitude J des übrigen Wechselstromes darstellt, enthält. Man bekommt nämlich nach einiger Rechnung

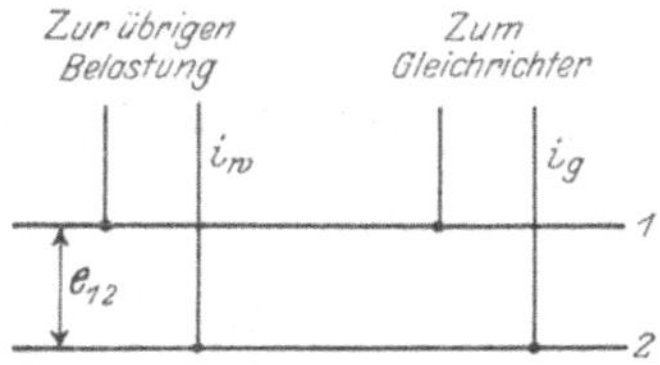

Abb. 42.

$$\lambda_r = \frac{\cos\varphi + \xi\lambda^2}{\sqrt{1 + (2\xi\cos\varphi + \xi^2)\lambda^2}}. \tag{176}$$

Es ist dies dieselbe Gleichung wie die in Kap. 13a abgeleitete Gl. (121) für den p-anodigen Normalgleichrichter ohne Drosselspulen. Eine weitere Verallgemeinerung dieser Gleichung würde hier zu weit führen.

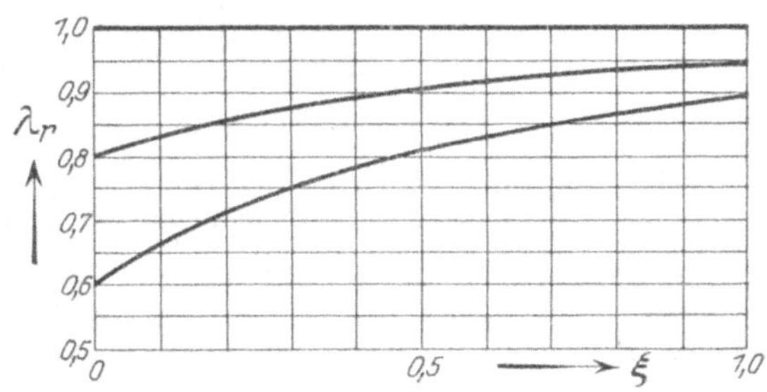

Abb. 43a.

Das Interessante des vorliegenden Problemes war, daß der resultierende Leistungsfaktor nie kleiner als der kleinste der beiden Einzel-Leistungsfaktoren, wohl aber größer als der größte unter diesen werden kann. Besonders anschaulich wird diese Tatsache durch die Abb. 43a und 43b, welche für $\cos\varphi = 0{,}6$; 0,8 und 1 den Verlauf des resultierenden Leistungsfaktors in Abhängigkeit von ξ darstellen. Die erste Abb. gilt für $\lambda = 1$, dem Fall des Gleichrichters ohne Kathodendrossel, die zweite dagegen für $\lambda = 2\sqrt{2}/\pi = 0{,}9$, dem Fall des

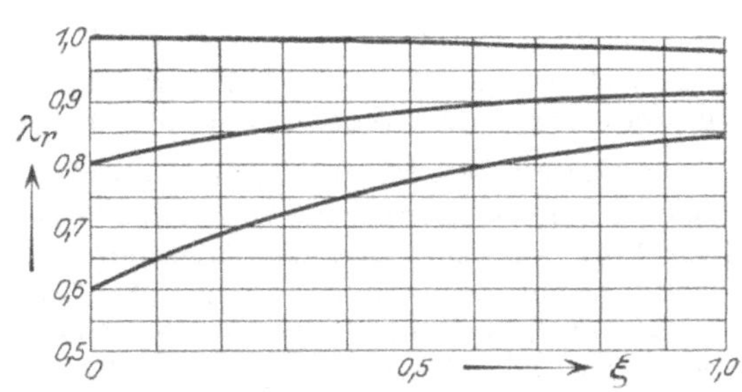

Abb. 43b. TWL 8992

Gleichrichters mit unendlich großer Kathodendrossel. Wie man aus (176) durch Differentiieren nach ξ errechnet, liegt das Maximum $\lambda_{r\,max}$ des resultierenden Leistungsfaktors bei dem Belastungsverhältnis

$$\xi_0 = \frac{\operatorname{tg}\varphi \sin\varphi}{1-\lambda^2}. \tag{176a}$$

Für den Wert dieses Maximums bekommt man daraus

$$\lambda_{r\,max} = \frac{\cos\varphi + \frac{\lambda^2}{1-\lambda^2}\operatorname{tg}\varphi\sin\varphi}{\sqrt{1+\left(2+\frac{\operatorname{tg}^2\varphi}{1-\lambda^2}\right)\frac{\lambda^2\sin^2\varphi}{1-\lambda^2}}}. \tag{176b}$$

In der nachfolgenden Tabelle sind für $\lambda = 0{,}9$ (für $\lambda = 1$ ist $\lambda_{r\,max}$ ständig $= 1$) einige Werte von $\lambda_{r\,max}$ entsprechend verschiedenen Werten von $\cos\varphi$ zusammengestellt:

$\cos\varphi$	φ^0	ξ_0	$\lambda_{r\,max}$	λ
0	90°	∞	0,9	0,9
0,6	53° 10′	5,62	0,91	
0,7	45° 30′	3,82	0,91	
0,8	36° 50′	2,36	0,94	
0,9	25° 50′	1,11	0,95	
1	0	0	1	

Man erkennt, daß der maximale resultierende Leistungsfaktor bei $\cos\varphi = 1$ mit dem Werte 1 beginnt und mit kleiner werdendem $\cos\varphi$ dem Werte λ zustrebt.

Ist übrigens $\cos\varphi = \lambda$, so nimmt die Gl. (176b) die einfachere Form an:

$$\lambda_{r\,max} = \frac{\sqrt{2}\,\lambda}{\sqrt{1+\lambda^2}}, \tag{176c}$$

das Belastungsverhältnis, bei dem der resultierende Leistungsfaktor diesen maximalen Wert annimmt, ist $\xi_0 = 1/\lambda$.

4. Der Gleichstrom bei nicht vernachlässigbarer Transformatorstreuung. Die Stromgleichung (171) wurde abgeleitet unter der Voraussetzung, daß die Streuung des Transformators des Gleichrichters vernachlässigbar klein ist. Ist diese Voraussetzung nicht mehr zutreffend, ist die Spannung nicht mehr vernachlässigbar klein, so beginnt der Transformator zu einem gewissen Anteile kathodendrosselartig zu wirken.

Der Kern des Transformators besteht wie immer aus zwei Schenkeln, welche durch zwei Joche verbunden sind. Die Primärwicklung des Transformators sei zur Hälfte auf den einen Schenkel, zur anderen Hälfte auf den anderen Schenkel gewickelt; gegenüber den Gleichungen in Kap. 8 ist daher das Übersetzungsverhältnis z im doppelten Betrage einzusetzen. Der zwischen den beiden Schenkeln auftretende Streufluß sei für die Rechnung definiert durch ein zwischen diesen Schenkeln liegendes Streujoch. Der Streukoeffizient sei s. (Dieser Streukoeffizient ist bekanntlich bestimmt durch $s = \alpha/(1+\alpha)$, worin α das Verhältnis des Querschnittes des gedachten, die Streuung ersetzenden Streujoches zum Querschnitte der Schenkel bedeutet).

Beachtet man nun, daß in der Gl. (81a) $\nu = 2$ zu setzen ist und daß darin ferner $i_{p1} = i_n$, $i_{p2} = -i_n$ und $i_{s1} = i_g$, $i_{s2} = 0$ ist, so bekommt man für die Halbperiode, während der der Lichtbogen an der ersten Anode brennt, für die sekundäre Spannung e_{s1} nach einiger Rechnung den Ausdruck

$$e_{s1} = z\,E\sin\theta - \frac{2\,s z^2}{2-s}\,\omega\,L_t\,\frac{d\,i_g}{d\theta}.$$

Darin ist L_t wieder die mittlere Induktivität des Transformators (vgl. Kap. 8a). Die Rechnung selbst verläuft übrigens ganz ähnlich wie die in Kap. 10e.

Nun ist aber andererseits auf der Gleichstromseite

$$e_{s1} = G + R\,i_g + \omega\,L_k\,\frac{d\,i_g}{d\theta}.$$

Zieht man beide Gleichungen voneinander ab, so bekommt man eine Gleichung, welche in entsprechender Weise wie die Ausgangsdifferentialgleichung von Abschnitt 2 geschrieben lautet

$$\frac{E_s}{R}(\sin\theta - \sigma) = i_g + \operatorname{tg}\tilde{\alpha}\,\frac{d\,i_g}{d\theta}$$

und in welcher nunmehr

$$\operatorname{tg}\tilde{\alpha} = \frac{\omega}{R}\left(L_k + \frac{2\,s z^2}{2-s}\,L_t\right) \tag{177}$$

bedeutet.

Man erkennt daraus, daß der Transformator mit Streuung sich an der Wirkung der Kathodendrossel mit dem Anteile $2\,s z^2/(2-s)\cdot L_t$ beteiligt.

Anders ausgedrückt arbeitet ein Gleichrichter ohne Kathodendrossel mit einem Transformator mit Streuung so wie ein Gleichrichter mit Kathodendrossel und einem Transformator ohne Streuung.

5. **Der Zweiphasengleichrichter mit einfachen Anodendrosseln und einer Kathodendrossel.** Um anstatt der normal etwas steigenden Spannungscharakteristik des Gleichrichters eine fallende Charakteristik, wie diese bei Parallelschaltung von Gleichrichtern erforderlich ist, zu erhalten, sollen in die Anodenleitungen Drosselspulen, welche den Namen Anodendrosseln führen, eingeschaltet werden (vgl. Abb. 44). Die mittlere Induktivität dieser Anodendrosseln sei L_a.

Außer dem Spannungsabfall im Gleichstromkreise rufen die Anodendrosseln noch eine Überlappung der Lichtbogen und der Anodenströme i_{a1} und i_{a2} hervor. Es gibt ein Zeitintervall, während dessen beide Anodenströme i_{a1} und i_{a2} gemeinsam fließen und beide Lichtbogen an den Anoden 1 und 2 gemeinsam brennen und es gibt ein Zeitintervall, während dessen nur ein Anodenstrom allein fließt und entsprechend ein Lichtbogen allein brennt. Das erstere Intervall nannten wir die Überlappungsperiode, das zweite dagegen die überlappungsfreie Periode.

Während der Überlappungsperiode (θ_1, θ_2) möge der Anodenstrom i_{a2} versiegen und der Anodenstrom i_{a1} einsetzen. Dann hat man als Gleichgewicht der Spannungen, wenn man wieder $\omega L_k / R = \operatorname{tg}\alpha$ und $\omega L_a / R = \operatorname{tg}\beta$ setzt, die folgenden Differentialgleichungen zu lösen

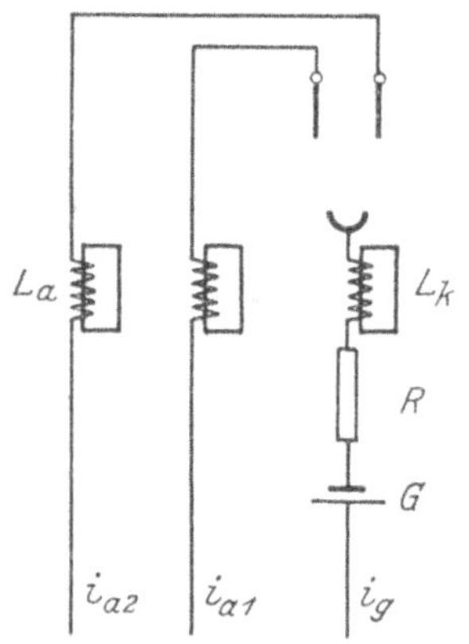

Abb. 44.

$$\frac{E_s}{R}(\sin\theta - \sigma) = i_g + \operatorname{tg}\alpha\,\frac{di_g}{d\theta} + \operatorname{tg}\beta\,\frac{di_{a1}}{d\theta}$$

$$\frac{E_s}{R}(-\sin\theta - \sigma) = i_g + \operatorname{tg}\alpha\,\frac{di_g}{d\theta} + \operatorname{tg}\beta\,\frac{di_{a2}}{d\theta}.$$

Addiert und subtrahiert man diese beiden Gleichungen, so erhält man eine Differentialgleichung für i_g und eine für $i_{a2} - i_{a1}$. Die Integrale dieser Gleichungen haben zwei Integrationskonstanten.

Während der überlappungsfreien Periode $(\theta_2, \pi + \theta_1)$ gilt die folgende Gleichung

$$\frac{E_s}{R}(\sin\theta - \sigma) = i_g + (\operatorname{tg}\alpha + \operatorname{tg}\beta)\,\frac{di_g}{d\theta},$$

deren Integral wiederum eine Integrationskonstante besitzt.

Zur Bestimmung dieser drei Konstanten sowie der beiden Größen θ_1 und θ_2 stehen gerade fünf Anfangsbedingungen zur Verfügung:

Die erste Bedingung besagt, daß der Gleichstrom am Anfang des Intervalles (θ_1, θ_2) den gleichen Wert besitzen muß wie am Ende des Intervalles $(\theta_2, \pi + \theta_1)$. Die zweite Bedingung enthält die Forderung, daß zu Beginn des Intervalles (θ_1, θ_2) die in der Anodendrossel der zweiten Anodenleitung induzierte Spannung gleich der doppelten sekundären Spannung e_{s1} (d. h. $= e_{s1} - e_{s2}$) sein muß. Die dritte Bedingung sagt aus, daß zu Beginn desselben Intervalles der Anodenstrom i_{a1} mit dem Werte Null einsetzt, die vierte Bedingung dagegen, daß der abklingende Anodenstrom i_{a2} am Ende dieses Intervalles den Wert Null erreicht hat. Die fünfte Bedingung endlich ist in der Gleichung $i_{a1} + i_{a2} = i_g$ enthalten.

Das Ergebnis der einzelnen Rechnungen, welches naturgemäß auch aus den Gleichungen des Kap. 9 (für $p = 2$) entnommen werden kann, läßt sich, wenn $\operatorname{tg}\gamma = \operatorname{tg}\alpha + \frac{1}{2}\operatorname{tg}\beta = \omega) 2 L_k + L_a) / 2R$ und $\operatorname{tg}\delta = \operatorname{tg}\alpha + \operatorname{tg}\beta = \omega(L_k + L_a)/R$ bedeutet, in der folgenden Weise darstellen:

α) Während der Überlappungsperiode (θ_1, θ_2) setzt sich der Gleichstrom i_g zusammen aus dem verklingenden Anodenstrom i_{a2} der Vorperiode und aus dem beginnenden Anodenstrom i_{a1} der neuen Periode. Die beiden Anodenströme verlaufen nach den Gleichungen

$$i_{a1} = \frac{E_s}{R}\left(-\frac{\operatorname{tg}\gamma\sin\theta_1}{\operatorname{tg}\beta}\left(1 - e^{-(\theta-\theta_1)\operatorname{ctg}\gamma}\right) + \frac{\cos\theta_1 - \cos\theta}{\operatorname{tg}\beta}\right),$$

$$i_{a2} = \frac{E_s}{R}\left(\frac{\operatorname{tg}\gamma\sin\theta_1}{\operatorname{tg}\beta}\left(1 + e^{-(\theta-\theta_1)\operatorname{ctg}\gamma}\right) - \frac{\cos\theta_1 - \cos\theta}{\operatorname{tg}\beta} - \sigma\right), \tag{178a}$$

für den Gleichstrom dagegen erhält man

$$i_g = \frac{E_s}{R}\left(\frac{2\operatorname{tg}\gamma\sin\theta_1}{\operatorname{tg}\beta}e^{-(\theta-\theta_1)\operatorname{ctg}\gamma} - \sigma\right), \tag{178b}$$

worin in beiden Fällen

$$\theta_1 \leqq \theta \leqq \theta_2$$

ist. Am Ende dieser Überlappungsperiode hat der verklingende Anodenstrom i_{a2} den Wert Null und der einsetzende Anodenstrom i_{a1} den Wert des Gleichstromes erreicht.

β) Während der überlappungsfreien Periode $(\theta_2, \pi + \theta_1)$ fließt nunmehr der Anodenstrom i_{a1} als Gleichstrom i_g allein, während der andere Anodenstrom i_{a2} gleich Null bleibt. Man bekommt dann

$$i_g = \frac{E_s}{R}\Bigg[\cos\delta\sin(\theta - \delta) + \left(\frac{2\operatorname{tg}\delta\sin\theta_1}{\operatorname{tg}\beta} - \sin\delta\cos(\delta - \theta_1)\right)e^{(\pi+\theta_1-\theta)\operatorname{ctg}\delta} - \sigma\Bigg] \tag{179}$$

worin

$$\theta_2 \leqq \theta \leqq \pi + \theta_1$$

ist. Man erkennt leicht, daß dieser Gleichstrom zur Zeit $\pi + \theta_1$ denselben Wert hat wie der Gleichstrom nach (178b) zur Zeit θ_1.

γ) Die beiden Größen θ_1 and θ_2, die beiden Unbekannten der vorigen Gleichungen, bestimmen sich als Wurzeln der Gleichungen

$$\frac{2\operatorname{tg}\gamma\sin\theta_1}{\operatorname{tg}\beta}e^{-(\theta_2-\theta_1)\operatorname{ctg}\gamma} = -\cos\delta\sin(\delta - \theta_2) + \left(\frac{2\operatorname{tg}\delta\sin\theta_1}{\operatorname{tg}s} - \sin\delta\cos(\delta - \theta_1)\right)e^{[\pi-(\theta_2-\theta_1)]\operatorname{ctg}\delta}$$

$$\frac{\operatorname{tg}\gamma\sin\theta_1}{\operatorname{tg}\beta}\left(1 + e^{-(\theta_2-\theta_1)\operatorname{ctg}\gamma}\right) - \frac{\cos\theta_1 - \cos\theta_2}{\operatorname{tg}\beta} = \sigma. \tag{180}$$

Diese Gleichungen sind im allgemeinen jedoch nur graphisch auflösbar (vgl. Absatz 6).

Ein Beispiel: Die vorigen Aussagen mögen durch ein Zahlenbeispiel veranschaulicht werden. Es sei $\sigma = 0$, es handle sich also um einen Gleichrichter ohne Gegenspannung. Ferner sei $\operatorname{tg}\alpha = \omega L_k/R = 2$ und $\operatorname{tg}\beta = \omega L_a/R = 0{,}5$. Daraus bekommt man zunächst $\operatorname{tg}\gamma = 2{,}25$ und $\operatorname{tg}\delta = 2{,}5$. Die vier Winkel α, β, γ, δ selbst sind gegeben durch $\alpha = 63^0\,30'$, $\beta = 26^0\,30'$, $\gamma = 66^0$, $\delta = 68^0\,10'$. Die Auflösung der beiden Gleichungen (180), welche graphisch vorzunehmen ist, ergibt für die Größen θ_1 und θ_2 die Werte $\theta_1 = 3^0\,24' = 0{,}0593$, $\theta_2 = 40^0 = 0{,}698$. Die Auswertung der Stromgleichungen (178a), (178b) und (179) und Auftragung derselben zeigt die Abb. 45. Es ist darin $E_s/R = 1$ gesetzt worden.

Den arithmetischen Mittelwert J_{gm} des Gleichstromes ermittelt man aus derselben Abbildung zu 0,541. Der Gleichrichter ohne Anodendrosseln hätte einen Gleichstrom von dem arithmetischen Mittelwerte $2/\pi = 0{,}637$ gehabt. Daraus entnimmt man, daß die Anodendrosseln in diesem Beispiel den arithmetischen Mittelwert des Gleichstromes von 0,637 auf 0,541, also um 15,1 $^0/_0$ herabdrücken.

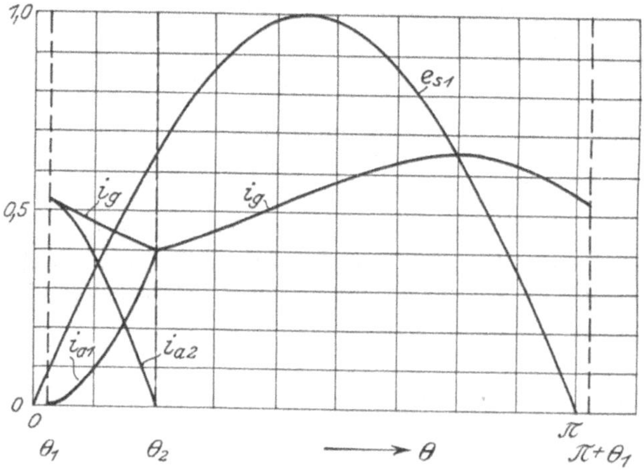

Abb. 45. TWL 8993

6. **Einige Sonderfälle des Zweiphasengleichrichters mit Anodendrosseln.** In einer Reihe von Spezialfällen erhält man einige Vereinfachungen, welche es lohnend erscheinen lassen, diese Fälle besonders anzuführen.

α) Der Zweiphasengleichrichter mit Anodendrosseln, jedoch ohne Kathodendrossel. Man hat also $\operatorname{tg}\alpha = \alpha = 0$. Der Verlauf der Anodenströme und des Gleichstromes ist direkt aus den vorigen Gleichungen zu entnehmen, man hat nur nötig, entsprechend $\operatorname{tg}\alpha = 0$ zu setzen $\operatorname{tg}\gamma = \frac{1}{2}\operatorname{tg}\beta$ und $\operatorname{tg}\delta = \operatorname{tg}\beta$. Dann erhält man folgendes Bild:

Während der Überlappungsperiode ist entsprechend den obigen Gleichungen (178a) und (178b)

$$\left.\begin{aligned} i_{a1} &= \frac{E_s}{R}\left(-\frac{\sin\theta_1}{2}\left(1 - e^{-(\theta-\theta_1)\,2\operatorname{ctg}\beta}\right) - \frac{\cos\theta_1 - \cos\theta}{\operatorname{tg}\beta}\right), \\ i_{a2} &= \frac{E_s}{R}\left(\frac{\sin\theta_1}{2}\left(1 + e^{-(\theta-\theta_1)\,2\operatorname{ctg}\beta}\right) + \frac{\cos\theta_1 - \cos\theta}{\operatorname{tg}\beta} - \sigma\right). \end{aligned}\right\} \quad (181\,a)$$

Ferner ist

$$i_g = \frac{E_s}{R}(\sin\theta_1\, e^{-(\theta-\theta_1)2\,\mathrm{ctg}\,\beta} - \sigma) \tag{181b}$$

mit
$$\theta_1 \leqq \theta \leqq \theta_2 .$$

Während der überlappungsfreien Periode $(\theta_2,\ \pi+\theta_1)$ indessen hat man

$$i_g = \frac{E_s}{R}\Big[\cos\beta\sin(\theta-\beta)$$
$$+ (2\sin\theta_1 - \sin\beta\cos(\beta-\theta_1))\, e^{(\pi+\theta_1-\theta)\,\mathrm{ctg}\,\beta} - \sigma\Big], \tag{182}$$

worin

$$\theta_1 \leqq \theta \leqq \pi+\theta_1$$

ist. Die beiden Größen θ_1 und θ_2 sind dabei die Wurzeln der beiden Gleichungen

$$\sin\theta_1\, e^{-(\theta_2-\theta_1)2\,\mathrm{ctg}\,\beta} = -\cos\beta\sin(\beta-\theta_2)$$
$$+ (2\sin\theta_1 - \sin\beta\cos(\beta-\theta_1))\, e^{[\pi-(\theta_2=\theta_1)]\,\mathrm{ctg}\,\beta}$$

$$\frac{\sin\theta_1}{2}(1+e^{-(\theta_2-\theta_1)\,2\,\mathrm{ctg}\,\beta}) + \frac{\cos\theta_1-\cos\theta_2}{\mathrm{tg}\,\beta} = \sigma . \tag{183}$$

β) Der Zweiphasengleichrichter mit Anodendrosseln und mit theoretisch unendlich großer Kathodendrossel E_s ist also $\mathrm{tg}\,\alpha = \mathrm{tg}\,\gamma = \mathrm{tg}\,\delta = \infty$ und damit $\alpha = \gamma = \delta = \pi/2$. Aus den allgemeinen Stromgleichungen (178a) (178b) und (179) kann man sofort schließen, daß $\theta_1 = 0$ sein muß, da sonst die Ströme unendlich groß werden würden. Eine weitere Ausnutzung dieser Gleichungen ebenso wie eine Zuhilfenahme der Gleichung (180) ist jedoch nicht möglich, da man auf unbestimmte Formen stößt. Aus diesem Grunde setzen wir die Stromgleichungen zunächst unbestimmt an in der Weise, daß wir

$$\lim_{\alpha\to\frac{\pi}{2}} \frac{2\,\mathrm{tg}\,\gamma\sin\theta_1}{\mathrm{tg}\,\beta} = \lim_{\alpha\to\frac{\pi}{2}} \frac{2\,\mathrm{tg}\,\delta\sin\theta_1}{\mathrm{tg}\,\beta} = A$$

schreiben und außerdem beachten, daß die Größe θ_2 wegen $\theta_1 = 0$ gleich der Überlappungslänge θ_0 selbst wird,

$$\left.\begin{aligned} i_{a1} &= \frac{E_s}{R}\,\frac{1-\cos\theta}{\mathrm{tg}\,\beta}, \\ i_{a2} &= \frac{E_s}{R}\Big(A - \frac{1-\cos\theta}{\mathrm{tg}\,\beta} - \sigma\Big), \\ i_g &= \frac{E_s}{R}(A-\sigma), \end{aligned}\right\}\quad 0 \leqq \theta \leqq \theta_0,$$

$$i_g = \frac{E_s}{R}(A-\sigma), \qquad \theta_0 \leqq \theta \leqq \pi .$$

Am Ende der Überlappungsperiode, also zur Zeit θ_0 muß der abklingende Anodenstrom i_{a2} den Wert Null erreicht haben. Also ist $A=(1-\cos\theta_0)/\mathrm{tg}\,\beta+\sigma$. Schreibt man also nur noch $R\,\mathrm{tg}\,\beta=\omega L_a$. so hat man für die Anodenströme während der Überlappungsperiode $(0, \theta_0)$

$$\begin{aligned} i_{a1} &= \frac{E_s}{\omega L_a}(1-\cos\theta), \\ i_{a2} &= \frac{E_s}{\omega L_a}(\cos\theta-\cos\theta_0), \\ & 0 \leqq \theta \leqq \theta_0 . \end{aligned} \tag{184}$$

und während der ganzen Periode für den Gleichstrom

$$i_g = \frac{E_s}{\omega L_a}(1-\cos\theta_0) = \text{konst}. \tag{185}$$

Um nunmehr die Überlappungslänge θ_0 zu ermitteln, stellen wir die Energiebilanz auf. Die vom Netze abgegebene Leistung ist das Doppelte jeder der von den sekundären Transformatorphasen abgegebenen Leistungen, die gleichstromseitig verbrauchte Leistung ist die Summe aus dem Ohmschen Anteil $R i_g^2$ und dem Anteil $G i_g$ der Gegenspannung. Stellt man den Inhalt dieses Satzes als Gleichung dar und führt darin die Gleichungen (184) und (185) ein, so bekommt man nach einiger Umformung die Beziehung für θ_0:

$$1-\cos\theta_0 = \frac{\left(\frac{2}{\pi}-\sigma\right)\mathrm{tg}\,\beta}{1+\frac{1}{\pi}\,\mathrm{tg}\,\beta}. \tag{185a}$$

Führt man jetzt diese erhaltene Gleichung in (185) ein, so entsteht eine neue Gleichung, in der der Betrag $E_s/R\cdot(2/\pi-\sigma)$ mit dem Faktor $1/\left(1+\frac{1}{\pi}\,\mathrm{tg}\,\alpha\right)$ multipliziert erscheint. Der genannte Betrag ist aber bekanntlich nichts anderes als der Gleichstrom des Zweiphasengleichrichters mit unendlich großer Kathodendrossel und ohne Anodendrosseln. Nennt man diesen Stromwert jetzt i_{g0}, so bekommt man als Stromgleichung des Gleichrichters mit Anodendrosseln die anschauliche Form

$$i_g = \frac{1}{1+\frac{1}{\pi}\,\mathrm{tg}\,\beta}\cdot i_{g0}. \tag{185b}$$

Der unter dem Einfluß der Anodendrosseln entstehende Gleichstrom i_g verhält sich demnach zu dem sonst eintretenden Strom bei Fehlen dieser Anodendrosseln wie $1/\left(1+\frac{1}{\pi}\,\mathrm{tg}\,\beta\right)$.

γ) Der Zweiphasengleichrichter mit Anodendrosseln bei vernachlässigbar kleinem Ohmschen Widerstand. Eine zuweilen gut angebrachte Vereinfachung des vorliegenden Problems besteht darin, den Ohmschen Widerstand R zu vernachlässigen. Es sei dies an vier Beispielen erläutert.

I. Der Gleichrichter mit Gegenspannung und ohne Kathodendrossel. Die beiden Anodenströme i_{a1} und i_{a2} beeinflussen sich gegenseitig nicht mehr, jeder der Ströme verläuft unabhängig von dem Verlauf des anderen. Daher ist es nicht mehr nötig, zwischen dem Verlaufe der Ströme während und außerhalb der Überlappungsperiode zu unterscheiden.

Der erste Anodenstrom i_{a1} setzt ein, sobald die Spannung e_{s1} den Wert G der Gegenspannung überschreitet, also zur Zeit

$$\theta_1 = \arcsin \sigma. \tag{186a}$$

In diesem Augenblick hat der Anodenstrom noch den Wert Null; daraufhin folgt er der Differentialgleichung

$$E_s (\sin\theta - \sigma) = \omega L_a \frac{d i_{a1}}{d\theta};$$

sie ergibt im Verein mit der verlangten Anfangsbedingung für den Anodenstrom i_{a1} die Gleichung

$$i_{a1} = \frac{E_s}{\omega L_a} \left(\sqrt{1 - \sigma^2} - \cos\theta - \sigma(\theta - \arcsin\sigma) \right). \tag{186b}$$

Dieser Strom erreicht wieder den Wert Null zur Zeit $\pi + \theta_2$. Es ist damit θ_2 die Wurzel der Gleichung

$$\sqrt{1 - \sigma^2} + \cos\theta_2 = \sigma(\pi + \theta_2 - \arcsin\sigma) \tag{186c}$$

und in (186b) ist

$$\theta_1 \leqq \theta \leqq \pi + \theta_2$$

zu nehmen.

Ganz das Analoge gilt für den Anodenstrom i_{a2}, nur daß dieser Strom gegen den vorigen i_{a1} um den Wert π phasenverschoben ist.

Der Gleichstrom ist wieder natürlich die Summe von i_{a1} und i_{a2}. Eine Überlappung der Anodenströme findet dann statt, wenn $\theta_2 > \theta_1$ ist.

II. Der Gleichrichter ohne Gegenspannung und ohne Kathodendrossel. Wird in dem vorigen Beispiele $\sigma = 0$, so wird nach (186a) $\theta_1 = 0$ und nach (186c) $\theta_2 = \pi$. Für diesen Fall wird dann, da die Beschränkung der Variablen θ auf bestimmte Intervalle ihren Sinn verliert,

$$\left.\begin{aligned} i_{a1} &= \frac{E_s}{\omega L_a}(1 - \cos\theta) \\ i_{a2} &= \frac{E_s}{\omega L_a}(1 + \cos\theta) \end{aligned}\right\} \tag{187a}$$

für alle Werte von θ. Die beiden Anodenströme überlappen sich dauernd, die Überlappungslänge $\theta_2 - \theta_1$ hat nämlich die Länge π einer ganzen Halbperiode erreicht. Der Gleichstrom ist aber

$$i_g = \frac{2 E_s}{\omega L_a} = \text{konst.} \tag{187b}$$

III. Der Gleichrichter mit Gegenspannung und mit theoretisch unendlich großer Kathodendrossel. Dieses Beispiel ist in den Gleichungen (184), (185) und (185a) enthalten. Für $R = 0$ wird $\operatorname{tg}\beta = \infty$ und damit nach (185a)

$$1 - \cos\theta_0 = \pi\left(\frac{2}{\pi} - \sigma\right). \tag{188a}$$

Setzt man dieses in (184) und (185) ein, so entsteht

$$\left.\begin{aligned} i_{a1} &= \frac{E_s}{\omega L_a}(1 - \cos\theta) \\ i_{a2} &= \frac{E_s}{\omega L_a}\left[\pi\left(\frac{2}{\pi} - \sigma\right) - (1 - \cos\theta)\right] \\ &\quad 0 \leqq \theta \leqq \theta_0 \end{aligned}\right\} \tag{188b}$$

und ferner wird

$$i_g = \frac{E_s \pi}{\omega L_a}\left(\frac{2}{\pi} - \sigma\right) = \text{konst.} \tag{188c}$$

IV. Der Gleichrichter ohne Gegenspannung und mit theoretisch unendlich großer Kathodendrossel. Es ist jetzt ein Leichtes, in den vorigen Gleichungen $\sigma = 0$ zu setzen und den Fall herzustellen, welcher dem Beispiele II des Gleichrichters ohne Gegenspannung und ohne Kathodendrossel analog ist. Man bekommt nach (188a) $\theta_0 = \pi$ und gelangt nach Einsetzen dieses Wertes wieder zu den Gleichungen

$$i_{a1} = \frac{E_s}{\omega L_a}(1 - \cos\theta)$$

$$i_{a2} = \frac{E_s}{\omega L_a}(1 + \cos\theta)$$

und

$$i_g = \frac{2 E_s}{\omega L_a} = \text{konst.},$$

also zu denselben Gleichungen wie oben. Es muß dies so sein, weil in einem Gleichstromkreis, in welchem ein reiner Gleichstrom fließt, das Einfügen einer Drosselspule keinen Einfluß auf die Form des Stromes haben kann.

δ) Annäherung für kleine Anodendrosseln. Die Bestimmungsgleichungen (180) für die Überlappungszeiten θ_1 und θ_2 sind für den praktischen Gebrauch gänzlich unbrauchbar. Selbst wenn diese Gleichungen einfacher wären, selbst wenn es direkte Gleichungen für θ_1 und θ_2 gäbe, würde dies wenig nützen, da man sich den arithmetischen Mittelwert des Gleichstromes, nach welchem nämlich gefragt ist, erst umständlich berechnen müßte.

Nun gibt es allerdings eine sehr einfache Näherungsgleichung für den arithmetischen Mittelwert des Gleichstromes eines Gleichrichters mit Anodendrosseln, wenn wir die Gleichung (185b) verallgemeinern. Diese Gleichung wurde abgeleitet und war streng gültig für den Gleichrichter mit Anodendrosseln und mit theoretisch unendlich großer

Kathodendrossel. In praxi ist sie jedoch näherungsweise für alle diejenigen Fälle anwendbar, bei denen die Kathodendrossel groß gegenüber den Anodendrosseln ist[1]). Wir schreiben sie dann gleich in der verlangten Form

$$J_{gm} = \frac{1}{1 + \frac{1}{\pi}\operatorname{tg}\beta} J_{gm0}; \tag{189a}$$

es bedeutet darin J_{gm} der arithmetische Mittelwert des Gleichrichters mit Anodendrosseln und

$$J_{gm0} = \frac{E_s}{R}\left(\frac{2}{\pi} - \sigma\right) \tag{189b}$$

der ursprüngliche arithmetische Mittelwert des Gleichstromes des Gleichrichters ohne Anodendrosseln.

Für das obige Beispiel mit $\operatorname{tg}\alpha = 2$ und $\operatorname{tg}\beta = 0{,}5$ bei $\sigma = 0$ und $E_s/R = 1$ liefert diese Näherungsgleichung (189a) den Wert $J_{gm} = 0{,}549$, während die obige genaue Rechnung den Wert 0,541 ergab. Die Näherung ist also offenbar eine ziemlich gute.

Aber auch für die Fälle, bei denen die Kathodendrossel nicht mehr als klein gegenüber den Anodendrosseln angesehen werden kann, lassen sich Vereinfachungen erzielen. Allerdings sind diese Vereinfachungen nicht entfernt im Verhältnis stehend zu der Vereinfachung, welche in der vorigen Gleichung (189a) enthalten ist; vielmehr beruht die Vereinfachung des Problems, von der jetzt die Rede sein soll, lediglich darin, die Lösung der zwei Gleichungen (180) auf die Lösung nur einer Gleichung zu reduzieren.

Dazu ist nur nötig, die Überlappungszeit θ_1 gegen die andere θ_2 zu vernachlässigen[2]). In der Tat ist immer θ_1 klein gegen θ_2; so war z. B. in dem obigen Beispiele $\theta_1 = 0{,}0593$, $\theta_2 = 0{,}698$. Außerdem soll die Gegenspannung G gleich null angenommen, also $\sigma = 0$ gesetzt werden.

Dann erhält man für die zweite der Gleichungen (180) den Ausdruck

$$\operatorname{tg}\gamma \sin\theta_1 \left(1 + e^{-\theta_2 \operatorname{ctg}\gamma}\right) = 1 - \cos\theta_2,$$

woraus folgt, wenn man $\sin\theta_1$ durch θ_1 ersetzt

$$\theta_1 = \frac{1 - \cos\theta_2}{\operatorname{tg}\gamma\left(1 + e^{-\theta_2 \operatorname{ctg}\gamma}\right)}. \tag{190a}$$

Macht man in der ersten Gleichung von (180) dieselben Vernachlässigungen und setzt darin (190a) ein, so erhält man eine reine Gleichung für θ_2, welche lautet

$$\frac{2(1 - \cos\theta_2)}{\operatorname{tg}\beta\left(1 + e^{\theta_2 \operatorname{ctg}\gamma}\right)} =$$

$$= -\cos\delta \sin(\delta - \theta_1) + \left(\frac{2\operatorname{tg}\delta(1 - \cos\theta_2)}{\operatorname{tg}\gamma \operatorname{tg}\beta\left(1 + e^{-\theta_2 \operatorname{ctg}\gamma}\right)} - \frac{\sin 2\delta}{2}\right) e^{(\pi - \theta_2)\operatorname{ctg}\delta}. \tag{190b}$$

---

[1]) Vgl. hierzu S. 203.

[2]) Nicht richtig wäre es aber, θ_1 überhaupt gleich null zu setzen (vgl. Höpp: ETZ S. 681, 1919 und Pflieger-Haertel, l. c.).

Hat man nach dieser Gleichung, welche graphisch zu lösen ist, die Überlappungszeit θ_2 gefunden, so braucht man nur deren Wert in (190a) einzusetzen, um auch die Überlappungszeit θ_1 zu erhalten.

Ist $\operatorname{tg}\alpha = 0$, also $\alpha = 0$, so läßt sich die Gleichung (190b) in der folgenden einfacheren Form schreiben

$$\frac{2(1-\cos\theta_2)}{1+e^{\frac{\theta_2}{2}\operatorname{ctg}\beta}} = \sin\beta\sin(\beta-\theta_2) + \left(\frac{4(1-\cos\theta_2)}{1+e^{-\frac{\theta_2}{2}\operatorname{ctg}\beta}} - \sin^2\beta\right) e^{(\pi-\theta_2)\operatorname{ctg}\beta},$$

ferner wird

$$\theta_1 = \frac{2(1-\cos\theta_2)}{\operatorname{tg}\beta\left(1+e^{-\frac{\theta_2}{2}\operatorname{ctg}\beta}\right)}.$$

Ist dagegen $\operatorname{tg}\alpha = \infty$, also $\alpha = \pi/2$, so erhält man aus (190a) $\theta_1 = 0$ wie oben auch, aber (190b) wird zu einer identischen Gleichung, welche sich zur Bestimmung von θ_2 ohne weiteres nicht heranziehen läßt. Oben, bei Absatz γ, haben wir ja diesen Übelstand durch Zuhilfenahme des Energiesatzes überwunden und (für $\sigma = 0$) $1 - \cos\theta_2 = 2/\pi \cdot \operatorname{tg}\beta / \left(1 + \frac{1}{\pi}\operatorname{tg}\beta\right)$ gefunden.

Anmerkung: Des Interesses wegen wollen wir jetzt noch ergänzend hinzufügen, wie der Zusammenhang des Gleichrichters mit kleinen Anodendrosseln mit dem Gleichrichter ohne Anodendrossel hergestellt wird. Dies ist bei Zuhilfenahme der Gleichungen (190a) und (190b) sehr leicht möglich. Dazu machen wir die Voraussetzung, daß man die Induktivität der Anodendrosseln gegen die der Kathodendrossel vernachlässigen kann. Wir schließen also den Fall kleiner Kathodendrossel oder gar fehlender Kathodendrossel aus und setzen $\operatorname{tg}\gamma = \operatorname{tg}\delta = \operatorname{tg}\alpha$. Ferner vernachlässigen wir $\theta_2 \operatorname{ctg}\alpha$ gegen 1.

Dann bekommt man für (190a) zunächst

$$\theta_1 = \frac{1-\cos\theta_2}{2\operatorname{tg}\alpha}. \qquad (191\text{a})$$

Für die Gleichung (190b) erhält man dagegen

$$\frac{1-\cos\theta_2}{\operatorname{tg}\beta} = -\frac{\sin 2\alpha}{2} + \left(\frac{1-\cos\theta_2}{\operatorname{tg}\beta} - \frac{\sin 2\alpha}{2}\right) e^{\pi\operatorname{ctg}\alpha},$$

woraus folgt

$$1-\cos\theta_2 = \frac{\sin 2\alpha}{2\,\mathfrak{Tg}\left(\frac{\pi}{2}\operatorname{ctg}\alpha\right)}\operatorname{tg}\beta;$$

damit ist also (191b)

$$\theta_1 = \frac{\cos^2\alpha}{2\,\mathfrak{Tg}\left(\frac{\pi}{2}\operatorname{ctg}\alpha\right)}\operatorname{tg}\beta.$$

Wendet man übrigens die Beziehung (191a) zwischen θ_1 und θ_2 auf das obige Beispiel mit $\operatorname{tg}\alpha = 2$ und $\operatorname{tg}\beta = 0{,}5$ an, so erhält man, wenn man den gefundenen Wert $\theta_2 = 40^0$ einsetzt, für θ_1 den Wert 0,0583, während wir oben den Betrag $\theta_1 = 0{,}0593$ gefunden hatten.

Führt man nun endlich die Gleichung (191b) für θ_1 in die Stromgleichung (178b) ein, so bekommt man, naturgemäß unter Beibehaltung von $\operatorname{tg}\gamma = \operatorname{tg}\alpha$ und $\sigma = 0$

$$i_g(\theta = \theta_1) = \frac{\sin 2\alpha}{2\,\mathfrak{Tg}\left(\frac{\pi}{2}\operatorname{ctg}\alpha\right)}.$$

Es ist dies tatsächlich derselbe Wert, den man auch bei dem Gleichrichter ohne Anodendrosseln nach der Stromgleichung (171) für $\theta = 0$ bekommt. Allerdings beweist dies, daß man zur Darstellung des durch die Anodendrosseln hervorgerufenen Effektes auch nicht näherungsweise mit den Ansätzen (191b) für die Überlappungszeiten θ_1 und θ_2 auskommt, sondern daß man zu einer zweiten Näherung schreiten müßte, auf die einzugehen jedoch hier kein Anlaß vorliegt.

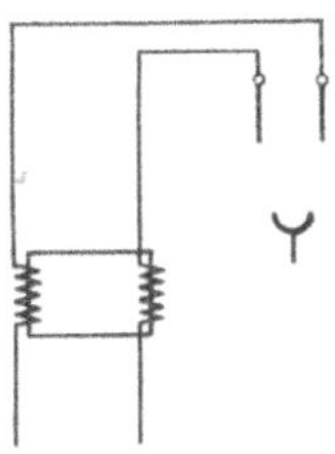
Abb. 46 a.

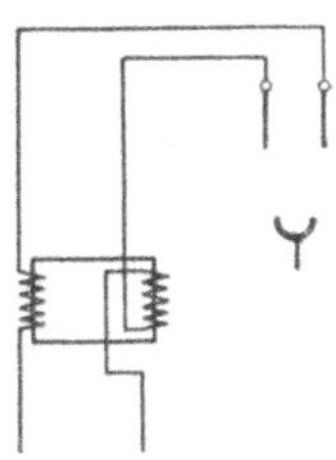
Abb. 46 b.

7. Der Zweiphasengleichrichter mit gekoppelten Anodendrosseln. Die Abb. 46a und 46b zeigen zwei Paare von Anodendrosseln, welche gegeneinander resp. hintereinander gekoppelt sind. Es möge offengelassen bleiben, ob diese Anodendrosseln noch zwischen ihren Schenkeln Streujoche besitzen oder nicht; der Streukoeffizient sei jedenfalls allgemein gleich s.

Die Spannung an derjenigen Wicklung des Drosselspulpaares, welche von dem Anodenstrom i_{a1} durchflossen wird, sei e_{a1}, die Spannung an der anderen Wicklung mit dem Strome i_{a2} dagegen e_{a2}. Dann erhält man nach dem in Kap. 8e Ausgesagten offenbar

$$e_{a1} = \omega L_a \frac{d}{d\theta}\left(i_{a1} - \frac{1-s}{2-s}(i_{a1} \pm i_{a2})\right)$$
$$e_{a2} = \omega L_a \frac{d}{d\theta}\left(i_{a2} - \frac{1-s}{2-s}(i_{a2} \pm i_{a1})\right).$$

Dabei bezieht sich bei den doppelten Vorzeichen das obere auf die Gegeneinander-Kopplung, das untere auf die Hintereinander-Kopplung. Setzt man nun $L_a' = L_a/(2-s)$, so wird

$$\left.\begin{aligned} e_{a1} &= \omega L_a' \frac{d}{d\theta}\left(i_{a1} \mp (1-s)\, i_{a2}\right) \\ e_{a2} &= \omega L_a' \frac{d}{d\theta}\left(i_{a2} \mp (1-s)\, i_{a1}\right). \end{aligned}\right\} \quad (192)$$

α) Ein Zweiphasengleichrichter mit Ohmschem Widerstand R, Gegenspannung G und mit Kathodendrossel der Induktivität L_k sei mit gegeneinander gekoppelten Anodendrosseln nach Abb. 46a ausgerüstet.

Unter Benutzung der Gl. (192) erhält man dann für das Spannungsgleichgewicht während der Überlappungsperiode die beiden Gleichungen

$$E_s(\sin\theta - \sigma) = R\, i_g + \omega L_k \frac{d\, i_g}{d\theta} + \omega L_a' \frac{d}{d\theta}(i_{a1} - (1-s)\, i_{a2}),$$

$$E_s(-\sin\theta - \sigma) = R\, i_g + \omega L_k \frac{d\, i_g}{d\theta} + \omega L_a' \frac{d}{d\theta}(i_{a2} - (1-s)\, i_{a1});$$

dagegen bekommt man während der überlappungsfreien Periode

$$E_s(\sin\theta - \sigma) = R\, i_g + \omega(L_k + L_a)\frac{d\, i_g}{\alpha\theta}.$$

Diese drei Gleichungen lassen sich leicht auf die von früher her wohlbekannte Normalform

$$\frac{E_s}{R}(\sin\theta - \sigma) = i_g + \operatorname{tg}\tilde{\alpha}\frac{d\, i_g}{d\theta} + \operatorname{tg}\tilde{\beta}\frac{d\, i_{a1}}{d\theta}$$

$$\frac{E_s}{R}(-\sin\theta - \sigma) = i_g + \operatorname{tg}\tilde{\alpha}\frac{d\, i_g}{d\theta} + \operatorname{tg}\tilde{\beta}\frac{d\, i_{a2}}{d\theta}$$

und

$$\frac{E_s}{R}(\sin\theta - \sigma) = i_g + (\operatorname{tg}\tilde{\alpha} + \operatorname{tg}\tilde{\beta})\frac{d\, i_g}{d\theta}$$

bringen, wenn man

$$\operatorname{tg}\tilde{\alpha} = \frac{\omega}{R}(L_k - (1-s)\, L_a'),$$
$$\operatorname{tg}\tilde{\beta} = \frac{\omega}{R}(2-s)\, L_a \tag{193a}$$

setzt. Daraus entnimmt man weiter

$$\operatorname{tg}\tilde{\gamma} = \frac{\omega}{2R}(2\, L_k + s\, L_a'),$$
$$\operatorname{tg}\tilde{\delta} = \frac{\omega}{R}(L_k + L_a'), \tag{193b}$$

womit die Reduktion der Schaltung auf die Normalform vollzogen ist. Der in dem Eisenkern der Anodendrosseln entstehende magnetische Fluß ist naturgemäß ein Wechselfluß.

β) Ist dagegen der vorige Gleichrichter mit hintereinandergekoppelten Anodendrosseln nach Abb. 46b ausgerüstet, so hat man unter Beachtung von (192) während der Überlappungsperiode als Spannungsgleichgewicht

$$E_s(\sin\theta - \sigma) = Ri_g + \omega L_k \frac{di_g}{d\theta} + \omega L_a' \frac{d}{d\theta}(i_{a1} + (1-s)\, i_{a2}),$$

$$E_s(-\sin\theta - \sigma) = Ri_g + \omega L_k \frac{di_g}{d\theta} + \omega L_a' \frac{d}{d\theta}(i_{a2} + (1-s)\, i_{a1})$$

und während der überlappungsfreien Periode wieder

$$E_s(\sin\theta - \sigma) = Ri_g + \omega (L_k + L_a) \frac{di_g}{d\theta}.$$

Auch diese Gleichungen lassen sich in der Form der Normalgleichungen schreiben. Im Gegensatz zu vorhin bekommt man aber

$$\begin{aligned} \operatorname{tg}\tilde{\alpha} &= \frac{\omega}{R}(L_k + (1-s)\, L_a), \\ \operatorname{tg}\tilde{\beta} &= \frac{\omega}{R}\, s\, L_a \end{aligned} \qquad (194)$$

und daraus

$$\begin{aligned} \operatorname{tg}\tilde{\gamma} &= \frac{\omega}{2R}(2L_k + (2-s)\, L_a), \\ \operatorname{tg}\tilde{\delta} &= \frac{\omega}{R}(L_k + L_a) \end{aligned} \qquad (194\,b)$$

Auch hier ist also die Reduktion auf die Normalform möglich. Der magnetische Fluß in dem Eisenkern der Anodendrosseln ist hier ein pulsierender Fluß von stets gleicher Richtung.

Die Ergebnisse von α) und β) zeigen, daß die Gegeneinanderkopplung der Anodendrosseln die Wirkung der Anodendrosseln vermehrt und die Wirkung der Kathodendrossel vermindert. Dagegen zeigt sich, daß die Hintereinanderkopplung der Anodendrosseln die Wirkung der Anodendrosseln vermindert und die Wirkung der Kathodendrossel vermehrt.

Ist insbesondere $L_a' = L_k$ und die Kopplung eine vollkommene ($s = 0$), so ergibt sich, daß sich ein Gleichrichter mit gegeneinander gekoppelten Anodendrosseln so verhält wie ein Gleichrichter ohne Kathodendrossel und mit Anodendrosseln je von der Induktivität $2\,L_a'$; andererseits ergibt sich, daß sich ein Gleichrichter mit hintereinander gekoppelten Anodendrosseln so verhält wie ein Gleichrichter ohne Anodendrosseln und mit einer Kathodendrossel von der Induktivität $2\,L_a'$.

8. **Der Zweiphasengleichrichter mit gekoppelten Anodendrosseln und kurzgeschlossenem Gleichstromkreis.** Für alle diejenigen Fälle, bei denen es nur darauf ankommt, einen Lichtbogen oder, was dasselbe heißen will, einen Kathodenfleck zu unterhalten, aber nicht eine Gleichstromleistung zu entnehmen (Hilfserregung), verwendet man Schaltungen, bei denen der Gleichstromkreis kurzgeschlossen ist, also die Kathode unmittelbar an den Transformatornullpunkt

angeschlossen ist und bei denen die Strombegrenzung lediglich durch Anodendrosseln erfolgt. Man hat also dann $L_k = 0$, also $\mathrm{tg}\,\alpha = 0$; ferner ist es in diesen vorliegenden Fällen zulässig, den Ohmschen Widerstand R des Gleichstromkreises zu vernachlässigen. Somit sind hier dieselben Überlegungen anwendbar, welche wir schon in Absatz 68, I und II angestellt haben.

α) Die Abb. 47 zeigt nun eine Schaltung, in der die Anodendrosseln gekoppelt und zwar zunächst gegeneinander gekoppelt sind. Es soll der Einfluß der Kopplung, insbesondere der Vollkommenheit der Kopplung, untersucht werden. Es sei s der Streukoeffizient des Eisenkerns der Anodendrosseln; die Gegenspannung $G = E_s \sigma$ ist in dem vorliegenden Falle die Spannung E_e des Lichtbogens. Im allgemeinen verlaufen die beiden Anodenströme i_{a1} und i_{a2}, falls bei hinreichend großer Induktivität der Anodendrosseln eine Überlappung derselben stattfindet, während dieser Überlappung nicht unabhängig voneinander. Da wir nun im folgenden stets das Vorliegen einer Überlappung voraussetzen wollen, denn sonst wären die Verhältnisse nicht verschieden von den in dem obigen Absatz 68 behandelten, so haben wir die Überlappungsperiode (θ_1, θ_2) von der überlappungsfreien Periode $(\theta_2, \pi + \theta_1)$ getrennt zu untersuchen.

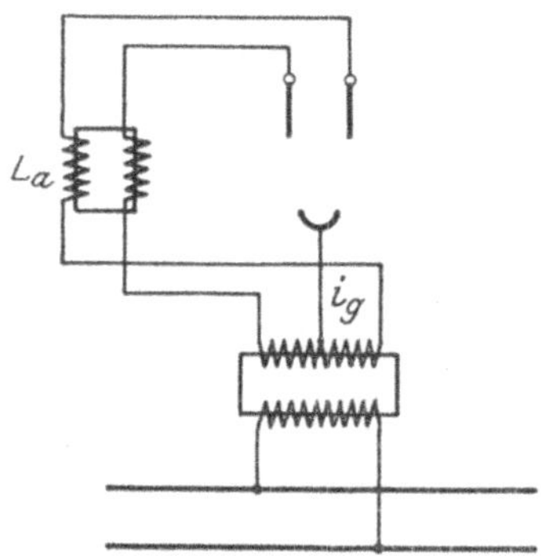

Abb. 47.

Unter Benutzung von (192) erhält man während der Überlappungsperiode nach der Abb. 47 als Ausdruck für das Gleichgewicht der Spannungen

$$E_s(\sin\theta - \sigma) = \omega L_a' \frac{d}{d\theta}(i_{a1} - (1 - s)\, i_{a2}),$$

$$E_s(-\sin\theta - \sigma) = \omega L_a' \frac{d}{d\theta}(i_{a2} - (1 - s)\, i_{a1}),$$

woraus zunächst folgt

$$i_{a1} - (1 - s)\, i_{a2} = \frac{E_s}{\omega L_a'}(A - \cos\theta - \sigma\theta),$$

$$i_{a2} - (1 - s)\, i_{a1} = \frac{E_s}{\omega L_a'}(B + \cos\theta - \sigma\theta),$$

wenn A und B zwei vorläufig unbekannte Integrationskonstanten bedeuten. Die Auflösung dieser Gleichungen ergibt

$$i_{a1} = \frac{E_s}{\omega L_a'} \frac{A + (1 - s) B - \cos\theta - \sigma\theta + (1 - s)(\cos\theta - \sigma\theta)}{s(2 - s)},$$

$$i_{a2} = \frac{E_s}{\omega L_a'} \frac{B + (1 - s) A + \cos\theta - \sigma\theta - (1 - s)(\cos\theta + \sigma\theta)}{s(2 - s)}.$$

Der Gleichstrom i_g ist danach gegeben durch

$$i_g = \frac{E_s}{\omega L_a'} \frac{A + B - 2\sigma\theta}{s}.$$

Während der überlappungsfreien Periode erhält man dagegen als Ausdruck für das Gleichgewicht der Spannungen

$$E_s(\sin\theta - \sigma) = \omega L' \frac{di_g}{d\theta},$$

woraus folgt

$$i_g = \frac{E_s}{\omega L_a'}(C - \cos\theta - \sigma\theta),$$

worin C eine weitere Integrationskonstante darstellt.

Für die Ermittlung der drei Konstanten A, B und C sowie der Überlappungszeiten θ_1 und θ_2 stehen wieder fünf Anfangsbedingungen zur Verfügung:

Die erste Bedingung ist die, daß zu Beginn der Überlappungsperiode die Spannung zwischen der ersten Anode und der Kathode gleich der Lichtbogenspannung G ist, damit der zu dem beginnenden Anodenstrom i_{a1} gehörige Lichtbogen ansetzen kann. Es muß also $E_s \sin\theta_1 = G$ sein oder

$$\theta_1 = \operatorname{arc}\sin\sigma. \tag{195a}$$

Die zweite Bedingung verlangt, daß der Gleichstrom am Ende der überlappungsfreien Periode $(\theta_2, \pi + \theta_1)$ denselben Wert haben muß wie der Gleichstrom zu Beginn der Überlappungsperiode (θ_1, θ_2); die vierte Bedingung verlangt dagegen, daß der Gleichstrom zu Beginn der überlappungsfreien Periode denselben Wert haben muß wie der Gleichstrom am Ende der Überlappungsperiode. Unter Verwendung der vorigen Gleichungen bekommt man daher zwei Gleichungen. Zieht man diese beiden Gleichungen voneinander ab, so verschwinden die Konstanten A, B und C und man erhält eine Gleichung für θ_2, welche lautet

$$\frac{2\sigma}{s}(\theta_2 - \theta_1) = \cos\theta_1 + \cos\theta_2 - \sigma(\pi - (\theta_2 - \theta_1)). \tag{195b}$$

Diese Gleichung ist allerdings wieder nur graphisch nach θ_2 hin allgemein auflösbar.

Die vierte Bedingung besagt endlich, daß $i_{a1}(\theta = \theta_1) = 0$ ist, die fünfte dagegen, daß $i_{a2}(\theta = \theta_2) = 0$ ist. Wendet man dies auf die obenstehenden Gleichungen an, so bekommt man

$$A + (1 - s)B = \cos\theta_1 + \sigma\theta_1 - (1 - s)(\cos\theta_1 - \sigma\theta_1),$$
$$B + (1 - s)A = -\cos\theta_2 + \sigma\theta_2 + (1 - s)(\cos\theta_2 + \sigma\theta_2).$$

Hieraus folgt weiter

$$A + B = \frac{s(\cos\theta_1 - \cos\theta_2) + \sigma(2 - s)(\theta_1 + \theta_2)}{2 - s}.$$

Setzt man noch diesen Wert in die vorhin genannte dritte Bedingungsgleichung ein, so erhält man eine Gleichung für die Konstante C. Sie heißt

$$C = \frac{\cos\theta_1 - \cos\theta_2}{2-s} - \frac{\sigma}{s}(\theta_2 - \theta_1) + \cos\theta_2 - \sigma\theta_2 .$$

Nunmehr sind alle Konstanten bekannt. Es ist nur noch erforderlich, ihre gefundenen Werte in die obigen Stromgleichungen einzusetzen und die erhaltenen Formeln entsprechend umzuformen. Dabei ist es ratsam, die Größe $L_a' = L_a/(2-s)$ wieder durch die ursprüngliche Größe L_a auszutauschen. Das endgültige Ergebnis läßt sich dann folgendermaßen formulieren.

Während der Überlappungsperiode (θ_1, θ_2) versiegt der Anodenstrom i_{a2}, während der Anodenstrom i_{a1} mit dem Werte Null beginnend einsetzt. Es ist

$$i_{a1} = \frac{E_s}{\omega L_a}\left(\cos\theta_1 - \cos\theta - \frac{2-s}{s}\sigma(\theta - \theta_1)\right),$$

$$i_{a2} = \frac{E_s}{\omega L_a}\left(\cos\theta - \cos\theta_2 + \frac{2-s}{s}\sigma(\theta_2 - \theta)\right),$$

und (196)

$$i_g = \frac{E_s}{\omega L_a}\left(\cos\theta_1 - \cos\theta_2 + \frac{2-s}{s}\sigma(\theta_1 + \theta_2 - 2\theta)\right),$$

worin

$$\theta_1 \leqq \theta \leqq \theta_2 .$$

Während der überlappungsfreien Periode $(\theta_2, \pi + \theta_1)$ hat man dagegen

$$i_g = \frac{E_s}{\omega L_a}\Big(\cos\theta_1 - \cos\theta_2$$
$$- (2-s)\left[\frac{\sigma}{s}(\theta_2 - \theta_1) + \cos\theta_2 - \cos\theta - \sigma(\theta - \theta_2)\right]\Big),$$

worin

$$\theta_2 \leqq \theta \leqq \pi + \theta_1 . \tag{197}$$

β) Sind nun die Anodendrosseln nicht wie vorhin gegeneinander, sondern hintereinander gekoppelt, so bekommt man an Stelle der vorigen Stromgleichungen andere Gleichungen, welche sich jedoch leicht aus den vorigen schließen lassen. Wie man aus den Gl. (192) erkennt, hat man nämlich nur nötig, $1 - s$ durch $-(1 - s)$ zu ersetzen, also an Stelle von s nunmehr $2 - s$ und an Stelle von $2 - s$ nunmehr s zu setzen. Tut man dies in den vorigen Gleichungen, so erhält man für den Gleichrichter mit hintereinander gekoppelten Anodendrosseln folgendes Ergebnis:

Zunächst ist die erste Überlappungszeit θ_1 wieder gegeben durch

$$\theta_1 = \arcsin\sigma, \tag{198a}$$

die zweite Überlappungszeit θ_2 ist dagegen die Wurzel der Gleichung

$$\frac{2\sigma}{2-s}(\theta_2-\theta_1)=\cos\theta_1+\cos\theta_2-\sigma(\pi-(\theta_2-\theta_1)). \quad (198\text{b})$$

Während der Überlappungsperiode (θ_1, θ_2) hat man

$$i_{a1}=\frac{E_s}{\omega L_a}\left(\cos\theta_1-\cos\theta-\frac{s}{2-s}\sigma(\theta-\theta_1)\right),$$

$$i_{a2}=\frac{E_s}{\omega L_a}\left(\cos\theta-\cos\theta_2+\frac{s}{2-s}\sigma(\theta_2-\theta)\right),$$

und (199)

$$i_g=\frac{E_s}{\omega L_a}\left(\cos\theta_1-\cos\theta_2+\frac{s}{2-s}\sigma(\theta_1+\theta_2-2\theta)\right),$$

worin

$$\theta_1\leqq\theta\leqq\theta_2.$$

Während der überlappungsfreien Periode $(\theta_2, \pi+\theta_1)$ ist dagegen

$$i_g=\frac{E_s}{\omega L_a}\Big(\cos\theta_1-\cos\theta_2$$

$$-s\left[\frac{\sigma}{2-s}(\theta_2-\theta_1)+\cos\theta_2-\cos\theta-\sigma(\theta-\theta_2)\right]\Big),$$

worin

$$\theta_2\leqq\theta\leqq\pi+\theta_1. \quad (200)$$

Aus den gefundenen Resultaten der beiden Absätze α) und β) läßt sich zusammenfassend folgendes schließen:

Sind die Anodendrosseln gegeneinander gekoppelt und ist die Kopplung eine vollkommene ($s=0$), so würde nach Gl. (195b) $\theta_2=\theta_1$ sein, die Überlappungslänge würde also gleich Null werden. Man erkennt aber leicht aus Gl. (197), daß der Gleichstrom gar nicht entstehen kann, da er nach dieser Gleichung negative Werte annehmen würde.

Ist die Kopplung jedoch gänzlich unvollkommen ($s=1$), so verschwindet der Unterschied zwischen der Gegeneinander-Kopplung und der Hintereinander-Kopplung. Man bekommt dann naturgemäß die gleichen Resultate wie in Absatz 68, I; die Gleichungen (195a), (195b), (196), (197) und (198a), (198b), (199), (200) gehen dann über in die Gleichungen (186a), (186b) und (186c) des Gleichrichters mit ungekoppelten Anodendrosseln.

Sind die Anodendrosseln hintereinander gekoppelt und ist die Kopplung eine vollkommene ($s=0$), so erhält man nach (198b) $\cos\theta_2=-(\cos\theta_1-\sigma\pi)=-(\sqrt{1-\sigma^2}-\sigma\pi)$; es ist also $\theta_2>\pi/2$ und $<\pi$. Auch hier wie im vorhergehenden Falle ist die Entstehung des Gleichstromes immer möglich.

Ist die Gegenspannung vernachlässigbar klein gegenüber der Transformatorspannung, also angenähert $\sigma=0$, so bekommt man in allen

Fällen unbeachtet der Art und der Vollkommenheit der Kopplung der Anodendrosseln $\theta_1 = 0$ und $\theta_2 = \pi$; die Anodenströme überlappen sich also dauernd und verlaufen nach den wohlbekannten Gleichungen (187a), während der Gleichstrom den maximalen und konstanten Wert $2\,E_s/\omega L_a$ wie in (187b) annimmt.

Zusammenfassend kann man sagen, daß die Gegeneinanderkopplung der Anodendrosseln die Überlappungslänge vermindert, die Pulsation des Gleichstromes steigert und damit den Mittelwert des Gleichstromes vermindert, ja bei einer gewissen Vollkommenheit der Kopplung die Entstehung dieses Gleichstromes ganz verhindert. Den umgekehrten Einfluß hat die Hintereinanderkopplung der Anodendrosseln; sie vergrößert die Überlappungslänge und vermindert die Pulsation des Gleichstromes und steigert seinen Mittelwert. Diese Einflüsse machen sich jedoch nur geltend bei Vorhandensein einer Gegenspannung, in diesem Falle der des Lichtbogens. Wäre diese nicht vorhanden oder vernachlässigbar klein, so erhielte man in allen Fällen eine dauernde Überlappung der Anodenströme und einen konstanten Gleichstrom von dem maximalen Werte $2\,E_s/\omega L_a$.

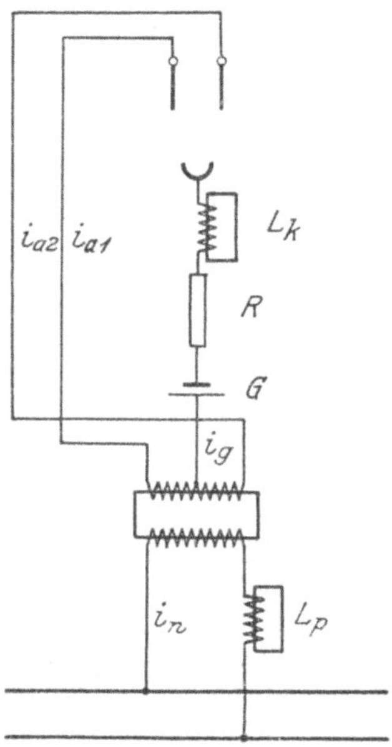

Abb. 48.

9. Der Zweiphasengleichrichter mit einer Primärdrossel. Die Abb. 48 zeigt einen Gleichrichter, welcher an Stelle von zwei Anodendrosseln auf der Anodenseite nur eine Drosselspule auf der Primärseite des Gleichrichters besitzt. Wir nennen diese primärseitige Drosselspule die Primärdrossel; ihre mittlere Induktivität sei L_p. Gleichstromseitig liegen eine Kathodendrossel der Induktivität L_k, eine Gegenspannung G und ein Ohmscher Widerstand R in Serie. Es soll nun festgestellt werden, ob und in welcher Weise die primärseitige Primärdrossel die anodenseitigen Anodendrosseln ersetzt.

Während der überlappungsfreien Periode $(\theta_2,\ \pi + \theta_1)$ hat man offenbar, wenn wieder L_t die Induktivität des Transformators und z das Übersetzungsverhältnis desselben bedeutet,

$$e_{s1} = z\,\omega\,L_t\,\frac{d}{d\theta}(i_n - z\,i_g)$$
$$= z\,E\sin\theta - \omega\,L_p\,\frac{d\,i_n}{d\theta}.$$

Hieraus folgt, wenn

$$\xi = \frac{L_t}{L_p + L_t} \tag{201}$$

bedeutet,

$$e_{s1} = z\xi E \sin\theta - z^2 \xi \omega L_p \frac{d i_g}{d\theta} .$$

Außerdem ist aber gleichstromseitig

$$e_{s1} = G + R i_g + \omega L_k \frac{d i_g}{d\theta} .$$

Also wird

$$\frac{z\xi E}{R}(\sin\theta - \tilde{\sigma}) = i_g + \operatorname{tg}\tilde{\delta}\frac{d i_g}{d\theta} ,$$

wenn

$$\tilde{\sigma} = \frac{G}{z\xi E} \tag{202a}$$

und

$$\operatorname{tg}\tilde{\delta} = \frac{\omega}{R}(L_k + z^2 \xi L_p) \tag{202b}$$

bedeutet.

Während der Überlappungsperiode (θ_1, θ_2) sind die Anodenpotentiale einander gleich. Also muß sein

$$e_{s1} = e_{s2} = 0 ,$$

woraus folgt

$$i_n = z(i_{a1} - i_{a2}) .$$

Man hat infolgedessen primärseitig

$$E \sin\theta - z\omega L_p \frac{d}{d\theta}(i_{a1} - i_{a2}) = 0 .$$

Multipliziert man diese Gleichung beiderseitig mit $z\xi/R$ und setzt ferner

$$\operatorname{tg}\tilde{\beta} = \frac{2 z^2 \xi \omega L_p}{R} , \tag{202c}$$

so erhält man

$$z\xi E \sin\theta = \frac{1}{2}\operatorname{tg}\tilde{\beta}\frac{d}{d\theta}(i_{a1} - i_{a2}) .$$

Gleichstromseitig hat man aber

$$G + R i_g + \omega L_k \frac{d i_g}{d\theta} = 0 .$$

Dividiert man diese letztere Gleichung durch R und setzt

$$\operatorname{tg}\tilde{\alpha} = \frac{\omega L_k}{R} , \tag{202d}$$

so bekommt man nach Addieren resp. Subtrahieren der beiden vorletzten Gleichungen die beiden neuen Gleichungen

$$\frac{z\xi E}{R}(\sin\theta - \sigma) = i_g + \operatorname{tg}\tilde{\alpha}\frac{d i_g}{d\theta} + \operatorname{tg}\tilde{\beta}\frac{d i_{a1}}{d\theta} .$$

$$\frac{z\xi E}{R}(-\sin\theta - \sigma) = i_g + \operatorname{tg}\tilde{\alpha}\frac{d i_g}{d\theta} + \operatorname{tg}\tilde{\beta}\frac{d i_{a2}}{d\theta} ,$$

welche die gleiche Form haben wie die in Kap. 9 aufgestellten Normalgleichungen. Wir ergänzen noch, daß

$$\operatorname{tg}\tilde{\delta} = \operatorname{tg}\tilde{\alpha} + \operatorname{tg}\tilde{\beta} = \frac{\omega}{R}(L_k + 2\,z^2\,\xi\,L_p) \tag{202e}$$

wird. Die Reduktion auf die Normalform ist damit vollzogen. Wie man in (202c) erkennt, arbeitet dieser Gleichrichter mit einer Primärdrossel von der Induktivität L_p so, als hätte er zwei Anodendrosseln je von der Induktivität $2\,z^2\,\xi\,L_p$.

10. **Über den Einfluß einer kapazitiven Gleichstrombelastung.** Bisher nahmen wir an, daß man im allgemeinen die gleichstromseitige Belastung des Gleichrichters als aus einem Ohmschen Widerstand R, einer konstanten Gegenspannung G und einer Induktivität L_k zusammengesetzt ansehen kann. Diese beschränkende Annahme wollen wir jetzt fallen lassen und eine in Abb. 49 dargestellte Gleichstrombelastung zugrunde legen, bei der parallel zu den eben genannten drei Belastungselementen noch eine Kapazität C liegt. Diese Kapazität kann in praxi etwa durch die Kapazität des angeschlossenen Gleichstromnetzes repräsentiert sein. Die Aufgabe ist, bei dieser Belastung den Verlauf des Gleichstromes i_g anzugeben.

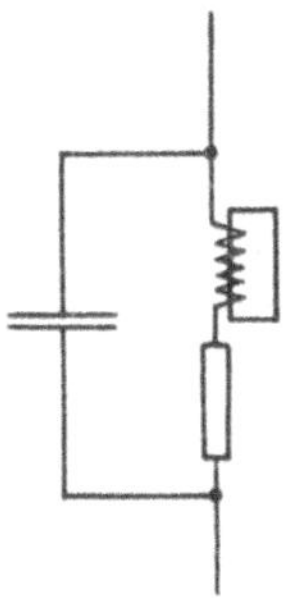

Abb. 49.

Um sich von den hier herrschenden Verhältnissen ein Bild machen zu können, denke man sich in der Abb. 37 die dortige gleichstromseitige Belastung durch die in Abb. 49 dargestellte ersetzt.

Zunächst ist ohne weiteres klar, daß man wie bei Abb. 37 keine Überlappung haben kann. Den in der Kapazität fließenden Strom nennen wir i_1, den durch die übrigen drei Elemente der Belastung fließenden Strom i_2; es ist also $i_1 + i_2 = i_g$.

Vernachlässigt man dann die Lichtbogenspannung, setzt man also nur die Gegenspannung in der Gleichstrombelastung in Rechnung und zwar mit $G = E_s\,\sigma$, so erhält man für das übliche Intervall $(0, \pi)$ die beiden folgenden Gleichungen als Spannungsbedingungen

$$E_s \sin\theta = \frac{1}{\omega C}\int i_1\,d\theta,$$

$$E_s(\sin\theta - \sigma) = R\,i_2 + \omega\,L_k\frac{d i_2}{d\theta},$$

woraus man ableitet,

$$i_1 = \frac{E_s}{R}\operatorname{tg}\varepsilon\cos\theta,$$

$$i_2 = \frac{E_s}{R}(\cos\alpha\sin(\theta - \alpha) + H e^{-\theta|\operatorname{ctg}\alpha} - \sigma),$$

wenn

$$\operatorname{tg}\varepsilon = \omega\,R\,C,$$

$$\operatorname{tg}\alpha = \frac{\omega\,L_k}{R} \tag{203}$$

bedeutet. Es ist also

$$i_g = \frac{E_s}{R}(\cos\alpha\sin(\theta-\alpha) + H e^{-\theta\operatorname{ctg}\alpha} - \sigma + \operatorname{tg}\varepsilon\cos\theta).$$

Um die Konstante H zu berechnen, stellen wir die Anfangsbedingung auf, welche besagt, daß der Gleichstrom zu Beginn und am Ende des Intervalles $(0, \pi)$ wieder denselben Wert hat, welche also lautet $i_g(\theta=0) = i_g(\theta=\pi)$. Setzt man den daraus gefundenen Wert von H in die vorige Stromgleichung ein, so erhält man schließlich

$$i_g = \frac{E_s}{R}\left(\cos\alpha\sin(\theta-\alpha) + \frac{\sin 2\alpha - \operatorname{tg}\varepsilon}{1-e^{-\pi\operatorname{ctg}\alpha}} e^{-\theta\operatorname{ctg}\alpha} - \sigma + \operatorname{tg}\varepsilon\cos\theta\right). \quad (204)$$

Berechnet man nach dieser Gleichung den arithmetischen Mittelwert J_{gm} des Gleichstromes, so bekommt man

$$J_{gm} = \frac{E_s}{R}\left(\frac{2}{\pi} - \sigma - \operatorname{tg}\alpha\operatorname{tg}\varepsilon\right), \quad (204\,\mathrm{a})$$

also einem kleineren Wert als nach (172a). Die Kapazität setzt also den arithmetischen Mittelwert des Gleichstromes herab und, wie man nach Vergleich von (204) mit (171) erkennt, steigert seine Pulsationen.

Die eben behandelte Aufgabe ist übrigens die einfachste der zahlreichen Aufgaben, in denen der Einfluß einer kapazitiven Belastung zur Untersuchung steht. Liegt vor dem in Abb. 49 dargestellten System noch eine Induktivität oder hat man noch Anodendrosseln, so werden die Strom- und Spannungsverhältnisse ganz erheblich verwickelter. Man hat es dann mit Schwingungserscheinungen zu tun, welche in das Gebiet des Überspannungsproblems des Gleichrichters gehören. Wir werden erst an anderer Stelle darauf zurückkommen.

17. Über den Dreiphasengleichrichter.

Hier wie auch nachher bei dem Sechsphasengleichrichter beginnen wir zunächst mit der Beschreibung des Normalgleichrichters. Später bei den verschiedenen einzelnen Schaltungen der wirklichen Gleichrichter geben wir dann nur die Reduktionsgleichungen an, welche diese Schaltungen auf jenen Normalgleichrichter zurückführen oder, was offenbar dasselbe heißt, welche die Grundgleichungen des Normalgleichrichters auf die verschiedenen speziellen Schaltungen übertragen.

a) Der dreiphasige Normalgleichrichter.

Das Wechselstromnetz des dreiphasigen Normalgleichrichters hat drei Außenleiter 1, 2, 3 und einen Nulleiter. Die Spannungen v_1,

v_2, v_3 zwischen den Außenleitern 1, 2, 3 und dem Nulleiter sind gegeben durch

$$\begin{aligned} v_1 &= V \sin\vartheta, \\ v_2 &= V \sin\left(\vartheta - \frac{2\pi}{3}\right), \\ v_3 &= V \sin\left(\vartheta + \frac{2\pi}{3}\right). \end{aligned} \tag{205}$$

1. **Der dreiphasige Normalgleichrichter ohne Kathodendrossel.** Die drei Außenleiter 1, 2, 3 sind direkt an die drei Anoden des Vakuumgefäßes angeschlossen; zwischen der Kathode und dem Nulleiter des Netzes liegen der Ohmsche Widerstand R und die Gegenspannung G, in der außer einer etwaigen Batteriespannung noch die Lichtbogenspannung enthalten sein mag. Es sei wieder $G = V\sigma$,

Der dann entstehende Gleichstrom i ist dann lückenlos oder lückenlos, je nachdem $\sigma > 1/2$ oder aber $< 1/2$ ist. In Formeln geschrieben hat man nämlich für $\sigma > \frac{1}{2}$

$$i = \frac{V}{R}(\sin\vartheta - \sigma), \qquad \tfrac{1}{6}\pi \leqq \vartheta \leqq \tfrac{5}{6}\pi$$

und für $\sigma < \frac{1}{2}$ (206)

$$i = \frac{V}{R}(\sin\vartheta - \sigma), \quad \arcsin\sigma \leqq \vartheta \leqq \pi - \arcsin\sigma.$$

Im ersteren Falle braucht man eine Hilfserregung des Lichtbogens, im zweiten Falle ist dagegen diese Hilfserregung entbehrlich.

Wir wollen künftig die Möglichkeit $\sigma \geqq 1/2$ ganz außeracht lassen und für alle folgenden Fälle annehmen, daß $\sigma < 1/2$ ist, ohne dies besonders hervorzuheben. Mit anderen Worten, wir wollen stets annehmen, daß der Gleichstrom lückenlos verläuft.

Der arithmetische Mittelwert J_m des lückenlosen Gleichstromes (205) ergibt sich zu

$$J_m = \frac{V}{R}\left(\frac{3\sqrt{3}}{2\pi} - \sigma\right) = \frac{V}{R}(0{,}827 - \sigma), \tag{207 a}$$

für den quadratischen Mittelwert J_e findet man dagegen

$$J_e = \frac{V}{R}\sqrt{\frac{1}{2}\left(1 + \frac{3\sqrt{3}}{4\pi}\right) - \frac{3\sqrt{3}}{\pi}\sigma + \sigma^2}. \tag{207 b}$$

Daraus berechnet man für die Welligkeit w_g des Gleichstromes

$$w_g = \frac{\sqrt{1 + \frac{3\sqrt{3}}{4\pi} - \frac{27}{2\pi^2}}}{\frac{3\sqrt{3}}{2\pi} - \sigma} = \frac{0{,}210}{0{,}827 - \sigma}. \tag{207 c}$$

2. **Der dreiphasige Normalgleichrichter mit Kathodendrossel.** Zwischen der Kathode und dem Nulleiter des Netzes liege jetzt die Kette aus dem Ohmschen Widerstande R, der Gegenspannung G, sowie einer Kathodendrossel mit der Induktivität M.

Der hier entstehende Gleichstrom ist dann, wie man leicht aus der allgemeinen Gl. (87) entnehmen kann, gegeben durch

$$i = \frac{V}{R}\left(\cos\alpha\sin(\vartheta-\alpha) + \frac{\frac{\sqrt{3}}{4}\sin 2\alpha}{\mathfrak{Sin}\left(\frac{\pi}{3}\operatorname{ctg}\alpha\right)} e^{\left(\frac{\pi}{2}-\vartheta\right)\operatorname{ctg}\alpha} - \sigma\right), \tag{208}$$

worin

$$\tfrac{1}{6}\pi \leqq \vartheta \leqq \tfrac{5}{6} \quad \text{.und} \quad \operatorname{tg}\alpha = \frac{\omega M}{R}.$$

Für den arithmetischen Mittelwert J_m sowie für den quadratischen Mittelwert J_e berechnet man danach oder bequemer noch entnimmt man aus den allgemeinen Gleichungen (126) und (127) die folgenden Ausdrücke

$$J_m = \frac{V}{R}\left(\frac{3\sqrt{3}}{2\pi} - \sigma\right) \tag{209a}$$

und

$$J_e = \frac{V}{R}\sqrt{\begin{array}{l}\frac{\cos^2\alpha}{2}\left(1+\frac{3\sqrt{3}}{4\pi}\cos 2\alpha\right) - \frac{3\sqrt{3}}{\pi}\sigma + \sigma^2 \\ + \frac{3\sqrt{3}}{8\pi}\sin^2 2\alpha + \frac{9\sin 2\alpha\sin^2\alpha}{8\pi\,\mathfrak{Tg}\left(\frac{\pi}{3}\operatorname{ctg}\alpha\right)}\end{array}} \tag{209b}$$

Daraus aber ergibt sich für die Welligkeit w_g des Gleichstromes

$$w_g = \frac{1}{\frac{3\sqrt{3}}{2\pi} - \sigma}\sqrt{\begin{array}{l}\cos^2\alpha\left(1+\frac{3\sqrt{3}}{4\pi}\cos 2\alpha\right) - \frac{27}{2\pi^2} \\ + \frac{3\sqrt{3}}{4\pi}\sin^2 2\alpha + \frac{9\sin 2\alpha\sin^2\alpha}{4\pi\,\mathfrak{Tg}\left(\frac{\pi}{3}\operatorname{ctg}\alpha\right)}\end{array}} \tag{209c}$$

Diese eben aufgeführten Gleichungen gelten ganz allgemein für jeden Wert der Induktivität M der Kathodendrossel:

Fehlt die Kathodendrossel ganz ($M = 0$, $\alpha = 0$), so gehen die Gleichungen (208), (209a), (209b) und (209c) in die früheren Gleichungen (206), (207a), (207b) und (207c) über.

Hat man aber eine theoretisch unendlich große Kathodendrossel ($M = \infty$, $\alpha = \pi/2$), so wird

$$i = \frac{V}{R}\left(\frac{3\sqrt{3}}{2\pi} - \sigma\right) = \text{konst.}$$
$$= J_m = J_e$$

und damit $w_g = 0$. Der Gleichstrom pulsiert dann überhaupt nicht mehr.

Für diejenigen Fälle, in denen man eine große Kathodendrossel hat, wollen wir wieder die bekannte Näherungsgleichung für den Gleichstrom aufstellen. Wie man aus der allgemeinen Gleichung (133) unter Beachtung von (128) entnimmt, hätte man hier für $p = 3$ den Ansatz

$$i = \mathfrak{A} + \mathfrak{K} \sin\left(3\vartheta - \frac{3\pi}{2} + \varepsilon\right)$$

zu machen.

Darin ist wieder $\operatorname{tg} \varepsilon = R/\omega M$. Ferner erhält man $\mathfrak{K}$ wie in Kap. 13e wieder auf verschiedene Weise und bekommt entsprechend die vier Werte $\mathfrak{K}_1$, $\mathfrak{K}_2$, $\mathfrak{K}_3$, $\mathfrak{K}_4$. Der Wert $\mathfrak{K}_1$ ist wieder die Pulsation P des Gleichstromes, welche wir in der Form annähern, daß wir in der Definitionsgleichung $P = (J_2 - J_1)/2$ ähnlich wie früher $J_1 = i(\vartheta = \pi/3)$ und $J_2 = i(\vartheta = 2\pi/3)$ setzen, wobei man sich der Stromgleichung (208) zu bedienen hat. Der Wert $\mathfrak{K}_2$ ist die mit der Welligkeit zusammenhängende Größe, nämlich gleich $\sqrt{2(J_e^2 - J_m^2)}$, wobei die Gleichungen (209a) und (209b) zu verwenden sind. Der dritte Wert $\mathfrak{K}_3$ ist wieder die mit dem quadratischen Mittelwert J_e' der Ableitung $i' = di/d\vartheta$ des Stromes zusammenhängende Größe, nämlich hier $\sqrt{2}/3 \cdot J_e'$. Der vierte Wert $\mathfrak{K}_4$ endlich ist der erste Koeffizient der Fourier-Entwicklung. Man erhält so zunächst

$$\mathfrak{K}_1 = \frac{V}{R} \cdot \frac{\sin 2\varepsilon}{4}\left(1 - \frac{\sqrt{3}}{2\,\mathfrak{Cof}\left(\frac{\pi}{\sigma}\operatorname{tg}\varepsilon\right)}\right),$$

$$\mathfrak{K}_2 = \frac{V}{R}\sqrt{\begin{array}{l}\sin^2\varepsilon\left(1 - \frac{3\sqrt{3}}{4\pi}\cos 2\varepsilon\right) + \frac{3\sqrt{3}}{4\pi}\sin^2 2\varepsilon \\ \quad + \frac{9\sin 2\varepsilon\cos^2\varepsilon}{4\pi\,\mathfrak{Tg}\left(\frac{\pi}{3}\operatorname{tg}\varepsilon\right)} - \frac{27}{2\pi^2}\end{array}},$$

$$\mathfrak{K}_3 = \frac{V}{R}\sqrt{\frac{1}{2}\left(1 + \frac{3\sqrt{3}}{4\pi}\cos 2\varepsilon\right) - \frac{9\sin 2\varepsilon}{8\pi\,\mathfrak{Tg}\left(\frac{\pi}{3}\operatorname{tg}\varepsilon\right)}},$$

$$\mathfrak{K}_4 = \frac{V}{R}\,\frac{3\sqrt{3}\operatorname{tg}\varepsilon}{8\pi\sqrt{\operatorname{tg}^2\varepsilon + 9}}.$$

Entwickelt man diese Ausdrücke nach Potenzen von ε und beschränkt man sich wegen der vorausgesetzten Kleinheit von ε (entsprechend dem groß vorausgesetzten Wert von $\operatorname{tg}\alpha$) auf die erste Potenz von $\varepsilon \approx R/\omega M$, so bekommt man

$$\mathfrak{K}_1 = \left(1 - \frac{\sqrt{3}}{2}\right)\frac{1}{2}\cdot\frac{V}{\omega M} = 0{,}0670\,\frac{V}{\omega M},$$

$$\mathfrak{K}_2 = \sqrt{1 + \frac{9\sqrt{3}}{4\pi} - \frac{27}{4\pi^2}\left(4 - \frac{2\pi^2}{27}\right)}\cdot\frac{V}{\omega M} = 0{,}070\,\frac{V}{\omega M},$$

$$\mathfrak{K}_3 = \frac{1}{3}\sqrt{1 + \frac{3\sqrt{3}}{4\pi} - \frac{27}{2\pi^2}}\cdot\frac{V}{\omega M} = 0{,}0738\,\frac{V}{\omega M},$$

$$\mathfrak{K}_4 = \frac{\sqrt{3}}{8\pi}\,\frac{V}{\omega M} = 0{,}070\,\frac{V}{\omega M}.$$

Wir wollen uns auf den mittleren Wert $\mathfrak{K} = 0{,}070\;V/\omega M$ festlegen. Setzt man diesen Wert in den obigen Ansatz für den Gleichstrom i ein und beachtet, daß darin $\mathfrak{A} = V/R\cdot(0{,}827 - \sigma)$ ist, so bekommt man endgültig die folgende einfache Näherungsgleichung

$$i = V\left[\frac{0{,}827 - \sigma}{R} - \frac{0{,}070}{\omega M}\sin\left(3\vartheta - \frac{3\pi}{2} + \varepsilon\right)\right], \qquad (210)$$

in der die Abhängigkeit des konstanten Anteiles des Gleichstromes von dem Ohmschen Widerstande R und der Gegenspannung $G = V\sigma$ sowie die Abhängigkeit der Amplitude des pulsierenden Anteiles oder der Oberwelle von der Größe der Induktivität M der Kathodendrossel sehr anschaulich hervortritt.

3. Der dreiphasige Normalgleichrichter mit Anodendrosseln und sehr großer Kathodendrossel. Die Induktivität der Anodendrosseln sei N, wir setzen $\omega N/R = \operatorname{tg}\beta$. Ferner setzen wir die Induktivität M der Kathodendrossel $= \infty$, so daß $\alpha = \pi/2$ wird.

Dann ist die erste Überlappungszeit $\theta_1 = 0$ und nur die zweite Überlappungszeit θ_2 ist von Null verschieden. Unter Benutzung von (136) erhält man hier

$$1 - \cos\theta_2 = \frac{\frac{3\sqrt{3}}{2\pi} - \sigma}{1 + \frac{3\sqrt{3}}{4\pi}\operatorname{tg}\beta}\cdot\frac{2\operatorname{tg}\beta}{\sqrt{3}} = \frac{(0{,}827 - \sigma)\operatorname{tg}\beta}{0{,}866 + 0{,}358\operatorname{tg}\beta}. \qquad (211)$$

Der Gleichstrom ist sowohl während der Überlappungsperiode als auch außerhalb dieser gegeben durch

$$i = \frac{V}{R}\left(\frac{3\sqrt{3}}{2\pi} - \sigma\right)\frac{1}{1 + \frac{3\sqrt{3}}{4\pi}\operatorname{tg}\beta} = \frac{V(0{,}827 - \sigma)}{R + 0{,}413\,\omega N} = \text{konst.} \qquad (212)$$

Es verhält sich dieser Gleichstrom zu dem bei dem entsprechenden Gleichrichter ohne Anodendrosseln wie 1 zu $1 + 0{,}413\,\mathrm{tg}\,\beta$.

Die beiden Anodenströme i_3 und i_1 während der Überlappungsperiode verlaufen nach den Gleichungen

$$\left.\begin{aligned} i_3 &= \frac{\sin\left(\vartheta + \frac{\pi}{3}\right) - \cos\theta_2}{1 - \cos\theta_2}\, i, \\ i_1 &= \frac{1 - \sin\left(\vartheta + \frac{\pi}{3}\right)}{1 - \cos\theta_2}\, i, \end{aligned}\right\} \tag{212 a}$$

worin für i der Wert (212) einzusetzen ist. Es ist i_3 der während der Überlappungsperiode abklingende Anodenstrom und i_1 der neu einsetzende Anodenstrom.

b) Der Dreiphasengleichrichter mit in Stern-Stern geschaltetem Transformator ohne primärseitigem Nulleiter.

Wie im dritten Abschnitt unterscheiden wir wieder die beiden Möglichkeiten, daß der Transformator magnetisch verkettet oder unverkettet ist. Im ersten Falle hat man einen normalen dreischenkligen Transformatorkern, im zweiten Falle dagegen hat man drei einzelne Einphasenkerne. Wie immer in den jetzigen Beispielen werden die Leerlaufströme des Transformators vernachlässigt, seine Induktivität also unendlich groß angenommen.

Die primären Netzleiter des Drehstromnetzes seien mit 1, 2, 3 numeriert die zwischen 12, 23 und 31 liegenden verketteten Spannungen seien

$$\begin{aligned} e_{12} &= E \sin\theta, \\ e_{23} &= E \sin\left(\theta - \frac{2\pi}{3}\right), \\ e_{31} &= E \sin\left(\theta + \frac{2\pi}{3}\right). \end{aligned} \tag{213}$$

Sieht man zunächst von der Möglichkeit des Vorhandenseins von Primärdrosseln ab, so hat man dann für die sekundärseitigen Sternspannungen des Transformators nach Gl. (96 a) und (3 b)

$$\left.\begin{aligned} e_{s1} &= \frac{zE}{\sqrt{3}} \sin\vartheta, \\ e_{s2} &= \frac{zE}{\sqrt{3}} \sin\left(\vartheta - \frac{2\pi}{3}\right), \\ e_{s3} &= \frac{zE}{\sqrt{3}} \sin\left(\vartheta + \frac{2\pi}{3}\right), \end{aligned}\right\}\ \vartheta = \frac{\pi}{6} + \theta.$$

Zwischen der Kathode und dem sekundärseitigen Nullpunkt des Transformators liegen der Ohmsche Widerstand R, die Kathodendrossel mit der Induktivität L_k und die Gegenspannung G, in der die Lichtbogenspannung wieder mit enthalten sein soll. In den Anodenleitern mögen ferner noch Anodendrosseln mit der Induktivität L_a liegen.

I. Hat man einen normalen dreischenkligen verketteten Transformator, so lauten die Reduktionsgleichungen, welche die Ergebnisse für den vorhin behandelten dreiphasigen Normalgleichrichter auf dieses Beispiel übertragen, folgendermaßen: Es ist

$$V = \frac{zE}{\sqrt{3}}, \qquad \sigma = \frac{G\sqrt{3}}{zE\sqrt{3}},$$

$$\operatorname{tg}\alpha = \frac{\omega L_k}{R}, \qquad \operatorname{tg}\beta = \frac{\omega L_a}{R}.$$

Der Ohmsche Widerstand R wird (da es sich hier nie um eine Reduktion einer gleichstromseitigen Belastung wie bei Kap. 12 handelt) in keinem unserer Fälle von der Reduktion betroffen.

Im Gegensatz zu dem Normalgleichrichter bezeichnen wir in unseren Beispielen den Gleichstrom i wieder mit i_g und die Anodenströme $i_1, i_2, \ldots$ wieder mit $i_{a1}, i_{a2}, \ldots$.

Der Verlauf der Primärströme, wie man ihn unter Verwendung der in Kap. 8d angegebenen Gleichung (82c) errechnet, soll durch das folgende Schema veranschaulicht werden. Der Einfachheit wegen wurde das eventuelle Vorliegen einer Überlappung außer acht gelassen. Die mit 1, 2, 3 bezifferten senkrechten Spalten entsprechen den drei Einzelintervallen, während dessen der Gleichstrom $i_g = i_{a1}, = i_{a2}$ bzw. $= i_{a3}$ ist. Die Summe dieser drei Teilintervalle ist gleich der Vollperiode 2π. Die in den Spalten stehenden Werte sind die Stromwerte der links bezeichneten Primärströme. Um schließlich die Anschaulichkeit vollständig zu machen, wurde über das Schema der Primärströme das Schema der Anodenströme gesetzt. Man erhält so folgendes Bild:

	1	2	3
i_{a1}	i_g	0	0
i_{a2}	0	i_g	0
i_{a3}	0	0	i_g
$\frac{1}{z} i_{a1}$	$\frac{2}{3} i_g$	$-\frac{1}{3} i_g$	$-\frac{1}{3} i_g$
$\frac{1}{z} i_{a2}$	$-\frac{1}{3} i_g$	$\frac{2}{3} i_g$	$-\frac{1}{3} i_g$
$\frac{1}{z} i_{a3}$	$-\frac{1}{3} i_g$	$-\frac{1}{3} i_g$	$\frac{2}{3} i_g$

Es soll nun noch das entsprechende Schema gezeigt werden, das man im Falle des Vorliegens einer Überlappung der Anodenströme erhält. Die Spalten 1, 2, 3, sind jetzt zu unterteilen in zwei Unterspalten, von denen die erste die Überlappungsperiode darstellt und mit Ü bezeichnet ist. Man erhält dann folgendes Bild:

	1		2		3	
	Ü		Ü		Ü	
i_{a1}	i_{a1}	i_g	i_{a1}	0	0	0
i_{a2}	0	0	i_{a2}	i_g	i_{a2}	0
i_{a3}	i_{a3}	0	0	0	i_{a3}	i_g
$\frac{1}{z} i_{n1}$	$i_{a1} - \frac{1}{3} i_g$	$\frac{2}{3} i_g$	$i_{a1} - \frac{1}{3} i_g$	$-\frac{1}{3} i_g$	$-\frac{1}{3} i_g$	$-\frac{1}{3} i_g$
$\frac{1}{z} i_{n2}$	$-\frac{1}{3} i_g$	$-\frac{1}{3} i_g$	$i_{a2} - \frac{1}{3} i_g$	$\frac{2}{3} i_g$	$i_{a2} - \frac{1}{3} l_g$	$-\frac{1}{3} i_g$
$\frac{1}{z} i_{n3}$	$i_{a3} - \frac{1}{3} i_g$	$-\frac{1}{3} i_g$	$-\frac{1}{3} i_g$	$-\frac{1}{3} i_g$	$i_{a3} - \frac{1}{3} i_g$	$\frac{2}{3} i_g$

In beiden Schemen erkennt man, daß die Summe der drei Primärströme ständig gleich Null ist.

Anmerkung: Treten an die Stelle der Anodendrosseln primärseitige mit der Induktivität L_p, so bekommt man die gleichen Reduktionsgleichungen wie vorhin, nur daß $\operatorname{tg}\beta = z^2 \omega L_p / R$ wird, d. h. der Gleichrichter arbeitet so, als hätte er Anodendrosseln von der Induktivität $z^2 L_p$.

II. Hat man im Gegensatz zu vorhin einen unverketteten, d. h. durch drei einzelne Einphasentransformatoren gebildeten Transformator, so sind die sekundären Sternspannungen e_{s1}, e_{s2}, e_{s3} wieder durch (213a) gegeben, doch die Reduktionsgleichungen lauten:

$$V = \frac{zE}{\sqrt{3}}, \qquad \sigma = \frac{G\sqrt{3}}{zE},$$

$$\operatorname{tg}\alpha = \infty, \qquad \operatorname{tg}\beta = \frac{\omega L_a}{R}.$$

Daß hier $\operatorname{tg}\alpha = \infty$ ausfällt, rührt daher, daß sich der Transformator an der Wirkung der Kathodendrossel beteiligt, und zwar mit einem Anteile, der ebenso wie die Induktivität des Transformators einen unendlich großen Wert hat[1]).

Der Verlauf der Primärströme ist in dem Falle, daß man keine Überlappung hat, durch das folgende Schema gegeben:

[1]) Allgemein würde der Gleichrichter nach Gl. (96) so arbeiten, als hätte er eine Kathodendrossel von der Induktivität $\tilde{L}_k = L_k + \frac{z^2}{3} L_t$. Da hier $L_t = \infty$ gesetzt ist, so bekommt man auch $\tilde{L}_k = \infty$, also $\operatorname{tg}\alpha = \infty$.

	1	2	3
$\frac{1}{z}\,\dot{i}_{n1}$	$\dot{i}_g$	$-\frac{1}{2}\,\dot{i}_g$	$-\frac{1}{2}\,\dot{i}_g$
$\frac{1}{z}\,\dot{i}_{n2}$	$-\frac{1}{2}\,\dot{i}_g$	$\dot{i}_g$	$-\frac{1}{2}\,\dot{i}_g$
$\frac{1}{z}\,\dot{i}_{n3}$	$-\frac{1}{2}\,\dot{i}_g$	$-\frac{1}{2}\,\dot{i}_g$	$\dot{i}_g$

c) Der Dreiphasengleichrichter mit in Stern-Stern geschaltetem Transformator bei belastetem primärseitigem Nulleiter.

In diesem Falle macht es keinen Unterschied, ob der Transformator ein verketteter oder unverketteter ist.

Die sekundären Transformatorspannungen sind wieder durch (213a) gegeben. Auch die Reduktionsgleichungen lauten wie vorhin

$$V=\frac{zE}{\sqrt{3}},\qquad \sigma=\frac{G\sqrt{3}}{zE},$$

$$\operatorname{tg}\alpha=\frac{\omega L_k}{R},\qquad \operatorname{tg}\beta=\frac{\omega L_a}{R}.$$

Nur der Verlauf der Primärströme ist hier ein anderer. Hier tritt nur dort ein Primärstrom auf, wo in derselben Phase auch irgendein Anodenstrom fließt. Die Primärströme verlaufen also ganz korrespondierend mit den Anodenströmen. Wir geben das Schema der Primärströme nur für den Fall keiner Überlappung an:

	1	2	3
$\frac{1}{z}\,\dot{i}_{n1}$	$\dot{i}_g$	0	0
$\frac{1}{z}\,\dot{i}_{n2}$	0	$\dot{i}_g$	0
$\frac{1}{z}\,\dot{i}_{n3}$	0	0	$\dot{i}_g$

Infolge der sehr ungleichmäßigen Belastung des Netzes ist der Leistungsfaktor hier sehr ungünstig.

Anmerkung: Treten an die Stelle der Anodendrosseln Primärdrosseln mit der Induktivität L_p, so wirken diese wie Anodendrosseln mit der Induktivität $z^2 L_p$.

d) Der Dreiphasengleichrichter mit in Dreieck-Stern geschaltetem Transformator.

Die Primärseite des Transformators ist in Dreieck geschaltet; da wir zunächst von dem Vorhandensein von Primärdrosseln absehen, so ist es für die gleichstromseitigen Verhältnisse offenbar gleichgültig, ob der Transformator ein verketteter oder unverketteter ist.

Die sekundären Transformatorspannungen e_{s1}, e_{s2}, e_{s3} sind gegeben durch $e_{s1} = z e_{12}$; $e_{s2} = z e_{23}$, $e_{s3} = z e_{31}$, es ist also

$$e_{s1} = z E \sin\theta,$$

$$e_{s2} = z E \sin\left(\theta - \frac{2\pi}{3}\right),$$

$$e_{s3} = z E \sin\left(\theta + \frac{2\pi}{3}\right).$$

Die Reduktionsgleichungen lauten dann

$$V = zE, \qquad \sigma = \frac{G}{zE},$$

$$\operatorname{tg}\alpha = \frac{\omega L_k}{R}, \qquad \operatorname{tg}\beta = \frac{\omega L_a}{R},$$

ferner ist $\vartheta = \theta$ zu setzen.

Es soll jetzt noch der Verlauf der Primärströme i_{n1}, i_{n2}, i_{n3} angegeben werden. Bei den bisherigen Beispielen, in denen man primärseitig Sternschaltuug hatte, waren stets diese Primärströme, welche in den Netzzuleitungen flossen, mit den in den Primärwicklungen des Transformators fließenden Primärströmen i_{p1}, i_{p2}, i_{p3} identisch. Hier dagegen, wo die Primärwicklungen im Dreieck geschaltet sind, ist das nicht mehr der Fall. Die Verhältnisse werden nun verschieden, je nachdem es sich um einen verketteten oder unverketteten Transformator handelt.

I. Hat man einen verketteten Transformator, so erhält man für die primären Wicklungsströme i_{p1}, i_{p2}, i_{p3} unter Verwendung der Gleichung (82c) zunächst

$$i_{pi} = z\left(i_{ai} - \frac{1}{3} i_g\right), \qquad (i = 1, 2, 3).$$

Ferner hat man

$$i_{n1} = i_{p1} - i_{p3},$$

$$i_{n2} = i_{p2} - i_{p1},$$

$$i_{n3} = i_{p3} - i_{p2}.$$

Diese Gleichungen reichen zur Berechnung der primären Wicklungsströme und der primären Netzströme aus. In dem nachstehenden Schema ist das Ergebnis der Ausrechnung für den Fall keiner Überlappung (bei fehlenden Anodendrosseln) eingetragen. In dem Schema wurde der Anschaulichlichkeit wegen der Verlauf der Anodenströme mit eingetragen.

	1	2	3
i_{a1}	i_g	0	0
i_{a2}	0	i_g	0
i_{a3}	0	0	i_g
$\frac{1}{z} i_{p1}$	$\frac{2}{3} i_g$	$-\frac{1}{3} i_g$	$-\frac{1}{3} i_g$
$\frac{1}{z} i_{p2}$	$-\frac{1}{3} i_g$	$\frac{2}{3} i_g$	$-\frac{1}{3} i_g$
$\frac{1}{z} i_{p3}$	$-\frac{1}{3} i_g$	$-\frac{1}{3} i_g$	$\frac{2}{3} i_g$
$\frac{1}{z} i_{n1}$	i_g	0	$-i_g$
$\frac{1}{z} i_{n2}$	$-i_g$	i_g	0
$\frac{1}{z} i_{n3}$	0	$-i_g$	i_g

Für den Fall einer Überlappung der Anodenströme (bei vorhandenen Anodendrosseln) errechnet man dagegen das folgende Schema:

	1 Ü	1	2 Ü	2	3 Ü	3
i_{a1}	i_{a1}	i_g	i_{a1}	0	0	0
i_{a2}	0	0	i_{a2}	i_g	i_{a2}	0
i_{a3}	i_{a3}	0	0	0	i_{a3}	i_g
$\frac{1}{z} i_{p1}$	$i_{a1} - \frac{1}{3} i_g$	$\frac{2}{3} i_g$	$i_{a1} - \frac{1}{3} i_g$	$-\frac{1}{3} i_g$	$-\frac{1}{3} i_g$	$-\frac{1}{3} i_g$
$\frac{1}{z} i_{p2}$	$-\frac{1}{3} i_g$	$-\frac{1}{3} i_g$	$i_{a2} - \frac{1}{3} i_g$	$\frac{2}{3} i_g$	$i_{a2} - \frac{1}{3} i_g$	$-\frac{1}{3} i_g$
$\frac{1}{z} i_{p3}$	$i_{a3} - \frac{1}{3} i_g$	$-\frac{1}{3} i_g$	$-\frac{1}{3} i_g$	$-\frac{1}{3} i_g$	$i_{a3} - \frac{1}{3} i_g$	$\frac{2}{3} i_g$
$\frac{1}{z} i_{n1}$	$i_{a1} - i_{a3}$	i_g	i_{a1}	0	$-i_{a3}$	$-i_g$
$\frac{1}{z} i_{n2}$	$-i_{a1}$	$-i_g$	$i_{a2} - i_{a1}$	i_g	i_{a2}	0
$\frac{1}{z} i_{n3}$	i_{a3}	0	$-i_{a2}$	$-i_g$	$i_{a3} - i_{a2}$	i_g

II. Hat man im Gegensatz zu vorhin einen durch drei einzelne Einphasentransformatoren gebildeten unverketteten Transformator, so werden die primären Stromverhältnisse andere. Da dann die einzelnen Transformatorphasen voneinander magnetisch unabhängig sind, erhält man, wie auch Gl. (82a) sagt,

$$i_{pi} = z\, i_{ai}, \qquad i = 1,\ 2,\ 3.$$

Andererseits ist nach wie vor

$$\dot{i}_{n1} = \dot{i}_{p1} - \dot{i}_{p3},$$
$$\dot{i}_{n2} = \dot{i}_{p2} - \dot{i}_{p1},$$
$$\dot{i}_{n3} = \dot{i}_{p3} - \dot{i}_{p2}.$$

Unter Verwendung dieser Gleichungen errechnet man für den einfachen Fall keiner Überlappung eine Stromverteilung, welche durch das nachfolgende Schema veranschaulicht wird.

	1	2	3
i_{a1}	$\dot{i}_g$	0	0
i_{a2}	0	$\dot{i}_g$	0
i_{a3}	0	0	$\dot{i}_g$
$\frac{1}{z}\dot{i}_{p1}$	$\dot{i}_g$	0	0
$\frac{1}{z}\dot{i}_{p2}$	0	$\dot{i}_g$	0
$\frac{1}{z}\dot{i}_{p3}$	0	0	$\dot{i}_g$
$\frac{1}{z}\dot{i}_{n1}$	$\dot{i}_g$	0	$-\dot{i}_g$
$\frac{1}{z}\dot{i}_{n2}$	$-\dot{i}_g$	$\dot{i}_g$	0
$\frac{1}{z}\dot{i}_{n3}$	0	$-\dot{i}_g$	$\dot{i}_g$

Es macht keine Schwierigkeit, dazu das entsprechende Schema für den Fall vorhandener Überlappung der Anodenströme zu bilden.

Anmerkung: Hat der Gleichrichter dieser Schaltung Primärdrosseln an Stelle von Anodendrosseln, so treten einige Modifikationen ein. Im Gegensatz zu den oben angegebenen Reduktionsgleichungen hat man dann

$$\operatorname{tg} \tilde{\alpha} = \frac{\omega}{R}(L_k - z^2 L_p), \quad \operatorname{tg} \tilde{\beta} = \frac{3 z^2 \omega L_p}{R}.$$

Die Primärdrosseln wirken also wie Anodendrosseln von der Induktivität $3 z^2 L_p$; die Wirkung der Kathodendrossel wird herabgesetzt, ihre Induktivität vermindert sich scheinbar um den Wert $z^2 L_p$. Die Herleitung dieses Ergebnisses möge hier unterbleiben[1]).

[1]) Die eben angegebenen Gleichungen stellen einen, $L_t = \infty$ entsprechenden speziellen Fall dar. Wäre L_t nicht unendlich, so würde sein $V = z\xi E$, $\sigma = G/z\xi E$ und

$$\operatorname{tg} \tilde{\alpha} = \frac{\omega}{R}(L_k - z^2 \xi L_p), \quad \operatorname{tg} \tilde{\beta} = \frac{3 z^2 \xi \omega L_p}{R}, \quad \text{worin } \xi = \frac{L_t}{L_t + 3 L_p}.$$

e) Der Dreiphasengleichrichter mit in Stern-Zickzack geschaltetem Transformator.

Die verketteten Netzspannungen e_{12}, e_{23}, e_{31} sind durch (213) gegeben, dann sind die primären Phasenspannungen in den primären Wicklungen des Transformators

$$\left.\begin{aligned} e_{p1} &= \frac{E}{\sqrt{3}} \sin\vartheta \\ e_{p2} &= \frac{E}{\sqrt{3}} \sin\left(\vartheta - \frac{2\pi}{3}\right) \\ e_{p3} &= \frac{E}{\sqrt{3}} \sin\left(\vartheta + \frac{2\pi}{3}\right) \end{aligned}\right\} \vartheta = \theta + \frac{\pi}{6}.$$

Hieraus entnimmt man bei der sekundären Zickzackschaltung für die sekundären Sternspannungen

$$e_{s1} = z(e_{p1} - e_{p3}), \quad e_{s2} = z(e_{p2} - e_{p1}), \quad e_{s3} = z(e_{p3} - e_{p2})$$

oder

$$\begin{aligned} e_{s1} &= z E \sin\theta, \\ e_{s2} &= z E \sin\left(\theta - \frac{2\pi}{3}\right), \\ e_{s3} &= z E \sin\left(\theta + \frac{2\pi}{3}\right), \end{aligned}$$

also der Form nach übereinstimmend mit (213). Als Reduktionsgleichungen bekommt man damit

$$V = zE, \qquad \sigma = \frac{G}{zE},$$

$$\operatorname{tg}\alpha = \frac{\omega L_k}{R}, \quad \operatorname{tg}\beta = \frac{\omega L_a}{R},$$

ferner ist überall ϑ durch θ zu ersetzen.

Das bisher Gesagte gilt ganz allgemein, gleichgültig, ob das Drehstromnetz einen belasteten Nulleiter hat oder nicht und gleichzeitig, ob der Transformator ein verketteter oder ein unverketteter ist.

Dasselbe läßt sich über den Verlauf der Primärströme i_{n1}, i_{n2}, i_{n3} sagen; es ist der sekundären Zickzackschaltung eigentümlich, daß der Verlauf der Primärströme unabhängig ist von der magnetischen Verkettung des Transformators und davon, ob das Netz einen Nulleiter hat oder nicht. Denn nach der allgemeinen Gleichung (82d) wäre

$$i_{ni} - \frac{1}{3}\sum_{k=1}^{3} i_{nk} = z(i_{ai} - i_{a,\,i+1}), \qquad i = 1, 2, 3,$$

woraus durch Summieren über alle $i = 1, 2, 3$ folgt $\sum i_{ni} = 0$. Hätte man also einen Nulleiter auf der Primärseite, so würde dieser (selbstverständlich immer unter Voraussetzung symmetrischer Belastung) stromlos bleiben, so daß seine Anwesenheit gegenstandslos bleibt. Es ist also einfach

$$i_{ni} = z(i_{ai} - i_{a,i+1}).$$

Unter Benutzung dieser Gleichungen errechnet man für den Fall keiner Überlappung das folgende Stromverteilungsschema

	1	2	3
i_{a1}	i_g	0	0
i_{a2}	0	i_g	0
i_{a3}	0	0	g
$\frac{1}{z} i_{n1}$	i_g	$-i_g$	0
$\frac{1}{z} i_{n2}$	0	i_g	$-i_g$
$\frac{1}{z} i_{n3}$	$-i_g$	0	i_g

Das Schema für den Fall einer eintretenden Überlappung der Anodenströme erhält man mittels derselben Gleichungen ganz entsprechend.

f) Der Dreiphasengleichrichter mit in Dreieck-Zickzack geschaltetem Transformator.

Hier liegen die Spannungsverhältnisse anders als vorhin. Die Netzspannungen e_{12}, e_{23}, e_{31}, wie sie durch (213) gegeben sind, sind gleichzeitig auch die primären Phasenspannungen e_{p1}, e_{p2}, e_{p3}. Die sekundären Sternspannungen sind dann

$$e_{s1} = z\,(e_{p1} - e_{p3}),\quad e_{s2} = z\,(e_{p2} - e_{p1}),\quad e_{s3} = z\,(e_{p3} - e_{p2})$$

oder

$$\left.\begin{aligned} e_{s1} &= z\sqrt{3}\,E\sin\vartheta' \\ e_{s2} &= z\sqrt{3}\,E\sin\left(\vartheta' - \frac{2\pi}{3}\right) \\ e_{s3} &= z\sqrt{3}\,E\sin\left(\vartheta' + \frac{2\pi}{3}\right) \end{aligned}\right\}\quad \vartheta' = \theta - \frac{\pi}{6}.$$

Die Reduktionsgleichungen lauten dann

$$V = z\sqrt{3}\,E,\qquad \sigma = \frac{G}{z\sqrt{3}\,E},$$

$$\operatorname{tg}\alpha = \frac{\omega L_k}{R},\quad \operatorname{tg}\beta = \frac{\omega L_a}{R},$$

ferner ist überall ϑ durch ϑ' zu ersetzen. Es ist gleichgültig, ob der Transformator ein verketteter oder unverketteter ist.

Daß die Primärströme des Gleichrichters von der Art der Verkettung des Transformators unabhängig sind, läßt sich so einsehen:

Bei dem Gleichrichter mit in Stern geschalteter Sekundärseite des Transformators machte sich der Unterschied der Verkettung des Transformators dahin geltend, daß dort bei dem Falle des verketteten Transformators die Summe der primären Wicklungsströme $\dot{i}_{p1}, \dot{i}_{p2}, \dot{i}_{p3}$ gleich Null wurde, bei dem Falle des unverketteten Transformators jedoch den Wert $z\,i_g$ besaß. Hier hat man diesen Unterschied nicht mehr; hier hat man sowohl nach Gl. (82b) als auch nach (82f)

$$\dot{i}_{pi} = z(\dot{i}_{ai} - \dot{i}_{a,i+1}), \qquad i = 1, 2, 3,$$

also in beiden Fällen $\sum \dot{i}_{pi} = 0$.

Ferner sind, wie wir schon oben gefunden hatten, die primären Netzströme gegeben durch

$$\begin{aligned} \dot{i}_{n1} &= \dot{i}_{p1} - \dot{i}_{p3}, \\ \dot{i}_{n2} &= \dot{i}_{p2} - \dot{i}_{p1}, \\ \dot{i}_{n3} &= \dot{i}_{p3} - \dot{i}_{p2}. \end{aligned}$$

Das Schema der Stromverteilung hat dann nach dieser Gleichung die folgende Gestalt für den Fall keiner Überlappung.

	1	2	3
i_{a1}	i_g	0	0
i_{a2}	0	i_g	0
i_{a3}	0	0	i_g
$\frac{1}{z}\dot{i}_{p1}$	$\dot{i}_g$	$-\dot{i}_g$	0
$\frac{1}{z}\dot{i}_{p2}$	0	$\dot{i}_g$	$-\dot{i}_g$
$\frac{1}{z}\dot{i}_{p3}$	$-\dot{i}_g$	0	$\dot{i}_g$
$\frac{1}{z}\dot{i}_{n1}$	$2\,\dot{i}_g$	$-\dot{i}_g$	$-\dot{i}_g$
$\frac{1}{z}\dot{i}_{n2}$	$-\dot{i}_g$	$2\,\dot{i}_g$	$-\dot{i}_g$
$\frac{1}{z}\dot{i}_{n3}$	$-\dot{i}_g$	$-\dot{i}_g$	$2\,\dot{i}_g$

Ganz analog findet man das Schema für den Fall der Überlappung der Anodenströme.

18. Über den Sechsphasengleichrichter.

a) Der sechsphasige Normalgleichrichter.

Das Wechselstromnetz des sechsphasigen Normalgleichrichters hat sechs Außenleiter $1, \ldots, 6$ und einen Nulleiter. Die Spannungen $v_1, \ldots, v_6$ zwischen den Außenleitern $1, \ldots, 6$ und dem Nulleiter sind gegeben durch

$$\left.\begin{aligned}
v_1 &= E \sin \vartheta , \\
v_2 &= E \sin\left(\vartheta - \frac{\pi}{3}\right), \\
v_3 &= E \sin\left(\vartheta - \frac{2\pi}{3}\right), \\
v_4 &= -E \sin \vartheta , \\
v_5 &= E \sin\left(\vartheta + \frac{2\pi}{3}\right), \\
v_6 &= E \sin\left(\vartheta + \frac{\pi}{3}\right).
\end{aligned}\right\} \qquad (214)$$

1. **Der sechsphasige Normalgleichrichter ohne Kathodendrossel.** Die sechs Außenleiter 1, ..., 6 sind direkt mit den sechs Anoden des Vakuumgefäßes verbunden; zwischen der Kathode und dem Nulleiter des Netzes liegen der Ohmsche Widerstand R und die Gegenspannung G, in der außer einer etwaigen Batteriespannung noch die Lichtbogenspannung enthalten sein mag. Es sei ferner wieder $G = V\sigma$.

Der entstehende Gleichstrom i ist dann nicht lückenlos oder lückenlos, je nachdem $\sigma > \sqrt{3}/2 = 0{,}866$ oder aber $< \sqrt{3}/2$ ist. Man hat nämlich

für $\sigma > \sqrt{3}/2$

$$i = \frac{V}{R}(\sin\vartheta - \sigma), \quad \tfrac{1}{3}\pi \leqq \vartheta \leqq \tfrac{2}{3}\pi$$

und für $\sigma < \sqrt{3}/2$ (215)

$$i = \frac{V}{R}(\sin\vartheta - \sigma), \quad \arcsin\sigma \leqq \vartheta \leqq \pi - \arcsin\sigma .$$

Im ersteren Falle braucht man eine Hilfserregung des Lichtbogens, im zweiten Falle ist dagegen diese Hilfserregung entbehrlich.

Wir wollen künftig die Möglichkeit $\sigma \geqq \sqrt{3}/2$ ganz außer acht lassen und für alle folgenden Beispiele annehmen, daß $\sigma < \sqrt{3}/2$ ist, ohne dies besonders hervorzuheben, d. h. wir wollen stets annehmen, daß der Gleichstrom lückenlos verläuft.

Der arithmetische Mittelwert J_m des lückenlosen Gleichstromes (215) wird

$$J_m = \frac{V}{R}\left(\frac{3}{\pi} - \sigma\right) = \frac{V}{R}(0{,}955 - \sigma), \qquad (216\text{a})$$

für den quadratischen Mittelwert J_e findet man dagegen

$$J_e = \frac{V}{R}\sqrt{\frac{1}{2}\left(1 + \frac{3\sqrt{3}}{2\pi}\right) - \frac{6}{\pi}\sigma + \sigma^2} . \qquad (216\text{b})$$

Daraus berechnet man für die Welligkeit w_g des Gleichstromes

$$w_g = \frac{\sqrt{1 + \frac{3\sqrt{3}}{2\pi} - \frac{18}{\pi^2}}}{\frac{3}{\pi} - \sigma} \tag{216c}$$

$$= \frac{0{,}0565}{0{,}955 - \sigma}.$$

2. **Der sechsphasige Normalgleichrichter mit Kathodendrossel.** Zwischen der Kathode und dem Nulleiter des Netzes liege jetzt eine Kette aus dem Ohmschen Widerstande R, der Gegenspannung G, sowie einer Kathodendrossel mit der Induktivität M.

Der entstehende Gleichstrom ist dann, wie man aus der allgemeinen Gleichung (87) entnimmt, gegeben durch

$$i = \frac{V}{R}\left(\cos\alpha\sin(\vartheta - \alpha) + \frac{\sin 2\alpha}{4\,\mathfrak{Sin}\left(\frac{\pi}{6}\operatorname{ctg}\alpha\right)} e^{\left(\frac{\pi}{2} - \vartheta\right)\operatorname{ctg}\alpha} - \sigma\right),$$

worin (217)

$$\tfrac{1}{3}\pi \leqq \vartheta \leqq \tfrac{2}{3}\pi \qquad \text{und} \qquad \operatorname{tg}\alpha = \frac{\omega M}{R}.$$

Für den arithmetischen Mittelwert J_m sowie für den quadratischen Mittelwert J_e berechnet man daraus oder einfacher noch entnimmt man aus den allgemeinen Gleichungen (126) und (127) die folgenden Werte

$$J_m = \frac{V}{R}\left(\frac{3}{\pi} - \sigma\right) \tag{218a}$$

und

$$J_e = \frac{V}{R}\sqrt{\frac{\cos^2\alpha}{2}\left(1 + \frac{3\sqrt{3}}{2\pi}\cos 2\alpha\right) - \frac{6}{\pi}\sigma + \sigma^2 + \frac{3\sqrt{3}}{4\pi}\sin^2 2\alpha + \frac{3\sin 2\alpha\sin^2\alpha}{4\pi\,\mathfrak{Tg}\left(\frac{\pi}{6}\operatorname{ctg}\alpha\right)}}. \tag{218b}$$

Daraus ergibt sich aber für die Welligkeit des Gleichstromes

$$w_g = \frac{1}{\frac{3}{\pi} - \sigma}\sqrt{\cos^2\alpha\left(1 + \frac{3\sqrt{3}}{2\pi}\cos 2\alpha\right) - \frac{18}{\pi^2} + \frac{3\sqrt{3}}{2\pi}\sin^2 2\alpha + \frac{3\sin 2\alpha\sin^2\alpha}{2\pi\,\mathfrak{Tg}\left(\frac{\pi}{6}\operatorname{ctg}\alpha\right)}} \tag{218c}$$

Diese jetzt aufgeführten Gleichungen gelten ganz allgemein für jeden Wert der Induktivität M der Kathodendrossel:

Fehlt die Kathodendrossel ganz ($M = 0$, $\alpha = 0$), so gehen die Gleichungen (217), (218a), (218b) und (218c) in die früheren Gleichungen (215), (216a), (216b) und (216c) über.

Hat man jedoch eine theoretisch unendlich große Kathodendrossel ($M = \infty$, $\alpha = \pi/2$), so wird

$$i = \frac{V}{R}\left(\frac{3}{\pi} - \sigma\right) = \text{konst.}$$
$$= J_m = J_e$$

und damit $w_n = 0$. Der Gleichstrom pulsiert dann gar nicht mehr.

Für diejenigen Fälle, bei denen man eine große Kathodendrossel hat, wollen wir wieder unsere Näherungsgleichung für den Gleichstrom herleiten. Aus der allgemeinen Gleichung (133) unter Beachtung von (128) erkennt man, daß man hier für $p = 6$ den Ansatz

$$i = \mathfrak{A} + \mathfrak{K} \sin(6\vartheta - 3\pi + \varepsilon)$$

zu machen hat.

Es soll wiederum $\operatorname{tg} \varepsilon = R/\omega M$ bedeuten. Ferner berechnen wir $\mathfrak{K}$ wieder auf vier verschiedene Weisen und erhalten damit die vier Werte $\mathfrak{K}_1$, $\mathfrak{K}_2$, $\mathfrak{K}_3$, $\mathfrak{K}_4$; einfacher noch, man entnimmt diese Werte den allgemeinen Gleichungen in Kap. 13e. Wir erinnern, daß $\mathfrak{K}_1$ die näherungsweise durch die Annahme $J_1 = i(\vartheta = 5\pi/12)$, $J_2 = i(\vartheta = 7\pi/12)$ gewonnene Pulsation $P = (J_2 - J_1)/2$ des Gleichstromes bedeutet, daß $\mathfrak{K}_2$ die mit der Welligkeit zusammenhängende Größe $\sqrt{2(J_e^2 - J_m^2)}$ vorstellt, daß $K_3 = \sqrt{2}/6 \cdot J_e'$ ist, worin J_e' den den quadratischen Mittelwert der Ableitung $di/d\vartheta$ bedeutet und endlich daß $\mathfrak{K}_4$ gleich dem ersten Koeffizienten der Fourierentwicklung des Gleichstromes ist. Man erhält zunächst

$$\mathfrak{K}_1 = \frac{V}{R} \cdot \frac{\sin 2\varepsilon \sin \frac{\pi}{12}}{2} \left(1 - \frac{\cos \frac{\pi}{12}}{\mathfrak{Cof}\left(\frac{\pi}{12} \operatorname{tg} \varepsilon\right)}\right),$$

$$\mathfrak{K}_2 = \frac{V}{R} \sqrt{\begin{aligned} &\sin^2 \varepsilon \left(1 - \frac{3\sqrt{3}}{2\pi} \cos 2\varepsilon\right) + \frac{3\sqrt{3}}{2\pi} \sin^2 2\varepsilon \\ &+ \frac{3 \sin 2\varepsilon \cos^2 \varepsilon}{2\pi\, \mathfrak{Tg}\left(\frac{\pi}{6} \operatorname{tg} \varepsilon\right)} - \frac{18}{\pi^2} \end{aligned}},$$

$$\mathfrak{K}_3 = \frac{V}{R} \sqrt{\frac{1}{2}\left(1 + \frac{3\sqrt{3}}{2\pi} \cos 2\varepsilon\right) - \frac{3 \sin 2\varepsilon}{4\pi\, \mathfrak{Tg}\left(\frac{\pi}{6} \operatorname{tg} \varepsilon\right)}},$$

$$\mathfrak{K}_4 = \frac{V}{R} \cdot \frac{6 \operatorname{tg} \varepsilon}{35\pi \sqrt{\operatorname{tg}^2 \varepsilon + 36}}.$$

Entwickelt man diese Ausdrücke nach Potenzen von ε und beschränkt man sich wieder wegen der vorausgesetzten Kleinheit von ε (entsprechend dem groß vorausgesetzten Werte von $\operatorname{tg}\alpha$ auf die erste Potenz von $\varepsilon \approx R/\omega M$, so bekommt man

$$\mathfrak{K}_1 = \left(1 - \cos\frac{\pi}{12}\right)\sin\frac{\pi}{12}\cdot\frac{V}{\omega M} = 0{,}0088\,\frac{V}{\omega M},$$

$$\mathfrak{K}_2 = \sqrt{1 + \frac{9\sqrt{3}}{2\pi} - \frac{9}{\pi^2}\left(4 - \frac{\pi^2}{54}\right)}\cdot\frac{V}{\omega M} = 0{,}0095\,\frac{V}{\omega M},$$

$$\mathfrak{K}_3 = \frac{1}{3}\sqrt{1 + \frac{3\sqrt{3}}{2\pi} - \frac{18}{\pi^2}}\cdot\frac{V}{\omega M} = 0{,}0094\,\frac{V}{\omega M},$$

$$\mathfrak{K}_4 = \frac{1}{35\pi}\cdot\frac{V}{\omega M} = 0{,}0092\,\frac{V}{\omega M}.$$

Wir wollen uns auf den mittleren Wert $\mathfrak{K} = 0{,}0094\ V/\omega M$ festlegen. Setzt man diesen Wert in den obigen Ansatz für den Gleichstrom i ein und beachtet, daß darin $\mathfrak{A} = V/R\cdot(0{,}955 - \sigma)$ ist, so bekommt man endgültig die folgende einfache Näherungsgleichung

$$i = V\left(\frac{0{,}995 - \sigma}{R} + \frac{0{,}0094}{\omega M}\sin(6\,\vartheta - 3\,\pi + \varepsilon)\right), \qquad (219)$$

in der die Abhängigkeit des konstanten Anteiles des Gleichstromes von dem Ohmschen Widerstande R und der Gegenspannung $G = V\sigma$, sowie die Abhängigkeit der Amplitude des pulsierenden Anteiles von der Größe der Induktivität M der Kathodendrossel wieder sehr deutlich hervortritt.

3. Der sechsphasige Normalgleichrichter mit Anodendrosseln und sehr großer Kathodendrossel. Die Induktivität der Anodendrosseln sei N, wir setzen wieder $\omega N/R = \operatorname{tg}\beta$. Ferner nehmen wir die Induktivität M der Kathodendrossel wieder $= \infty$ an, so daß $\alpha = \pi/2$ wird.

Dann ist die erste Überlappungszeit $\theta_1 = 0$ und nur die zweite Überlappungszeit θ_2 ist von Null verschieden. Unter Verwendung von (136) erhält man hier

$$\begin{aligned} 1 - \cos\theta_2 &= \frac{\dfrac{3}{\pi} - \sigma}{1 + \dfrac{3}{2\pi}\operatorname{tg}\beta}\cdot 2\operatorname{tg}\beta \\ &= \frac{0{,}955 - \sigma}{0{,}500 + 0{,}238\operatorname{tg}\beta}. \end{aligned} \qquad (220)$$

Der Gleichstrom ist sowohl während der Überlappungsperiode als auch nach dieser bestimmt durch

$$i = \frac{V}{R}\left(\frac{3}{\pi} - \sigma\right)\frac{1}{1 + \frac{3}{2\pi}\operatorname{tg}\beta} = \frac{V(0{,}955 - \sigma)}{R + 0{,}478\,\omega N} = \text{konst.} \tag{221}$$

Es verhält sich dieser Gleichstrom zu dem bei dem entsprechenden Gleichrichter ohne Anodendrosseln wie 1 zu $1 + 0{,}478\operatorname{tg}\beta$.

Die beiden Anodenströme i_6 und i_1 während der ersten Überlappungsperiode verlaufen nach den Gleichungen

$$i_6 = \frac{\sin\left(\vartheta + \frac{\pi}{3}\right) - \cos\theta_2}{1 - \cos\theta_2}\, i, \qquad i_1 = \frac{1 - \sin\left(\vartheta + \frac{\pi}{3}\right)}{1 - \cos\theta_2}\, i, \tag{222}$$

worin für i der Wert (221) einzusetzen ist. Es ist wieder i_6 der während der Überlappungsperiode abklingende Anodenstrom und i_1 der neu beginnende Anodenstrom.

b) Der Sechsphasengleichrichter mit in Stern-Stern geschaltetem Transformator ohne primärseitigem Nulleiter.

Ebenso wie in dem vorigen Kap. 17b usw. machen wir auch in den folgenden Beispielen wieder die Annahme vernachlässigbarer Leerlaufströme, also unendlich großer Induktivität des Transformators und benutzen zur Darstellung der primärseitigen Stromverhältnisse den obigen ähnliche Stromverteilungsschemata. In dem Gleichstromkreise zwischen der Kathode und dem sekundären Transformatornullpunkt denken wir uns wieder einen Ohmschen Widerstand R, eine Gegenspannung G und eine Kathodendrossel der Induktivität L_k liegend, in den Anodenleitungen seien außerdem eventuell Anodendrosseln der Induktivität L_a.

Der Transformator sei ein dreiphasiger verketteter. Wie man sich leicht klarmachen kann, liegen von den sechs im Stern geschalteten und zu den Anoden 1, . . ., 6 gehörenden Sekundärwicklungen 1, . . ., 6 die Wicklungen 1 und 4 auf dem ersten Schenkel, die Wicklungen 3 und 6 auf dem zweiten und die Wicklungen 5 und 2 auf dem dritten Schenkel des Transformators. Von den Wicklungen 1, 3, 5 liegen die Enden am sekundären Nulleiter, von den Wicklungen 4, 6, 2 die Anfänge.

Bei der Anwendung der Gleichung (82c) zur Berechnung der Stromverteilungen hat man also

$$i_{s1} = i_{a1} - i_{a4},$$
$$i_{s2} = i_{a3} - i_{a6},$$
$$i_{s3} = i_{a5} - i_{a2}$$

anzusetzen.

Die verketteten Spannungen e_{12}, e_{23}, e_{31} am Drehstromnetze sind durch (213) gegeben, dann sind die primären Phasenspannungen e_{p1}, e_{p2}, e_{p3} bestimmt durch

$$\left.\begin{aligned} e_{p1} &= \frac{E}{\sqrt{3}} \sin\vartheta \\ e_{p2} &= \frac{E}{\sqrt{3}} \sin\left(\vartheta - \frac{2\pi}{3}\right) \\ e_{p3} &= \frac{E}{\sqrt{3}} \sin\left(\vartheta + \frac{2\pi}{3}\right) \end{aligned}\right\} \vartheta = \theta - \frac{\pi}{6}.$$

Da nach den obigen Aussagen die sekundären Sternspannungen $e_{s1} = z e_{p1}$, $e_{s2} = -z e_{p3}$, $e_{s3} = z e_{p2}$, $e_{s4} = -z e_{p1}$, $e_{s5} = z e_{p3}$, $e_{s6} = -z e_{p2}$ sind, so kann man diese in der Form schreiben

$$e_{si} = \frac{zE}{\sqrt{3}} \sin\left(\vartheta - \frac{i-1}{3}\pi\right), \qquad i = 1, \ldots, 6.$$

Für die Reduktionsgleichungen erhält man dann

$$V = \frac{zE}{\sqrt{3}}, \qquad \sigma = \frac{G\sqrt{3}}{zE},$$
$$\operatorname{tg}\alpha = \frac{\omega L_k}{R}, \quad \operatorname{tg}\beta = \frac{\omega L_a}{R}.$$

Es wäre jetzt noch der Verlauf der primären Netzströme i_{n1}, i_{n2}, i_{n3} in dem Sechsphasengleichrichter anzugeben. Wie man in der anzuwendenden Gleichung (82c) die sekundären Ströme i_{si} anzusetzen hat, wurde schon vorhin gesagt. Es braucht nur noch erwähnt zu werden, daß naturgemäß $\sum i_{ni} = 0$ ist; damit wird

$$i_{n1} = z\left(i_{a1} - i_{a4} - \frac{1}{3}(i_{a1} + i_{a3} + i_{a5} - i_{a2} - i_{a4} - i_{a6})\right),$$
$$i_{n2} = z\left(i_{a3} - i_{a6} - \frac{1}{3}(i_{a1} + i_{a3} + i_{a5} - i_{a2} - i_{a4} - i_{a6})\right),$$
$$i_{n3} = z\left(i_{a5} - i_{a2} - \frac{1}{3}(i_{a1} + i_{a3} + i_{a5} - i_{a2} - i_{a4} - i_{a6})\right).$$

Nach diesen Gleichungen bekommt man für den Fall keiner Überlappung der Anodenströme (bei Fehlen der Anodendrosseln) das folgende Stromverteilungsschema:

	1	2	3	4	5	6
i_{a1}	i_g	0	0	0	0	0
i_{a2}	0	i_g	0	0	0	0
i_{a3}	0	0	i_g	0	0	0
i_{a4}	0	0	0	i_g	0	0
i_{a5}	0	0	0	0	i_g	0
i_{a6}	0	0	0	0	0	i_g
$\frac{1}{z} i_{n1}$	$\frac{2}{3} i_g$	$\frac{1}{3} i_g$	$-\frac{1}{3} i_g$	$-\frac{2}{3} i_g$	$-\frac{1}{3} i_g$	$\frac{1}{3} i_g$
$\frac{1}{z} i_{n2}$	$-\frac{1}{3} i_g$	$\frac{1}{3} i_g$	$\frac{2}{3} i_g$	$\frac{1}{3} i_g$	$-\frac{1}{3} i_g$	$-\frac{2}{3} i_g$
$\frac{1}{z} i_{n3}$	$-\frac{1}{3} i_g$	$-\frac{2}{3} i_g$	$-\frac{1}{3} i_g$	$\frac{1}{3} i_g$	$\frac{2}{3} i_g$	$\frac{1}{3} i_g$

Das entsprechende Stromverteilungsschema für den Fall einer möglichen Überlappung der Anodenströme (bei vorhandenen Anodendrosseln) ist auf Seite 192 angegeben.

c) Der Sechsphasengleichrichter mit in Dreieck-Stern geschaltetem Transformator.

Der dreiphasige Transformator sei wieder ein verketteter; die sekundären Wicklungen seien wie vorhin in Stern, die primären dagegen in Dreieck geschaltet.

Da hier die primären Phasenspannungen gleich den durch (213) gegebenen verketteten Netzspannungen e_{12}, e_{23}, e_{31} sind, so bekommt man für die sekundärseitigen Sternspannungen $e_{s1}, \ldots, e_{s6}$

$$e_{si} = zE \sin\left(\theta - \frac{i-1}{3}\pi\right), \qquad (i = 1, \ldots, 6).$$

Also hat man die folgenden Reduktionsgleichungen

$$V = zE, \qquad \sigma = \frac{G}{zE},$$

$$\operatorname{tg}\alpha = \frac{\omega L_k}{R}, \qquad \operatorname{tg}\alpha = \frac{\omega L_a}{R}.$$

Den Verlauf der primären Netzströme i_{n1}, i_{n2}, i_{n3} erhält man folgendermaßen: Die Ströme i_{p1}, i_{p2}, i_{p3} in den primären Wicklungen des Transformators sind durch dieselben Gleichungen gegeben, welche vorhin die Netzströme ausdrückten, es ist also

$$i_{p1} = z\left(i_{a1} - i_{a4} - \frac{1}{3}(i_{a1} + i_{a3} + i_{a5} - i_{a2} - i_{a4} - i_{a6})\right),$$

$$i_{p2} = z\left(i_{a3} - i_{a6} - \frac{1}{3}(i_{a1} + i_{a3} + i_{a5} - i_{a2} - i_{a4} - i_{a6})\right),$$

$$i_{p3} = z\left(i_{a5} - i_{a2} - \frac{1}{3}(i_{a1} + i_{a3} + i_{a5} - i_{a2} - i_{a4} - i_{a6})\right).$$

Der Zusammenhang zwischen diesen Strömen und den Netzströmen i_{n1}, i_{n2}, i_{n3} ist der gleiche wie bei den obigen Beispielen der primärseitigen Dreieckschaltung:

$$i_{n1} = i_{p1} - i_{p3},$$

$$i_{n2} = i_{p2} - i_{p1},$$

$$i_{n3} = i_{p3} - i_{p2}.$$

Mit Hilfe dieser so gefundenen Beziehungen errechnet man sich für den Fall keiner Überlappung (bei fehlenden Anodendrosseln) das folgende Stromschema:

	1	2	3	4	5	6
i_{a1}	i_g	0	0	0	0	0
i_{a2}	0	i_g	0	0	0	0
i_{a3}	0	0	i_g	0	0	0
i_{a4}	0	0	0	i_g	0	0
i_{a5}	0	0	0	0	i_g	0
i_{a6}	0	0	0	0	0	i_g
$\frac{1}{z} i_{p1}$	$\frac{2}{3} i_g$	$\frac{1}{3} i_g$	$-\frac{1}{3} i_g$	$-\frac{2}{3} i_g$	$-\frac{1}{3} i_g$	$\frac{1}{3} i_g$
$\frac{1}{z} i_{p2}$	$-\frac{1}{3} i_g$	$\frac{1}{3} i_g$	$\frac{2}{3} i_g$	$\frac{1}{3} i_g$	$-\frac{1}{3} i_g$	$-\frac{2}{3} i_g$
$\frac{1}{z} i_{p3}$	$-\frac{1}{3} i_g$	$-\frac{2}{3} i_g$	$-\frac{1}{3} i_g$	$\frac{1}{3} i_g$	$\frac{2}{3} i_g$	$\frac{1}{3} i_g$
$\frac{1}{z} i_{n1}$	i_g	i_g	0	$-i_g$	$-i_g$	0
$\frac{1}{z} i_{n2}$	$-i_g$	0	i_g	i_g	0	$-i_g$
$\frac{1}{z} i_{n3}$	0	$-i_g$	$-i_g$	0	i_g	i_g

Das analoge Stromschema für den Fall der Überlappung der Anodenströme (bei vorhandenen Anodendrosseln) ist auf Seite 192 wiedergegeben.

Stromverteilungsschema für einen Sechsphasengleichrichter seitiger Sternschaltung

	1		2		3	
	Ü		Ü		Ü	
i_{a1}	i_{a1}	i_g	i_{a1}	0	0	0
i_{a2}	0	0	i_{a2}	i_g	i_{a2}	0
i_{a3}	0	0	0	0	i_{a3}	i_g
i_{a4}	0	0	0	0	0	0
i_{a5}	0	0	0	0	0	0
i_{a6}	i_{a6}	0	0	0	0	0
$\frac{1}{z} i_{n1}$	$\frac{1}{3}(i_{a6} + 2\,i_{a1})$	$\frac{2}{3} i_g$	$\frac{1}{3}(2\,i_{a1} + i_{a2})$	$\frac{1}{3} i_g$	$\frac{1}{3}(i_{a2} - i_{a3})$	$-\frac{1}{3} i_g$
$\frac{1}{z} i_{n2}$	$-\frac{1}{3}(2\,i_{a6} + i_{a1})$	$-\frac{1}{3} i_g$	$-\frac{1}{3}(i_{a1} - i_{a2})$	$\frac{1}{3} i_g$	$\frac{1}{3}(i_{a2} + 2\,i_{a3})$	$\frac{2}{3} i_g$
$\frac{1}{z} i_{n3}$	$\frac{1}{3}(i_{a6} - i_{a1})$	$-\frac{1}{3} i_g$	$-\frac{1}{3}(i_{a1} + 2\,i_{a2})$	$-\frac{2}{3} i_g$	$-\frac{1}{3}(2\,i_{a2} + i_{a3})$	$-\frac{1}{3} i_g$

Stromverteilungsschema für einen Sechsphasengleichrichter seitiger Sternschaltung

	1		2		3	
	Ü		Ü		Ü	
i_{a1}	i_{a1}	i_g	i_{a1}	0	0	0
i_{a2}	0	0	i_{a2}	i_g	i_{a2}	0
i_{a3}	0	0	0	0	i_{a3}	i_g
i_{a4}	0	0	0	0	0	0
i_{a5}	0	0	0	0	0	0
i_{a6}	i_{a6}	0	0	0	0	0
$\frac{1}{z} i_{p1}$	$\frac{1}{3}(i_{a6} + 2\,i_{a1})$	$\frac{2}{3} i_g$	$\frac{1}{3}(2\,i_{a1} + i_{a2})$	$\frac{1}{3} i_g$	$\frac{1}{3}(i_{a2} - i_{a3})$	$-\frac{1}{3} i_g$
$\frac{1}{z} i_{p2}$	$-\frac{1}{3}(2\,i_{a6} + i_{a1})$	$-\frac{1}{3} i_g$	$-\frac{1}{3}(i_{a1} - i_{a2})$	$\frac{1}{3} i_g$	$\frac{1}{3}(i_{a2} + 2\,i_{a3})$	$\frac{2}{3} i_g$
$\frac{1}{z} i_{p3}$	$\frac{1}{3}(i_{a6} - i_{a1})$	$-\frac{1}{3} i_g$	$-\frac{1}{3}(i_{a1} + 2\,i_{a2})$	$-\frac{2}{3} i_g$	$-\frac{1}{3}(2\,i_{a2} + i_{a3})$	$-\frac{1}{3} i_g$
$\frac{1}{z} i_{n1}$	i_{a1}	i_g	$i_{a1} + i_{a2}$	i_g	i_{a2}	0
$\frac{1}{z} i_{n2}$	$-(i_{a6} + i_{a1})$	$-i_g$	$-i_{a1}$	0	i_{a3}	i_g
$\frac{1}{z} i_{n3}$	i_{a6}	0	$-i_{a2}$	$-i_g$	$-(i_{a2} + i_{a3})$	$-i_g$

mit Anodendrosseln bei primärseitiger Stern- und sekundär- des Transformators.

4		5		6	
Ü		Ü		Ü	
0	0	0	0	0	0
0	0	0	0	0	0
i_{a3}	0	0	0	0	0
i_{a4}	i_g	i_{a4}	0	0	0
0	0	i_{a5}	i_g	i_{a5}	0
0	0	0	0	i_{a6}	i_g
$-\frac{1}{3}(i_{a3}+2\,i_{a4})$	$-\frac{2}{3}\,i_g$	$-\frac{1}{3}(2\,i_{a4}+i_{a5})$	$-\frac{1}{3}\,i_g$	$-\frac{1}{3}(i_{a5}-i_{a6})$	$\frac{1}{3}\,i_g$
$\frac{1}{3}(2\,i_{a3}+i_{a4})$	$\frac{1}{3}\,i_g$	$\frac{1}{3}(i_{a4}-i_{a5})$	$-\frac{1}{3}\,i_g$	$-\frac{1}{3}(i_{a5}+2\,i_{a6})$	$-\frac{2}{3}\,i_g$
$-\frac{1}{3}(i_{a3}-i_{4a})$	$\frac{1}{3}\,i_g$	$\frac{1}{3}(i_{a4}+2\,i_{a5})$	$\frac{2}{3}\,i_g$	$\frac{1}{3}(2\,i_{a5}+i_{a6})$	$\frac{1}{3}\,i_g$

mit Anodendrosseln bei primärseitiger Dreieck- und sekundär- des Transformators.

4		5		6	
Ü		Ü		Ü	
0	0	0	0	0	0
0	0	0	0	0	0
i_{a3}	0	0	0	0	0
i_{a4}	i_g	i_{a4}	0	0	0
0	0	i_{a5}	i_g	i_{a5}	0
0	0	0	0	i_{a6}	i_g
$-\frac{1}{3}(i_{a3}+2\,i_{a4})$	$-\frac{2}{3}\,i_g$	$-\frac{1}{3}(2\,i_{a4}+i_{a5})$	$-\frac{1}{3}\,i_g$	$-\frac{1}{3}(i_{a5}-i_{a6})$	$\frac{1}{3}\,i_g$
$\frac{1}{3}(2\,i_{a3}+i_{a4})$	$\frac{1}{3}\,i_g$	$\frac{1}{3}(i_{a4}-i_{a5})$	$-\frac{1}{3}\,i_g$	$-\frac{1}{3}(i_{a5}+2\,i_{a6})$	$-\frac{2}{3}\,i_g$
$-\frac{1}{3}(i_{a3}-i_{a4})$	$\frac{1}{3}\,i_g$	$\frac{1}{3}(i_{a4}+2\,i_{a5})$	$\frac{2}{3}\,i_g$	$\frac{1}{3}(2\,i_{a5}+i_{a6})$	$\frac{1}{3}\,i_g$
$-i_{a4}$	$-i_g$	$-(i_{a4}+i_{a5})$	$-i_g$	$-i_{a5}$	0
$i_{a3}+i_{a4}$	i_g	i_{a4}	0	$-i_{a6}$	$-i_g$
$-i_{a3}$	0	i_{a5}	i_g	$i_{a5}+i_{a6}$	i_g

d) Der Sechsphasengleichrichter mit in Stern-Doppelzickzack geschaltetem Transformator ohne primärseitigem Nulleiter.

Der dreiphasige Transformator sei wieder ein verketteter. Bei der sekundären Doppelzickzackschaltung besitzt jeder der drei Transformatorenschenkel 1, 2, 3 drei gleiche sekundäre Wicklungen, welche wir mit

1a, 2a, 3a
1b, 2b, 3b
1c, 2c, 3c

numerieren wollen. Die Schaltung dieser 9 Wicklungen ist folgende: Die Anfänge der Wicklungen 1c, 2c, 3c liegen an dem sekundären Nulleiter. Die Enden der Wicklungen 1c, 2b, 3a, ferner der Wicklungen 2c, 3b, 1a und ferner der Wicklungen 3c, 1b, 2a sind je untereinander verbunden. Dann bleiben die Anfänge der sechs Wicklungen 1a, 2a, 3a, 1b, 2b, 3b noch frei: Zu ihnen führen nun die sechs Anodenzuleitungen. Wir nennen die Spannung zwischen dem genannten Nulleiter und dem Anfange

der Wicklung 1a . . . . e_{s3},
" " 1b . . . . e_{s4},
" " 2a . . . . e_{s5},
" " 2b . . . . e_{s6},
" " 3a . . . . e_{s1},
" " 3b . . . . e_{s2}.

Beachtet man dann, daß die drei primären Phasenspannungen e_{p1}, e_{p2}, e_{p3} durch

$$\left.\begin{aligned} e_{p1} &= \frac{E}{\sqrt{3}} \sin\vartheta, \\ e_{p2} &= \frac{E}{\sqrt{3}} \sin\left(\vartheta - \frac{2\pi}{3}\right) \\ e_{p3} &= \frac{E}{\sqrt{3}} \sin\left(\vartheta + \frac{2\pi}{3}\right) \end{aligned}\right\} \vartheta = \theta - \frac{\pi}{6}$$

gegeben sind, so erkennt man, daß

$$\begin{aligned} e_{s1} &= z\,(e_{p1} - e_{p3}), \\ e_{s2} &= z\,(e_{p2} - e_{p3}), \\ e_{s3} &= z\,(e_{p2} - e_{p1}), \\ e_{s4} &= z\,(e_{p3} - e_{p2}), \\ e_{s5} &= z\,(e_{p3} - e_{p1}), \\ e_{s6} &= z\,(e_{p1} - e_{p2}) \end{aligned}$$

ist, wofür man schreiben kann

$$e_{si} = z\,E \sin\left(\vartheta' - \frac{i-1}{3}\pi\right), \qquad i = 1, \ldots, 6,$$

$$\vartheta' = \vartheta - \frac{\pi}{6} = \theta - \frac{\pi}{3}.$$

Die Reduktionsgleichungen lauten also einfach

$$V = zE, \quad \sigma = \frac{G}{zE},$$

$$\operatorname{tg}\alpha = \frac{\omega L_k}{R}, \quad \operatorname{tg}\beta = \frac{\omega L_a}{R}.$$

Um jetzt den Verlauf der primären Netzströme i_{n1}, i_{n2}, i_{n3} ermitteln zu können, hat man zu bedenken, daß man in der anzuwendenden Gleichung (82c) zunächst $\sum i_{ni} = 0$ hat und daß man nach dem eben Gesagten

$$i_{s1} = i_{a3} + i_{a4} - i_{a6} - i_{a1},$$
$$i_{s2} = i_{a5} + i_{a6} - i_{a2} - i_{a3},$$
$$i_{s3} = i_{a1} + i_{a2} - i_{a4} - i_{a5}$$

anzusetzen hat. Daraus schließt man aber weiter, daß

$$i_{n1} = z(i_{a3} + i_{a4} - i_{a6} - i_{a1}),$$
$$i_{n2} = z(i_{a5} + i_{a6} - i_{a2} - i_{a3}),$$
$$i_{n3} = z(i_{a1} + i_{a2} - i_{a4} - i_{a5})$$

wird, da offenbar $\sum i_{si} = 0$ ausfällt. Mit Hilfe dieser Gleichungen errechnet man sich für den Fall keiner Überlappung der Anodenströme (bei fehlenden Anodendrosseln) das folgende Stromverteilungsschema:

	1	2	3	4	5	6
i_{a1}	i_g	0	0	0	0	0
i_{a2}	0	i_g	0	0	0	0
i_{a3}	0	0	i_g	0	0	0
i_{a4}	0	0	0	i_g	0	0
i_{a5}	0	0	0	0	i_g	0
i_{a6}	0	0	0	0	0	i_g
$\frac{1}{z} i_{n1}$	$-i_g$	0	i_g	i_g	0	$-i_g$
$\frac{1}{z} i_{n2}$	0	$-i_g$	$-i_g$	0	i_g	i_g
$\frac{1}{z} i_{n3}$	i_g	i_g	0	$-i_g$	$-i_g$	0

Ähnlich erhält man das Schema für den Fall vorliegender Überlappung der Anodenströme (bei vorhandenen Anodendrosseln).

e) Der Sechsphasengleichrichter mit in Dreieck-Doppelzickzackschaltung geschaltetem Transformator.

Wieder sei der dreiphasige Transformator ein verketteter. Den Verlauf der sekundären Sternspannungen $e_{s1}, \ldots, e_{s6}$ des Transformators kann man ohne weiteres den bei α) abgeleiteten Gleichungen entnehmen, nur hat man zu bedenken, daß die primären Phasenspannungen e_{p1}, e_{p2}, e_{p3} gleich den verketteten Netzspannungen e_{12}, e_{23}, e_{31} werden. Also ist

$$e_{si} = z\sqrt{3}\,E \sin\left(\vartheta - \frac{i-1}{3}\pi\right), \qquad i = 1, \ldots, 6.$$

und die Reduktionsgleichungen lauten

$$V = z\sqrt{3}\,E, \qquad \sigma = \frac{G}{z\sqrt{3}\,E},$$

$$\operatorname{tg}\alpha = \frac{\omega L_k}{R}, \qquad \operatorname{tg}\beta = \frac{\omega L_a}{R}.$$

In ähnlicher Weise kann man den Verlauf der Primärströme aus den früheren Überlegungen entnehmen. Dieselben Gleichungen, welche dort die Netzströme i_{n1}, i_{n2}, i_{n3}, die mit den Strömen in den Primärwicklungen identisch waren, lieferten, ergeben jetzt die Ströme i_{p1}, i_{p2}, i_{p3} in den Primärwicklungen:

$$\begin{aligned} i_{p1} &= z(i_{a3} + i_{a4} - i_{a6} - i_{a1}), \\ i_{p2} &= z(i_{a5} + i_{a6} - i_{a2} - i_{a3}), \\ i_{p3} &= z(i_{a1} + i_{a2} - i_{a4} - i_{a5}). \end{aligned}$$

Die Netzströme sind aber wieder gegeben durch

$$\begin{aligned} i_{n1} &= i_{p1} - i_{p3}, \\ i_{n2} &= i_{p2} - i_{p1}, \\ i_{n3} &= i_{p3} - i_{p2}. \end{aligned}$$

	1	2	3	4	5	6
i_{a1}	i_g	0	0	0	0	0
i_{a2}	0	i_g	0	0	0	0
i_{a3}	0	0	i_g	0	0	0
i_{a4}	0	0	0	i_g	0	0
i_{a5}	0	0	0	0	i_g	0
i_{a6}	0	0	0	0	0	i_g
$\frac{1}{z} i_{p1}$	$-i_g$	0	i_g	i_g	0	$-i_g$
$\frac{1}{z} i_{p2}$	0	$-i_g$	$-i_g$	0	i_g	i_g
$\frac{1}{z} i_{p3}$	i_g	i_g	0	$-i_g$	$-i_g$	0
$\frac{1}{z} i_{n1}$	$-2\,i_g$	$-i_g$	i_g	$2\,i_g$	i_g	$-i_g$
$\frac{1}{z} i_{n2}$	i_g	$-i_g$	$-2\,i_g$	$-i_g$	i_g	$2\,i_g$
$\frac{1}{z} i_{n2}$	i_g	$2\,i_g$	i_g	$-i_g$	$-2\,i_g$	$-i_g$

Unter Verwendung dieser Gleichungen gelangt man für den Fall keiner Überlappung der Anodenströme (beim Fehlen der Anodendrosseln) zu dem vorstehenden Stromverteilungsschema (S. 196).

Ganz analog bekommt man das Schema für den Fall der Überlappung der Anodenströme (bei vorhandenen Anodendrosseln).

19. Ein Beispiel für die Verwendung eines gemeinsamen Transformators für zwei Gleichrichter.

Will man zwei Dreiphasengleichrichter gleicher Leistung mit getrennten Gleichstromkreisen von demselben Drehstromnetz aus speisen, so empfiehlt es sich, zur Erlangung einer günstigen primärseitigen Stromverteilung einen gemeinsamen dreiphasigen verketteten Transformator anzuwenden, der eine sechsphasige z. B. in Stern geschaltete Sekundärwicklung besitzt. Die Schaltung ist dann so: Jeder der drei Transformatorenschenkel besitzt zwei sekundäre Wicklungen; das Ende der einen und der Anfang der anderen Wicklung eines jeden Schenkels ist an den gemeinsamen Nulleiter angeschlossen. Die dann noch freien drei Wicklungsanfänge führen zu den Anodenleitungen des einen Dreiphasengleichrichters, die noch freien drei Wicklungsenden dagegen zu den Anodenleitungen des anderen Dreiphasengleichrichters[1]).

Die dann entstehenden Anodenströme in den zwei Gleichrichtern folgen in den Abständen der Anodenströme eines Sechsphasengleichrichters, sind jedoch von der Dauer der Anodenströme eines Dreiphasengleichrichters, so daß sie sich zur Hälfte überlappen, jedoch ohne sich dabei gegenseitig zu beeinflussen. Wir wollen der Einfachheit wegen annehmen, daß die Gleichrichter keine Anodendrosseln haben, sodaß man die Stromverhältnisse besser übersehen kann.

I. Die Primärwicklungen des Transformators sind in Stern geschaltet ohne Herausführung des Nullpunktes. Es ist am bequemsten, die Resultate von Kap. 18b auf dieses Beispiel zu übertragen. Nennt man die sekundären Sternspannungen des einen resp. des anderen Gleichrichters mit

$$e'_{s1},\ e'_{s2},\ e'_{s3} \quad \text{resp.} \quad e''_{s1},\ e''_{s2},\ e''_{s3},$$

so hat man zu setzen: $e'_{s1} = e_{s1}$, $e'_{s2} = e_{s3}$, $e'_{s3} = e_{s5}$, $e''_{s2} = e_{s2}$, $e''_{s2} = e_{s4}$, $e''_{s3} = e_{s6}$. Also ist

$e'_{s1} = \frac{zE}{\sqrt{3}} \sin \vartheta'$	$e''_{s1} = \frac{zE}{\sqrt{3}} \sin \vartheta''$
$e'_{s2} = \frac{zE}{\sqrt{3}} \sin \left(\vartheta' - \frac{2\pi}{3}\right)$	$e''_{s2} = \frac{zE}{\sqrt{3}} \sin \left(\vartheta'' - \frac{2\pi}{3}\right)$
$e'_{s3} = \frac{zE}{\sqrt{3}} \sin \left(\vartheta' + \frac{2\pi}{3}\right)$	$e''_{s3} = \frac{zE}{\sqrt{3}} \sin \left(\vartheta'' + \frac{2\pi}{3}\right)$
$\vartheta' = \vartheta = \theta - \frac{\pi}{6}$	$\vartheta' = \vartheta - \frac{\pi}{3} = \theta - \frac{\pi}{2}.$

[1]) Vgl. Krijger: Arch. f. El. 1924, XIII, S. 443f.

Und damit bekommt man die Reduktionsgleichungen

$$V = \frac{zE}{\sqrt{3}}, \qquad \sigma = \frac{G\sqrt{3}}{zE}, \qquad \operatorname{tg}\alpha = \frac{\omega L_k}{R}.$$

Um die primärseitigen Netzströme i_{n1}, i_{n2}, i_{n3} zu erhalten, braucht man ebenfalls nur auf die in Kap. 18b angegebenen Gleichungen zurückzugreifen. Wir nennen die Anodenströme des ersten der beiden Gleichrichter $i'_{a1}, i'_{a2}, i'_{a3}$, die des zweiten $i''_{a1}, i''_{a2}, i''_{a3}$. Setzt man dann in den oben gefundenen Gleichungen $i_{a1} = i'_{a1}$, $i_{a2} = i''_{a1}$, $i_{a3} = i'_{a2}$, $i_{a4} = i''_{a2}$, $i_{a5} = i'_{a3}$, $i_{a6} = i''_{a3}$, so erhält man

$$i_{n1} = z\left(i'_{a1} - i''_{a2} - \tfrac{1}{3}(i_g' - i_g'')\right),$$

$$i_{n2} = z\left(i'_{a2} - i''_{a3} - \tfrac{1}{3}(i_g' - i_g'')\right),$$

$$i_{n3} = z\left(i'_{a3} - i''_{a1} - \tfrac{1}{3}(i_g' - i_g'')\right).$$

Darin ist i_g' der Gleichstrom in dem ersten Gleichrichter, i_g'' der Gleichstrom in dem zweiten.

Das Stromverteilungsschema, das man mit Hilfe dieser Gleichungen bekommt, hat dann folgende Gestalt:

	1	2	3	4	5	6
i'_{a1}	i_g'	i_g'	0	0	0	0
i'_{a2}	0	0	i_g'	i_g'	0	0
i'_{a3}	0	0	0	0	i_g'	i_g'
i_{a1}''	0	i_k''	i_g''	0	0	0
i_{a2}''	0	0	0	i_g''	i_g''	0
i_{a3}''	i_g''	0	0	0	0	i_g''
$\frac{1}{z} i_{g1}$	$\frac{1}{3}(2i_g'+i_g'')$	$\frac{1}{3}(2i_g'+i_g'')$	$-\frac{1}{3}(i_g'-i_g'')$	$-\frac{1}{3}(i_g'+2i_g'')$	$-\frac{1}{3}(i_g'+2i_g'')$	$-\frac{1}{3}(i_g'-i_g'')$
$\frac{1}{z} i_{n2}$	$-\frac{1}{3}(i_g'+2i_g'')$	$-\frac{1}{3}(i_g'-i_g'')$	$\frac{1}{3}(2i_g'+i_g'')$	$\frac{1}{3}(2i_g'+i_g'')$	$-\frac{1}{3}(i_g'-i_g'')$	$-\frac{1}{3}(i_g'+2i_g'')$
$\frac{1}{z} i_{n3}$	$-\frac{1}{3}(i_g'-i_g'')$	$-\frac{1}{3}(i_g'+2i_g'')$	$-\frac{1}{3}(i_g'+2i_g'')$	$-\frac{1}{3}(i_g'-i_g'')$	$\frac{1}{3}(2i_g'+i_g'')$	$\frac{1}{3}(2i_g'+i_g'')$

II. Die Primärwicklungen des Transformators sind in Dreieck geschaltet. Um von den primärseitigen Stromverläufen bei der primären Sternschaltung auf die bei der primären Dreieckschaltung zu schließen, hat man ganz ähnlich vorzugehen wie bei Kap. 18c. Wir wollen die Einzelheiten nicht wiederholen, sondern nur das dem vorigen analoge Ergebnis mitteilen.

Die sekundärseitigen Sternspannungen sind jetzt im Gegensatz zu vorhin gegeben durch

$e_{s1}' = zE\sin\vartheta'$	$e_{s1}'' = zE\sin\vartheta''$
$e_{s2}' = zE\sin\left(\vartheta' - \frac{2\pi}{3}\right)$	$e_{s2}'' = zE\sin\left(\vartheta'' - \frac{2\pi}{3}\right)$
$e_{s3}' = zE\sin\left(\vartheta' + \frac{2\pi}{3}\right)$	$e_{s3}'' = zE\sin\left(\vartheta'' + \frac{2\pi}{3}\right)$
$\vartheta' = \theta$	$\vartheta'' = \theta - \frac{\pi}{3}.$

Also lauten die Reduktionsgleichungen

$$V = zE, \qquad \sigma = \frac{G}{zE}, \qquad \operatorname{tg}\alpha = \frac{\omega L_k}{R}.$$

Die in den primären Wicklungen des Transformators fließenden Ströme sind

$$i_{p1} = z\left(i_{a1}' - i_{a2}'' - \tfrac{1}{3}(i_g' - i_g'')\right),$$
$$i_{p2} = z\left(i_{a2}' - i_{a3}'' - \tfrac{1}{3}(i_g' - i_g'')\right),$$
$$i_{p3} = z\left(i_{a3}' - i_{a1}'' - \tfrac{1}{3}(i_g' - i_g'')\right),$$

für die Netzströme hat man wieder

$$i_{n1} = i_{p1} - i_{p3},$$
$$i_{n2} = i_{p2} - i_{p1},$$
$$i_{n3} = i_{p3} - i_{p2}.$$

Unter Benutzung dieser Gleichungen errechnet man dann folgendes Stromverteilungsschema:

	1	2	3	4	5	6
i_{a1}'	i_g'	i_g'	0	0	0	0
i_{a2}'	0	0	i_g'	i_g'	0	0
i_{a3}'	0	0	0	0	i_g'	i_g'
i_{a1}''	0	i_g''	i_g''	0	0	0
i_{a2}''	0	0	0	i_g''	i_g''	0
i_{a3}''	i_g''	0	0	0	0	i_g''
$\frac{1}{z}i_{p1}$	$\frac{1}{3}(2_g' + i_g'')$	$\frac{1}{3}(2i_g' + i_g'')$	$-\frac{1}{3}(i_g' - i_g'')$	$-\frac{1}{3}(i_g' + 2i_g'')$	$-\frac{1}{3}(i_g' + 2i_g'')$	$-\frac{1}{3}(i_g' - i_g'')$
$\frac{1}{z}i_{p2}$	$-\frac{1}{3}(i_g' + 2i_g'')$	$-\frac{1}{3}(i_g' - i_g'')$	$\frac{1}{3}(2i_g' + i_g'')$	$\frac{1}{3}(2i_g + i_g'')$	$-\frac{1}{3}(i_g' - i_g'')$	$-\frac{1}{3}(i_g' + 2i_g'')$
$\frac{1}{z}i_{p3}$	$-\frac{1}{3}(i_g' - i_g'')$	$-\frac{1}{3}(i_g' + 2i_g'')$	$-\frac{1}{3}(i_g' + 2i_g'')$	$-\frac{1}{3}(i_g' - i_g'')$	$\frac{1}{3}(2i_g' + i_g'')$	$\frac{1}{3}(2i_g' + i_g'')$
$\frac{1}{z}i_{n1}$	i_g'	$i_g' + i_g''$	i_g''	$-i_g''$	$-(i_g' + i_g'')$	$-i_g'$
$\frac{1}{z}i_{n2}$	$-(i_g' + i_g'')$	$-i_g'$	i_g'	$i_g' + i_g''$	i_g''	$-i_g''$
$\frac{1}{z}i_{n3}$	i_g''	$-i_g''$	$-(i_g' + i_g'')$	$-i_g'$	i_g'	$i_g' + i_g''$

Zahlentafeln.

Ia. Magnetisierungskurve von gewöhnlichem Dynamoblech.

u	$\mathfrak{B}$	$\mu = \frac{\mathfrak{B}}{\mathfrak{H}}$	$\chi = \frac{d\mathfrak{B}}{d\mathfrak{H}}$	$-\frac{d\chi}{d\mathfrak{H}}$	$\chi\mathfrak{H}$
AW/cm	Gauß	Zahl	Zahl	1/Gauß	Gauß
0	0	3580	3580	0	0
1	4500	3580	3180	2200	4000
2	7100	2820	1670	630	4200
3	8750	2310	1110	300	4200
4	10000	1980	835	190	4100
5	10800	1710	620	130	3900
6	11500	1520	493	89	3720
7	12100	1370	397	63	3500
8	12600	1250	326	44	3280
9	12900	1140	278	32	3150
10	13250	1050	238	25	3000
20	15200	604	95	6,3	2400
30	15900	421	49	1,7	1860
40	16500	328	37	0,8	1880
50	16900	268	29	0,5	1850
60	17250	229	24	0,3	1800
70	17500	199	21	0,2	1820
80	17800	177	18	0,14	1840
90	18000	159	17	0,1	1890
100	18200	145	15	0,08	1900
200	19750	79	10	0,03	2400
300	20800	55	7	0,01	2700

Ib. Magnetisierungskurve von legiertem Dynamoblech.

u	$\mathfrak{B}$	$\mu = \frac{\mathfrak{B}}{\mathfrak{H}}$	$\chi = \frac{d\mathfrak{B}}{d\mathfrak{H}}$	$-\frac{d\chi}{d\mathfrak{H}}$	$\chi\,\mathfrak{H}$
AW/cm	Gauß	Zahl	Zahl	1/Gauß	Gauß
0	0	3580	3580	0	0
1	4500	3580	2780	695	3500
2	7100	2980	1670	630	4200
3	8600	2280	1030	380	3900
4	9600	1910	715	158	3600
5	10350	1650	516	126	3250
6	10900	1450	397	95	3000
7	11400	1300	278	63	2450
8	11700	1160	230	28,5	2320
9	12000	1060	199	18,3	2250
10	12250	974	183	13,9	2300
20	13900	552	102	3,48	2560
30	14800	392	63,5	1,77	2400
40	15500	308	39,7	0,63	2000
50	16000	254	31,8	0,32	2000
60	16400	217	27,8	0,25	2150
70	16750	190	24,6	0,19	2170
80	17050	169	22,2	0,18	2240
90	17350	153	19,9	0,13	2050
100	17600	140	18,3	0,10	2300
200	19150	76	10,2	0,045	2500
300	20100	53	6,8	0,02	2550

II. Der Normal-

Laufende Nr.	Phasenzahl p, zugleich Zahl der Anoden	Sternspannung V (E = verkettete Spannung)	Ohmscher Widerstand	Gegenspannung	Induktivität der Kathodendrossel	Induktivität der Anodendrosseln	Parameter der allgemeinen Stromgleichungen usw.					Periode des Gleichstromes
							σ	tg α	tg β	tg γ	tg δ	
1	1	—	R	0	0	—	0	0	—	—	—	2π
2	2	$\frac{1}{2}E$	R	0	0	0	0	0	0	—	—	π
3	2	$\frac{1}{2}E$	R	0	M	0	0	$\frac{\omega M}{R}$	0	—	—	π
4	2	$\frac{1}{2}E$	R	0	∞	0	0	∞	0	—	—	π
5	2	$\frac{1}{2}E$	R	0	M	N	0	$\frac{\omega M}{R}$	$\frac{\omega N}{R}$	$\frac{\omega}{2R}(2M+N)$	$\frac{\omega}{R}(M+N)$	π
6	3	$\frac{1}{\sqrt{3}}E$	R	0	0	0	0	0	0	—	—	$\frac{2}{3}\pi$
7	3	$\frac{1}{\sqrt{3}}E$	R	0	M	0	0	$\frac{\omega M}{R}$	0	—	—	$\frac{2}{3}\pi$
8	3	$\frac{1}{\sqrt{3}}E$	R	0	∞	0	0	∞	0	—	—	$\frac{2}{3}\pi$
9	3	$\frac{1}{\sqrt{3}}E$	R	0	M	N	0	$\frac{\omega M}{R}$	$\frac{\omega N}{R}$	$\frac{\omega}{2R}(2M+N)$	$\frac{\omega}{R}(M+N)$	$\frac{2}{3}\pi$
10	6	E	R	0	0	0	0	0	0	—	—	$\frac{\pi}{3}$
11	6	E	R	0	M	0	0	$\frac{\omega M}{R}$	0	—	—	$\frac{\pi}{3}$
12	6	E	R	0	∞	0	0	∞	0	—	—	$\frac{\pi}{2}$
13	6	R	E	0	M	N	0	$\frac{\omega M}{R}$	$\frac{\omega N}{R}$	$\frac{\omega}{2R}(2M+N)$	$\frac{\omega}{R}(M+N)$	$\frac{\pi}{3}$

[1]) Die Näherungsgleichungen für den Gleichstrom der Gleichrichter mit großer Kathodendrossel und kleinen Anodendrosseln wurden aus den Näherungsgleichungen für die Gleichrichter mit großer Kathodendrossel und fehlenden

gleichrichter.

Laufende Nr.	$\frac{\text{Arithm. Mittel d. Gleichstr.}}{\text{Amplitude}} = J_m : \frac{V}{R}$	$\frac{\text{Quadr. Mittel d. Gleichstr.}}{\text{Amplitude}} = J_e : \frac{V}{R}$	Formfaktor des Gleichstroms $= f_g$	Näherungsgleichungen für den Gleichstrom bei großer Kathodendrossel und fehlenden oder kleinen Anodendrosseln[1]: $i =$	Länge der Überlappungsperiode $\theta_0 = \theta_2 - \theta_1$. $(\theta_1 = 0,\ \theta_2 = \theta_0)$: $1 - \cos\theta_0 =$
1	0,3183	0,5000	1,5708	×	—
2	0,6366	0,7071	1,1107	×	—
3	0,6366	×	×	$V\left(\frac{0,637}{R} - \frac{0,220}{\omega M}\sin(2\vartheta + \varepsilon)\right)$	—
4	0,6366	0,6366	1,0000	$\frac{V}{R}\,0,637$	—
5	$\frac{0,637}{1+0,318\,\mathrm{tg}\,\beta}$	×	×	$V\left(\frac{0,637}{R + 0,318\,\omega N} - \frac{0,220}{\omega M}\sin(2\vartheta + \varepsilon)\right)$	$\frac{0,637\,\mathrm{tg}\,\beta}{1+0,318\,\mathrm{tg}\,\beta}$
6	0,8270	0,8410	1,0169	×	—
7	0,8270	×	×	$V\left[\frac{0,827}{R} + \frac{0,070}{\omega M}\sin\left(3\vartheta - \frac{3\pi}{2} + \varepsilon\right)\right]$	—
8	0,8270	0,8270	1,0000	$\frac{V}{R}\,0,827$	—
9	$\frac{0,827}{1+0,413\,\mathrm{tg}\,\beta}$	×	×	$V\left[\frac{0,827}{R + 0,413\,\omega N} + \frac{0,070}{\omega M}\sin\left(3\vartheta - \frac{3\pi}{2} + \varepsilon\right)\right]$	$\frac{0,827\,\mathrm{tg}\,\beta}{1+0,413\,\mathrm{tg}\,\beta}$
10	0,9549	0,9556	1,0007	×	—
11	0,9549	×	×	$V\left[\frac{0,055}{R} + \frac{0,009}{\omega M}\sin(6\vartheta - 3\pi + \varepsilon)\right]$	—
12	0,9549	0,9549	1,0000	$\frac{V}{R}\,0,955$	—
13	$\frac{0,955}{1+0,477\,\mathrm{tg}\,\beta}$	×	×	$V\left[\frac{0,955}{R + 0,477\,\pi N} + \frac{0,009}{\omega M}\sin(6\vartheta - 3\pi + \varepsilon)\right]$	$\frac{0,955\,\mathrm{tg}\,\beta}{1+0,477\,\mathrm{tg}\,\beta}$

Anodendrosseln gewonnen, indem man die konstanten Anteile in diesen letzteren Gleichungen durch die konstanten Stromwerte der Gleichrichter mit unendlich großer Kathodendrossel und mit beliebigen Anodendrosseln ersetzte. In den obigen Gleichungen bedeutet $\mathrm{tg}\,\varepsilon = R/\omega M$.

IIIa. Der Zweiphasengleichrichter[1]).

$(q = 2,\; p = 2)$.

Transformator: Primär-wickl.	Sek.-wickl.	Eisen-kern	$E_{pe} =$	$E_{se} =$	C_i	C_e	C_p	C_s	C_t	C_n	$\frac{z J_{gm}}{J_{ne}}$	λ	$\frac{J_{oe}}{J_{ne}}$
Wie Abb. 32	Wie Abb. 32	— —	E_e	$\frac{z}{2} E_e$	0,785 0,707	1,11 1,11	1,23 1,11	1,74 1,57	1,48 1,34	1,23 1,11	0,900 1,00	1,00 0,900	— —

IIIb. Der Dreiphasengleichrichter.

$(q = 3,\; p = 3)$

Transformator: Primär-wickl.	Sek.-wickl.	Eisen-kern	$E_{pe} =$	$E_{se} =$	C_i	C_e	C_p	C_s	C_t	C_n	$\frac{z J_{gm}}{J_{ne}}$	λ	$\frac{J_{oe}}{J_{ne}}$
⅄	⅄	ver-kettet	$\frac{1}{\sqrt{3}} E_e$	$\frac{z}{\sqrt{3}} E_e$	0,587 0,578	0,855 0,855	1,23 1,21	1,51 1,48	1,37 1,34	1,23 1,21	2,09 2,11	0,841 0,827	— —
⅄̶	⅄	ver-kettet	$\frac{1}{\sqrt{3}} E_e$	$\frac{z}{\sqrt{3}} E_e$	0,587 0,578	0,855 0,855	1,51 1,48	1,51 1,48	1,51 1,48	1,51 1,48	1,71 1,73	0,686 0,675	1,73 1,73
△	⅄	ver-kettet	E_e	$z E_e$	0,587 0,578	0,855 0,855	1,23 1,21	1,51 1,48	1,37 1,34	1,23 1,21	1,20 1,22	0,841 0,827	— —
⅄	⅄	unver-kettet	$\frac{1}{\sqrt{3}} E_e$	$\frac{1}{\sqrt{3}} E_e$	0,587 0,578	0,855 0,855	— 1,82	— 1,48	— 1,65	— 1,82	— 1,41	— 0,551	— —
⅄̶	⅄	unver-kettet	$\frac{1}{\sqrt{3}} E_e$	$\frac{z}{\sqrt{3}} E_e$	0,587 0,578	0,855 0,855	1,51 1,48	1,51 1,48	1,51 1,48	1,51 1,48	1,71 1,73	0,686 0,675	1,73 1,73
△	⅄	unver-kettet	E_e	$z E_e$	0,587 0,578	0,855 0,855	1,23 1,21	1,51 1,48	1,37 1,34	1,23 1,21	1,20 1,22	0,841 0,827	— —
⅄	⅄̰	beliebig	$\frac{1}{\sqrt{3}} E_e$	$z E_e$	0,587 0,578	0,855 0,855	1,23 1,21	1,74 1,71	1,48 1,46	1,23 1,21	1,20 1,22	0,841 0,827	— —
⅄̶	⅄̰	beliebig	$\frac{1}{\sqrt{3}} E_e$	$z E_e$	0,587 0,578	0,855 0,855	1,23 1,21	1,74 1,71	1,48 1,46	1,23 1,21	1,20 1,22	0,841 0,827	0 0
△	⅄̰	beliebig	E_e	$z \sqrt{3} E_e$	0,587 0,578	0,855 0,855	1,23 1,21	1,74 1,71	1,48 1,46	1,23 1,21	0,695 0,707	0,841 0,827	— —

[1]) Die Zahlentabellen IIIa bis IIIc gelten streng für verlustlose Gleichrichter ohne Gegenspannung und ohne Anodendrosseln oder Primärdrosseln. In jeder Zeile stehen zwei Zahlenwerte übereinander. Der obere Zahlenwert bezieht sich jeweils auf den Gleichrichter ohne Kathodendrossel und mit reiner Widerstandsbelastung, der untere Zahlenwert dagegen auf den Gleichrichter mit unendlich großer Kathodendrossel.

IIIc. Der Sechsphasengleichrichter.

($q = 3$, $p = 6$)

Transformator			$E_{pe} =$	$E_{se} =$	C_i	C_e	C_p	C	C_t	C_n	$\frac{z J_{gm}}{J_{ne}}$	λ	$\frac{J_{oe}}{J_{ne}}$
Primär-wickl.	Sek.-wickl.	Eisen-kern											
⅄	✳	ver-kettet	$\frac{1}{\sqrt{3}} E_e$	$\frac{z}{\sqrt{3}} E_e$	0,408	0,740	1,05	1,81	1,43	1,05	2,12	0,955	—
					0,408	0,740	1,05	1,81	1,43	1,05	2,12	0,955	—
ᛣ	✳	ver-kettet	$\frac{1}{\sqrt{3}} E_e$	$\frac{z}{\sqrt{3}} E_e$	0,408	0,740	1,28	1,81	1,55	1,28	1,73	0,780	1,73
					0,408	0,740	1,28	1,81	1,55	1,28	1,73	0,780	1,73
△	✳	ver-kettet	E_e	$z E_e$	0,408	0,740	1,05	1,81	1,43	1,05	1,23	0,955	—
					0,408	0,740	1,05	1,81	1,43	1,05	1,23	0,955	—
⅄	Ӽ	ver-kettet	$\frac{1}{\sqrt{3}} E_e$	$z E_e$	0,408	0,740	1,05	1,88	1,46	1,05	1,23	0,955	—
					0,408	0,740	1,05	1,88	1,46	1,05	1,23	0,955	—
ᛣ	Ӽ	ver-kettet	$\frac{1}{\sqrt{3}} E_e$	$z E_e$	0,408	0,740	1,05	1,88	1,46	1,05	1,23	0,955	0
					0,408	0,740	1,05	1,88	1,46	1,05	1,23	0,955	0
△	Ӽ	ver-kettet	E_e	$z\sqrt{3}\,E_e$	0,408	0,740	1,05	1,88	1,46	1,05	0,707	0,955	—
					0,408	0,740	1,05	1,88	1,46	1,05	0,707	0,955	—

Zeichenerklärung für die Tabellen IIIa bis IIIc:

⅄ = Sternschaltung (dreiphasig) ohne Nulleiter,

ᛣ = „ „ mit „

△ = Dreieckschaltung (dreiphasige Ringschaltung),

ʎ = Zickzackschaltung (dreiphasig),

✳ = Sternschaltung (sechsphasig),

Ӽ = Doppelzickzackschaltung (sechsphasig).

IV. Übersicht der Gleichrichterarten.

Art der Gleichrichter	Bezeichnung	Hersteller
Mechanische Gleichrichter.		
Elektrolytische Gleichrichter.		
Glimmlicht-gleichrichter.		
Glühkathoden-gleichrichter.	Vartax-Gleichrichter (Wehnelt-Gleichrichter). Ramar-Gleichrichter (Wolfram-Gleichrichter). Hochspannungsgleichrichter. Stabilivolt.	Akkumulatorenfabrik-A.-G. AEG. Osram (AEG). S. u. H. u. a. m.
Alkalidampf-gleichrichter.		
Quecksilberdampf-gleichrichter: a) reine Quecksilberdampfgleichrichter,	Qu.-Glasgleichrichter. Qu.-Eisengleichrichter.	AEG, Gleichrichter-G. m. b. H., SSW, Westinghouse-Cooper-Hewitt G. m. b. H., Berlin. AEG, BBC, Bergmann, SSW.
b) modifizierte Quecksilberdampfgleichrichter.	Argonalgleichrichter.	Paul Hardegen & Co. (DTW).

Bezeichnungen.

a) Deutsche Buchstaben.

$\mathfrak{A}$	Konstanter Anteil des pulsierenden Gleichstromes, zugleich dessen arithmetischer Mittelwert.
$\mathfrak{B}$	Magnetische Induktion.
$\mathfrak{H}$	Magnetische Feldstärke.
$\mathfrak{K}$ $(\mathfrak{K}_1, \mathfrak{K}_2, \mathfrak{K}_3, \mathfrak{K}_4)$	Amplitude der Sinuswelle des sinusförmig pulsierenden Gleichstromes.
$\mathfrak{P}, \mathfrak{Q}$	Konstanten.
$\mathfrak{W}$	Induktive Wirksamkeit.

b) Lateinische Buchstaben.

a, b, c, d	Konstanten der beiden empirischen Magnetisierungsgleichungen.
$e_{12}, \ldots, e_{q1}$	Verkettete Spannungen im allgemein q-phasigen Wechselstromnetz.
$e_1, \ldots, e_q$	Sternspannungen im allgemein q-phasigen Wechselstromnetz.
$e_{p1}, \ldots, e_{pq}$	Primäre Phasenspannungen des Transformators.
$e_{s1}, \ldots, e_{sp}$	Sekundäre Phasenspannungen des Transformators.
e_g	Gleichspannung.
e_d	Spannung der Kathodendrossel.
f_g	Formfaktor des Gleichstromes.
f_a	Formfaktor eines Anodenstromes.
g	Formfaktor der Gleichspannung.
h	Eisenlänge eines Eisenkernes.
h, i, k, l, m, n	Indizes.
i	Gleichstrom im Normalgleichrichter.
$i_1, \ldots, i_p$	Anodenströme im Normalgleichrichter.
i_g	Gleichstrom im gewöhnlichen Gleichrichter.
$i_{a1}, \ldots, i_{ap}$	Anodenströme im gewöhnlichen Gleichrichter.
$i_{n1}, \ldots, i_{nq}$	Phasenströme in den Netzzuleitungen.
$i_{p1}, \ldots, i_{pq}$	Phasenströme in den Primärwicklungen des Transformators.
$i_{s1}, \ldots, i_{sp}$	Phasenströme in den Sekundärwicklungen des Transformators.
i_l	Leerlaufströme des Transformators.
l	Momentane Induktivität.
n	Windungszahl einer Wicklung.
n_p	Windungszahl einer Primärwicklung des Transformators.
n_s	Windungszahl einer Sekundärwicklung des Transformators.
p	Phasenzahl des Gleichrichters, zugleich Zahl der Anoden und Phasenzahl der Sekundärseite des Gleichrichtertransformators.
q	Phasenzahl des Wechselstromnetzes, zugleich Phasenzahl der Primärseite des Gleichrichtertransformators.
q	Eisenquerschnitt eines Eisenkernes.
r	Phasenzahl des Transformators, d. h. Zahl der Schenkel des verketteten oder Zahl der Einphasenkerne des unverketteten Transformators.

s	Streukoeffizient.
t	Zeit.
u	Amperewindungszahl pro Zentimeter Eisenlänge.
$v_1, \ldots, v_p$	Sternspannungen des Wechselstromnetzes des Normalgleichrichters.
w_g	Welligkeit des Gleichstromes.
w_a	Welligkeit der Anodenströme,
w_e	Welligkeit der Gleichspannung
x, y	Variable.
z	Windungsverhältnis $= n_s/n_p$.
A, B, C	Konstanten.
E	Scheitelwert der verketteten Spannung des Wechselstromnetzes.
E'	Scheitelwert der Sternspannung des Wechselstromnetzes.
E_e	Effektivwert der verketteten Spannung des Wechselstromnetzes.
E_e'	Effektivwert der Sternspannung des Wechselstromnetzes.
E_{pe}	Effektivwert der Phasenspannungen der Primärwicklungen.
E_{se}	Effektivwert der Phasenspannungen der Sekundärwicklungen des Transformators (= sekundäre Sternspannungen).
E_{gm}	Arithmetisches Mittel der Gleichspannung.
E_{ge}	Quadratisches Mittel der Gleichspannung.
E_{de}	Quadratisches Mittel der Spannung der Kathodendrossel.
E_l	Lichtbogenspannung.
E_b	Batteriespannung.
δE	Zündspannungsspitze des Lichtbogens.
E_z	Zündspannung des Lichtbogens.
C_i	Verhältnis von J_{ae} zu J_{gm}.
C_e	Verhältnis von E_{se} zu E_{gm}.
C_p	Verhältnis der primären Scheinleistung des Transformators,
C_s	Verhältnis der sekundären Scheinleistung des Transformators,
C_t	Verhältnis der mittleren Scheinleistung des Transformators,
C_n	Verhältnis der Scheinleistung des Wechselstromnetzes } zur Gleichstromleistung $\overline{\overline{N}}_g = E_{gm} \cdot J_{gm}$.
G	Gesamte Gegenspannung $= E_l + E_b$.
H, H_ν, H_∞	Konstanten.
J_m	Arithmetisches Mittel des Gleichstromes im Normalgleichrichter.
J_e	Quadratisches Mittel des Gleichstromes im Normalgleichrichter.
J_{gm}	Arithmetisches Mittel des Gleichstromes im gewöhnlichen Gleichrichter.
J_{ge}	Quadratisches Mittel des Gleichstromes im gewöhnlichen Gleichrichter.
J_{am}	Arithmetisches Mittel der Anodenströme im gewöhnlichen Gleichrichter.
J_{ae}	Quadratisches Mittel der Anodenströme im gewöhnlichen Gleichrichter.
$J_{\min}$	Minimalstrom des Lichtbogens.
J_{ne}	Effektiver Strom in den Außenleitern des Wechselstromnetzes.
J_{oe}	Effektiver Strom in dem Nulleiter des Wechselstromnetzes.
K	Konstante.
L	Zeitlich konstante Induktivität.
L_h	Induktivität der Kathodendrossel.
L_a	Induktivität der Anodendrosseln.
L_p	Induktivität der Primärdrosseln.
$\tilde{L}_k$	Reduzierte Induktivität der Kathodendrossel.
$\tilde{L}_a$	Reduzierte Induktivität der Anodendrosseln.
L_m	Mittlere Induktivität.
$(L_i;\ R_i;\ E_i)$	Belastungsketten einer zusammengesetzten Gleichstrombelastung.

$(\tilde{L};\ \tilde{R};\ \tilde{E})$	Belastungsketten einer reduzierten Gleichstrombelastung.
L_g	Gleichstromseitige Leistung zwischen Kathode und sekundärem Nullpunkt.
$(M;\ R;\ G)$	Normalbelastung des Normalgleichrichters.
M	Induktivität der Kathodendrossel des Normalgleichrichters.
N	Induktivität der Anodendrosseln des Normalgleichrichters.
N_g	Gleichstromseitige Leistung, direkt am Verbraucher.
$\overline{N}_g$	Gleichstromleistung $E_{gm} \cdot J_{gm}$.
N_l	Leistungsverbrauch eines Lichtbogens.
N_p	Primärleistung des Transformators.
$\overline{N}_p$	Primäre Scheinleistung des Transformators.
N_s	Sekundäre Leistung des Transformators.
$\overline{N}_s$	Sekundäre Scheinleistung des Transformators.
N'	Phasenleistung einer Netzphase des Wechselstromnetzes.
N_n	Gesamtleistung des Wechselstromnetzes.
$\overline{N}_n$	Scheinleistung des Wechselstromnetzes.
P	Pulsation (absolute) des Gleichstromes.
R	Ohmscher Widerstand im Gleichstromkreis.
S, T	Konstanten.
V	Scheitelwert der Sternspannungen des Wechselstromnetzes des Normalgleichrichters.
V_e	Quadratisches Mittel der Spannung zwischen einer Anode und der Kathode des Vakuumgefäßes.

c) Griechische Buchstaben.

α	Parameter für die Wirkung der Kathodendrossel. $\left(\begin{array}{l}\text{Bei dem Normalgleichrichter ist } \operatorname{tg}\alpha = \frac{\omega M}{R} \\ \text{„ „ gewöhnl. Gleichrichter „ } \operatorname{tg}\alpha = \frac{\omega L_k}{R}\end{array}\right)$.
β	Parameter für die Wirkung der Anodendrosseln. $\left(\begin{array}{l}\text{Bei dem Normalgleichrichter ist } \operatorname{tg}\beta = \frac{\omega N}{R} \\ \text{„ „ gewöhnl. Gleichrichter „ } \operatorname{tg}\beta = \frac{\omega L_a}{R}\end{array}\right)$.
$\alpha, \beta, \gamma, \delta$	Parameter einer Klasse. $\left(\text{Es ist } \operatorname{tg}\gamma = \operatorname{tg}\alpha + \frac{1}{2}\operatorname{tg}\beta,\ \operatorname{tg}\delta = \operatorname{tg}\alpha + \operatorname{tg}\beta\right)$.
$\tilde{\alpha}, \tilde{\beta}, \tilde{\gamma}, \tilde{\delta}$	Parameter, welche aus einer Reduktion hervorgehen.
γ	Relative Pulsation des Gleichstromes.
δ	Relative Pulsation der Gleichspannung.
ε	Parameter für die Wirkung der Kathodendrossel $\left(\varepsilon = \frac{\pi}{2} - \alpha,\right.$ d. h. Bei dem Normalgleichrichter ist $\operatorname{tg}\varepsilon = \frac{R}{\omega N}$; „ „ gewöhnl. Gleichrichter „ $\left.\operatorname{tg}\varepsilon = \frac{R}{\omega L_k}\right)$.
ε	Parameter für den Einfluß einer Kapazität.
ζ	Variable, gebildet durch $\zeta = p(\vartheta - \pi/2)$.
η	Wirkungsgrad.
η_a	Anodenseitiger Wirkungsgrad.
η_g	Gleichstromseitiger Wirkungsgrad.
η_l	Lichtbogenwirkungsgrad.

η_p	Primärseitiger Wirkungsgrad.
η_t	Transformatorwirkungsgrad.
θ	Zeitvariable $= \omega t$.
θ_1, θ_2	Überlappungszeiten.
θ_0	Überlappungslänge oder -dauer $= \theta_2 - \theta_1$.
$\delta\theta$	Verspätung des Einsetzens des Lichtbogens infolge der Zündspannungsspitze.
ϑ, ϑ'	Zeitvariable.
λ	Leistungsfaktor.
λ_r	Resultierender Leistungsfaktor.
λ_m	Mittlerer Leistungsfaktor.
λ_s	Scheinbarer Leistungsfaktor.
λ_g	Gleichstromseitiger Leistungsfaktor.
λ_n'	Leistungsfaktor pro Netzphase des Wechselstromnetzes.
λ_n	Leistungsfaktor des Wechselstromnetzes.
μ	Permeabilität $= \mathfrak{B}/\mathfrak{H}$.
ν	Frequenz.
ν	Index.
ξ	Verhältniszahl.
ϱ	Relative Lichtbogenspannung $= E_l/E_s$.
σ	Relative Gegenspannung $= G/V$ resp. $= G/E_s$.
τ	Relativer Minimalstrom $= J_{\min} : V/R$ resp. $= J_{\min} : E_s/R$.
φ	Phasenwinkel.
χ	Magnetische Ergiebigkeit $= d\mathfrak{B}/d\mathfrak{H}$.
ω	Kreisfrequenz $= 2\pi\nu$.
Φ	Magnetischer Fluß.

Literaturverzeichnis.

Die folgende Übersicht enthält der Vollständigkeit wegen auch Arbeiten über elektrolytische, mechanische und andere Gleichrichter. Ein Stern (*) deutet jeweils an, daß die betreffende Arbeit Oszillogramme zeigt.

a) Arbeiten in der Elektrotechnischen Zeitschrift (ETZ).

1890: Steinmetz, Ch.: Der Einfluß der Selbstinduktion auf pulsierende Ströme, S. 481.

1903: siehe S. 187.

1904: siehe S. 1105.

1905: Hg-Dampflampe als Gleichrichter, S. 449.

Hg-Dampflampe als Gleichrichter (Proc. Am. Inst. of El. Eng., Juli 1905, S. 743); nach Steinmetz, S. 951.

1906: Hg-Dampflampe als Gleichrichter, S. 123.

1907: Polak, J.: Der Hg-Lichtbogen und seine technische Verwendung.*

I. Physikalische Grundlagen, S. 599.

II. Die Hg-Dampflampe, S. 651.

III. Der Hg-Gleichrichter, S. 733.

1908: Gleichrichter mit Relaisbetrieb; nach F. J. Koch, S. 41, 496.

Hahn, K.: Hg-Gleichrichter, S. 178, 198.

v. Grisson: Grisson-Gleichrichter (elektrolyt.), S. 959.

Schulka, J.: Zur Kenntnis des Hg-Dampflichtbogens als Gleichrichter, S. 1036.

Günther-Schulze: Elektrolytischer Gleichrichter, S. 1154.

1909: Über die elektrische Ventilwirkung der Metalle Zink, Kadmium, Silber und Kupfer; nach Günther-Schulze, S. 62.

Günther-Schulze, Messung des Rückstromes im Hg-Gleichrichter.

Hg-Gleichrichter,* S. 295.

Neues Gleichrichter-Relais, S. 1076.

v. Keller, F.: Der Hg-Gleichrichter der Westinghouse-El.-Ges. in der Praxis, S. 1180, 1225.

1910: Günther-Schulze: Betrag und Kurvenform des Rückstromes im Hg-Gleichrichter, S. 28.

Schäfer, B.: Kompoundierung von Wechselstromdynamos durch Hg-Gleichrichter, S. 55.

Earhart und Lake: Gleichrichterwirkung zwischen Spitze und Platte, S. 845.*

Hechler, W.: Über die neuesten Ausführungen der Hg-Gleichrichter, S. 1053.

1911: Schäfer, B.: Ein neuer Hg-Gleichrichter für große Leistungen, S. 2.

Carmann und Belzer: Die Wirkung des Druckes auf den Aluminium-Gleichrichter, S. 220.

1912: Stein, P.: Drehstrom-Gleichrichter für kleinere Leistungen (mech. Gleichr.), S. 56.

Günther-Schulze: Experimentelle Untersuchungen am Hg-Gleichrichter für Wechselstrom; nach W. Tschudy, S. 1088.

Schäfer, B.: Neuerungen im Bau von Metalldampf-Gleichrichtern und ihre Erprobung in der Praxis, S. 1164.

1913: Schäfer, B.: Umformer für Gleich- und Wechselstrom (mech. Gleichr.); nach P. Hildebrand, S. 246.
Hartmann-Kempf: Hg-Gleichrichter für hohe Leistungen (System Schäfer), S. 253, 284.
Tschudy, W.: Experimentelle Untersuchungen an Hg-Gleichrichtern, S. 310.
Günther-Schulze: Erwiderung, S. 310.
Tschudy, W.: Einfluß der Kurvenform auf den Wirkungsgrad eines Hg-Gleichrichters, S. 391.
Günther-Schulze: Die Abhängigkeit der Verluste im Hg-Gleichrichter von Stromstärke und Frequenz des gleichzurichtenden Wechselstromes, S. 718.
Siegel, K.: Elektrolytischer Gleichrichter für starke Dauerbelastung, S. 970.
Faria: Gleichrichterzellen aus Aluminium und Blei, S. 1103.
Einfache Gleichstrom-Experimentier-Einrichtuug zum Anschluß an Wechselstrom, S. 1415.
Epstein: Betriebsmessungen an einer Einphasenstrom-Gleichrichteranlage,* S. 1415.
Norden, K.: Die Entwicklung der Großgleichrichter der AEG, S. 1479.

1914: Meyer, F. W.: Hg-Großgleichrichter und die Regulierung und die Kommutierungsfrage, S. 6, 29.
Die Mindestspannung elektrolytischer Ventile in der durchlässigen Richtung; nach Günther-Schulze, S. 244.
Kruh: Die Entwicklung der Großgleichrichter der AEG, S. 250.
Schäfer, B. und Norden, K.: Erwiderung, S. 250.
Flowers, A. E.: Eigenschaften von Kristall-Gleichrichtern, S. 1083.

1915: Die elektrolytische Metallabscheidung in Ventilzellen; nach Günther-Schulze, S. 233.
Die maximal möglichen Wirkungsgrade der elektrolytischen Aluminium-Gleichrichter bei Verwendung wäßriger Lösungen; nach Günther-Schulze, S. 514.
Gleichrichtung hochgespannter Wechselströme (mech. Gleichr.); nach Duschmann, S. 527.
Liebowitz, B.: Hg-Oszillator, S. 527.
—, Hg-Gleichrichter im Wechselstromkreis; nach W. Jäger, S. 655.
Schröter, F.: Gleichrichter für Schwachstromanlagen, S. 677, 689, 696.

1916: Hochspannungs-Gleichrichter der AEG (aus Bericht der Deutschen Beleuchtungstechnischen Gesellschaft), S. 642.

1917: Tschudy, W.: Meßverfahren und Definitionen für den Hg-Gleichrichter, S. 6, 23.
Schäfer, B.: Neue Umformeranlage mit Großgleichrichtern, S. 89, 107.
Gleichrichterwirkung des Siliziums; nach Fischer und E. Baerwind, S. 224.
Starke Elektrizitätsquelle für hohes konstantes Potential; nach Hull, S. 286.
Luftstrahl-Gleichrichter für hochgespannten Wechselstrom; nach Wolert und Erikson, S. 558.
Marchand, H.: Hg-Gleichrichter in Fernsprech- und Telegraphen-Einrichtungen.

1918: Behandlung der Glaskörper von Hg-Gleichrichtern (aus Electrical World, Bd. 70, S. 296), S. 266.
Schäfer, B.: Parallelschaltung und Spannungsregelung von Großgleichrichtern, S. 321.
Obach, J.: Die Großgleichrichter-Anlage im städtischen Elektrizitätswerke zu Hirschberg in Schlesien, S. 414.

1919: Nielsen, H.: Über die Kurvenform des Stromes und der Spannungen im Hg-Gleichrichter für einphasigen Wechselstrom, S. 224.
Höpp, W.: Erwiderung, S. 681.

Schenkel, W.: Eine neue Schaltung für die Erzeugung hoher Gleichspannungen, S. 333.
Gotti, Li.: Verfahren zur Umwandlung von Wechselstrom in Gleichstrom, S. 653.
Schröter, F.: Die Technik der Entladungsröhren, S. 685.

1920: Hg-Gleichrichter als Stromquelle für telegraphische Zwecke, S. 42.
Kleeberg, F.: Der Hg-Gleichrichter der Glastype, seine Theorie und praktische Ausführung,* S. 145, 171, 193, 443, 480.
Nielsen, H.: Zur Theorie des Gleichrichters, S. 323.
Hg-Gleichrichter mit Selbsterregung, S. 437.
Die Gleichrichterwirkung von Kristalldetektoren; nach Huizinger, S. 573.
Mechanischer Gleichrichter; nach Soulier, S. 1039.
Gleichrichterwirkung von Bleiglanzkontakten; nach Florisson, S. 1040.

1921: Hg-Gleichrichter, S. 364, 493.
Pendel-Wechselstrom-Gleichrichter, S. 364.
Schüler, L.: Ein neuer Pendel-Gleichrichter, S. 481, 502.
Glimmlicht-Gleichrichter, S. 544.
van Nes, B.: Hg-Großgleichrichter für 150 kW und 600 V, S. 600.
Der Leistungsfaktor in Hg Gleichrichter-Anlagen; nach L. P. Krijger.
Tschudy, W.: Der Hg-Gleichrichter der Glastype, seine Theorie und praktische Ausführung, S. 955.
Kleeberg, F.: Erwiderung, S. 956.
Höpp, W.: Fortschritte im Bau von Hg-Gleichrichtern, S. 1032.
Nielsen, H.: Die Vorausberechnung von Drehstrom-Hg-Gleichrichtern, S. 1185, 1248.

1922: Krämer, Ch.: Die Umformung durch Hg-Gleichrichter, S. 107.
Kade, Fr. und Krämer, Ch.: Die Umformung von Drehstrom in Gleichstrom, S. 129.
Eine 700 kW-Gleichrichteranlage, S. 279.
Die elektrolytische Ventilwirkung; nach Günther-Schulze, S. 396.
Kleeberg, F., Krämer, Ch. und Krijger, L. P.: Diskussion über den Leistungsfaktor im Hg Gleichrichter, S. 401.
Der Argonal-Gleichrichter, S. 921.

1923: Hydra-Wechselstrom-Gleichrichter, S. 221.
Krijger, L. P.: Der Einfluß eines Hg-Gleichrichters auf den Leistungsfaktor des Netzes, S. 286.
Verhalten von Elektrolytgleichrichtern bei Hochfrequenz; nach Günther-Schulze und E. Alberti, S. 501.
Schäfer, B.: Mechanische Gleichrichter, S. 561.
Quecksilber-Glasgleichrichter für die Personen- und Güter-Straßenbahn Meißen, S. 618.
Die Zündspannung der Hg-Gleichrichter; nach Günther-Schulze, S. 667.
Gleichrichter für Akkumulatorenladung, S. 851.
Egg: Großgleichrichter für Gleichspannungen von 5000 V, S. 867.
Schenkel, M.: Über die Beteiligung des metallenen Gehäuses an den Entladungsvorgängen in Großgleichrichtern, S. 923.

1924: Die Änderung des Leistungsfaktors auf dem Wege vom Generator zum Gleichrichter; nach H. Kade, S. 248.
Hellmuth: Spannungsabfall und Minimalstromstärke des Argonal-Gleichrichters, S. 579.
Müller, G. W.: Der Leistungsfaktor der Quecksilberdampfgleichrichter, S. 624.
Der „Transverter“ (rotierender Gleichrichter für 100 kV und 2,5 A); aus „Engineering“ Bd. 117, S. 563, vgl. Electrician 9. 5.24, Nr. 567, S. 659.
Quecksilberdampf-Glasgleichrichter für elektrische Bahnen; nach G. W. Müller, S. 661.

Taeger, W.: Der Einfluß der Gleichstrom-Drosselspule auf dem Leistungsfaktor des Wechselstromes beim Quecksilberdampfgleichrichter, S. 774.
Müller, K. E.: Entgegnung, S. 1360.
Taeger, W.: Erwiderung, S. 1360.
1925: Krijger, L. P.: Die Messung der Blindleistung beim Quecksilberdampfgleichrichter, S. 48.

b) Sonstige Arbeiten.

1905: Steinmetz, Ch.: Constant current mercury arc rectifier. Proc. Am. Inst. Electr. Eng. Bd. 24, S. 743.
1912: Tschudy, W.: Experimentelle Untersuchungen am Hg-Gleichr. f. Wechselstrom. Diss. d. Eidg T. H. Zürich.
Papalexi, N.: Über die Vorgänge in einem Wechstelstromkreis mit elektrischem Ventil. Ann. Physik, Bd. 39, S. 976.
1913: Günther-Schulze: Die Mindestspannung der elektrischen Ventile in der durchlässigen Richtung. Ann. Physik Bd. 41, S. 593.
Tschudy, W.: Einfluß der Kurvenform auf den Wirkungsgrad eines Hg-Gleichrichters. Arch. Elektrot. Bd. 1, Heft 9.
Günther-Schulze: Die Abhängigkeit der Verluste im Hg-Gleichrichter von der Stromstärke und Frequenz des gleichzurichtenden Wechselstromes. Arch. Elektrot. Bd. 1, Heft 11.
1914: Jäger, W.: Hg-Gleichrichter im Wechselstromkreis. Arch. Elektrot. Bd. 2, S. 418.
Günther-Schulze: Untersuchungen an elektrischen Gleichrichtern und Ventilen im Jahre 1913. Helios, S. 335.
Über einen Aluminium-Gleichrichter zur Erzeugung konstanter Gleichspannung. Helios, S. 518.
Günther Schulze und Lindemann: Über den Einfluß der elektrostatischen Kapazität und der Mindestspannungen elektrolytischer Ventile auf ihr Verhalten gegen Wechselstrom. Phys. Z. Bd. 15, S. 254.
1915: Die Konstruktion von Hochspannungsgleichrichtern (mech. Gleichr. f. Experimentierzwecke), Helios, S. 304.
Kenotron, ein Gleichrichter mit erwärmter Kathode. Helios, S. 556.
1916: Großgleichrichter, Bauart BBC. Helios.
1918: Straßenbahnbetrieb mit Großgleichrichtern. Helios, S. 29.
1920: Steinmetz, Ch.: Theory and calculation of transient electric phenomena and oscillations (1. Aufl. 1908), 3. Aufl., Kap. III und IV (Kap. III behandelt die Theorie des mechanischen, Kap. IV die des Einphasen-Hg-Gleichrichters).
Günther-Schulze und Germershausen, W.: Übersicht über den heutigen Stand der Gleichrichter. Helios, S. 125, 137, 225 (dieselbe Arbeit ist später bei Hachmeister & Thal als Broschüre erschienen).
1921: Krijger, L. P.: Over den arbeidsfactor, optredende in kwikdamp gelykrichter installaties. Ingenieur, S. 144.
Hoffmann, G.: Zur Erklärung der unipolaren Leitung. Phys. Z. Bd. 22, S. 422.
1922: Günther-Schulze: Die Größe des Kathodenfleckes des Kohlelichtbogens in Luft. Z. Phys. Bd. 11. S. 71.
—, Die Vorgänge an der Kathode des Quecksilbervakuum-Lichtbogens. Z. Phys. Bd. 11, S. 74.
—, Dissoziation, Temperatur und Dampfdruck im Quecksilberlichtbogen. Z. Phys. Bd. 11, S. 260.
Schenkel und Schottky, W.: Über die Beteiligung des metallenen Gehäuses an den Vorgängen im Quecksilbergroßgleichrichter. Wissensch. Veröffentlg. a. d. Siemens-Konzern Bd. 2, S. 252.
Rother, F.: Über Elektronenentladung bei kleinen Elektrodenabständen.
Müller, G. W.: Der neue 250-Amp.-Gleichrichter. AEG-Mittlg. Heft 5/6.
Hoffmann, G.: Der Elektronenaustritt aus Metallen unter der Wirkung hoher Feldstärken. Phys. Z. Bd. 24, S. 109.

1923: Günther-Schulze: Die Anode des Quecksilberlichtbogens. Z. Phys. Bd. 13, S. 378.
—, Die Energieverteilung an der Kathode der Glimmentladung. Z. Phys. Bd. 15, S 8.
—, Kathodenfall und Glimmstromstärke im Quecksilberdampfgleichrichter. Z. Phys. Bd. 15, S. 244.
—, Der Lichtbogen in Gemischen von Quecksilberdampf und anderen Gasen. Z. Phys. Bd. 15, S. 254.
—, Die Zündspannung der Quecksilberdampfgleichrichter. Arch. Elektrot. Bd. 12, S. 121.
Rothenberger, A.: Über das Zu- und Abschalten von Quecksilberdampf-Glasgleichrichtern. Siemens-Z., H. 5.
Kaden, H.: Zur Theorie des Gleichrichters; die Änderung des Leistungsfaktors auf dem Wege vom Generator zum Gleichrichter. Wissensch. Veröffentlg. a. d. Siemens-Konzern. Bd. 3, S. 41.
Pflieger-Haertel, H.: Zur Theorie des Gleichrichters; die Konstruktion der genauen Strom- und Spannungskurven für Mehrphasen-Quecksilberdampf-Gleichrichteranlagen. Wissensch. Veröffentlg. a. d. Siemens-Konzern. Bd. 3, S. 61.
Odermatt, A.: Gleichrichter und Gleichrichteranlagen. Bull. Schweiz. Elektrot. Ver. Bd. 14, S. 657.
Müller, G. W.: Quecksilberdampf-Glasgleichrichter für elektrische Bahnen. AEG.-Mittlg., Heft 11, S. 307, Heft 12, S. 337.
Schröter, F.: Glimmlichtgleichrichter. Z. Fernmeldetechn. Bd. 4, S. 67.
Schottky, W.: Über kalte und warme Elektronenentladungen. Z. Phys. Bd. 14, S. 63.
Lassen, Hans: Experimentelle Untersuchung über das Auftreten von Überspannungen in Stromkreisen mit Quecksilberdampfgleichrichtern. Arch. Elektrot. Nr. XIII, Bd. 4, S. 311.

1924: Krämer, Ch.: Die neueste Entwicklung der AEG-Großgleichrichter. AEG-Mittlg., Heft 3, S. 53.
Günther-Schulze: Die physikalischen Vorgänge im Quecksilberdampfgleichrichter. Z. techn. Phys. Heft 2.
—, Überspannungen an Quecksilberdampfgleichrichtern und ihre Ursache. Z. techn. Phys. Heft 4, S. 132.
—, Elektrische Gleichrichter und Ventile. VIII, 181 S. mit 89 Abb. Verlag Joseph Kösel und Pustet, München, Verlagsabt. Kempten 1924.
Hellmuth: Der Argonalgleichrichter. Helios, Heft 28.
Müller, G. W.: Der Wirkungsgrad der Glasgleichrichter und seine Beeinflussung durch die Kühlung. AEG-Mittlg. Heft 7, S. 201.
—, Quecksilberdampf-Glasgleichrichter. IX, 206 S. mit 84 Abb. Verlagsanstalt Norden. G. m. b. H. Berlin 1924.

Über Ströme positiver Ionen in der positiven Säule des Quecksilberlichtbogens; nach Irwing Langmuir (Gen. El. Rev. Bd. 26, S. 731, 1923). El. u. Maschinenb. S. 172.

Sachverzeichnis.

GPSR Compliance

The European Union's (EU) General Product Safety Regulation (GPSR) is a set of rules that requires consumer products to be safe and our obligations to ensure this.

If you have any concerns about our products, you can contact us on ProductSafety@springernature.com

In case Publisher is established outside the EU, the EU authorized representative is:

Springer Nature Customer Service Center GmbH
Europaplatz 3
69115 Heidelberg, Germany

Batch number: 10682323

Printed by Printforce, the Netherlands